学ぶ人は、変えてゆく人だ。

目の前にある問題はもちろん、
人生の問いや、
社会の課題を自ら見つけ、
挑み続けるために、人は学ぶ。
「学び」で、
少しずつ世界は変えてゆける。
いつでも、どこでも、誰でも、
学ぶことができる世の中へ。

旺文社

化　学

［化学基礎・化学］

入門問題精講

三訂版

鎌田 真彰・橋爪 健作　共著

Introductory Exercises in Chemistry

旺文社

はじめに

近年，入試の多様化にともない，非常に基本的な問題だけで入試問題が構成されている大学も珍しくなくなりました。本書は，そのような大学の入試問題を短期間で完全に解けるようになることを目標にしています。

そのためにはまず，用語，化学式や反応式を正確に記憶しなくてはなりません。本書は入試問題を通して，これらの練習ができるようになっています。間違いがなくなるまで本書をくり返せば，自然に記憶できるでしょう。また解説では中学で学ぶ理科用語もページが許す限り必要なものは説明しています。苦手な方は，ぜひ熟読してください。

次の目標は，基礎的な計算問題を解けるようになることです。基礎的な計算問題といっても定義式や法則に代入する問題だけでなく，基本概念を正しく理解していないと解けない問題も出題されています。基本概念の解説や問題を解く上で注意するポイントだけでなく，途中計算もできるだけ省略せずに記載していますので参考にしてください。

最後になりますが，基本的な入試問題で点数をとることだけを受験勉強の目標にしないようにしてください。よくいわれることですが，大学はゴールではなく単なる人生の通過点です。用語や公式を記憶しただけで入試をクリアしたとしても，理解をともなっていなければ身にはついていません。入試が終わればすぐに忘れてしまい，大学入学以降の学習に間違いなく支障が生じます。たとえ勉強する時間が少なくても，何度も何度も考えて試行錯誤し，よく理解しながら学習を進めてください。基本だと思っていたことも実に奥が深く，もっと知りたいという気持ちがわき出てくることでしょう。

なお，本書が十分に理解した上で解答できるようになれば，姉妹書の『化学［化学基礎・化学］　基礎問題精講（四訂版）』，さらには『化学［化学基礎・化学］標準問題精講（五訂版）』のほうに進んでください。

鎌田真彰

橋爪健作

本書の特長と使い方

本書は，入試基礎～標準レベルの大学入試問題を分析し，必ず解けるようになりたい超基本レベルの問題を，丁寧に解説したものです。問題演習を通して，基礎の基礎を着実に理解していきます。本書をマスターすれば，より実戦的な問題を解くときにも大切な基礎力を，身につけることができます。

本書は，「化学基礎編」4章，「化学編」9章で構成されています。授業の進度に合わせて使え，また，どの項目からでも学習できるので，自分にあった学習計画を立て，効果的に活用してください。

化学基礎と化学の分野から，安定した基礎力を身につけるために必要な問題を厳選しました。なお，問題は，より実力がつくように適宜改題しました。

問題の下には，具体的な解き方を，思考の流れが分かるように丁寧に示しました。似たような問題に対して使える重要な解法なので，しっかり読んでおきましょう。解答は最後に示してあります。

問題を解く上で必要不可欠な公式や知識をまとめました。解説の途中で出てくるので，各問題で特に重要なポイントが，ひと目で分かります。

●著者紹介●

鎌田　真彰（かまた・まさてる）

東進ハイスクール講師。明快な語り口と，日々の入試問題の研究で培われたツボをおさえた授業は，幅広い層の受験生から絶大な支持を得ている。著書に『問題精講シリーズ（化学：入門，基礎，標準）』（共著，旺文社），『大学受験Doシリーズ（理論化学，無機化学，有機化学）』，『医学部の化学（化学基礎・化学）』（以上，旺文社），『鎌田の化学基礎をはじめからていねいに』（東進ブックス）など多数ある。

橋爪　健作（はしづめ・けんさく）

東進ハイスクール講師・駿台予備学校講師。高校1年生から高卒クラスまで幅広く担当。その授業は基礎から応用まであらゆるレベルに対応。やさしい語り口と情報が体系的に整理された見やすくわかりやすい板書で，すべての受講生から圧倒的に高い支持を受けている。著書に『問題精講シリーズ（化学：入門，基礎，標準）』（共著，旺文社），『大学受験DoStartシリーズ 橋爪のゼロから劇的！にわかる（理論化学，無機・有機化学）』（旺文社）など多数ある。

もくじ

化　学　編

化学基礎編

第1章　物質の構成

問題 001　元素記号

☑ 1回目　月　日
☑ 2回目　月　日

次の(1)，(2)の□にあてはまるものを㋑～㋭から1つ選べ。

(1)　亜鉛の元素記号は□である。

㋑ Ag　㋺ Al　㋩ Pb　㋥ Sn　㋭ Zn

(2)　金の元素記号は□である。

㋑ Ag　㋺ Au　㋩ K　㋥ Pt　㋭ Ti

（神奈川大）

物質は**原子**という**非常に小さな粒子**の集まりである。原子を化学的な性質に注目して分類すると，約100種類に分けられる。物質を構成するこの100種類ほどの**基本成分**を**元素**という。

同じ元素に属する原子は**アルファベット1文字ないし2文字**で表し，これを**元素記号**という。次のPointの元素記号と元素名は記憶すること。

Point　元素記号と(元素名)

最初のアルファベット	元素記号(元素名)
A	Al(アルミニウム)　Ar(アルゴン)　Ag(銀)　Au(金)
B	Be(ベリリウム)　B(ホウ素)　Br(臭素)　Ba(バリウム)
C	C(炭素)　Cl(塩素)　Cr(クロム)　Co(コバルト)　Cu(銅)
F	F(フッ素)　Fe(鉄)
H	H(水素)　He(ヘリウム)　Hg(水銀)
I	I(ヨウ素)
K	K(カリウム)　Kr(クリプトン)
L	Li(リチウム)
M	Mg(マグネシウム)　Mn(マンガン)
N	N(窒素)　Ne(ネオン)　Na(ナトリウム)　Ni(ニッケル)　Nh(ニホニウム)
O	O(酸素)
P	P(リン)　Pt(白金)　Pb(鉛)

S	Si(ケイ素) S(硫黄) Sn(スズ)
T	Ti(チタン)
U	U(ウラン)
Z	Zn(亜鉛)

元素記号を用いて，物質の構成粒子を表したものを化学式という。例えば，水を構成する基本粒子である水分子は化学式H_2Oと表される。

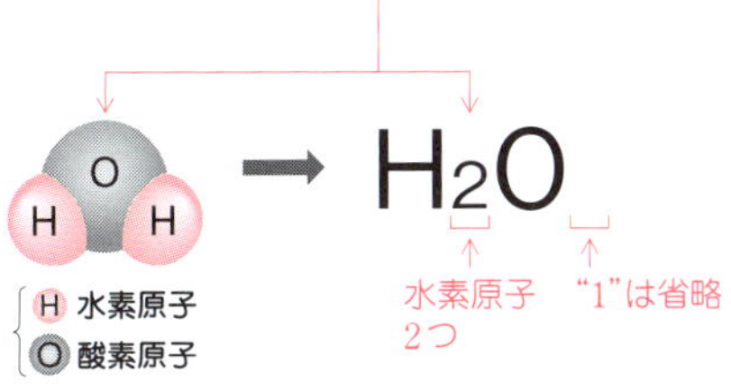

この式は，1つの水分子が水素原子2つと酸素原子1つからできていることを意味する。

(1) 亜鉛という名称は，色と形が鉛に似ていたことに由来する。ただし，鉛Pbとは異なる元素なので注意しよう。亜鉛は英語で Zinc といい，元素記号はZnである。よって，解答は㋭である。

ちなみに，㋑は銀，㋺はアルミニウム，㋩は鉛，㋥はスズの元素記号である。

(2) 金は英語では Gold であるが，元素記号ではAuと表す。ラテン語の「太陽の輝き(Aurum)」が由来といわれている。解答は㋺である。

ちなみに，㋑は銀，㋩はカリウム，㋥は白金，㋭はチタンの元素記号である。なお，白金は英語では Platinum といい，金とは異なる元素である。

答 (1) ㋭　(2) ㋺

問題002 物質の分類・同素体・炎色反応

☑ 1回目　□月□日
☑ 2回目　□月□日

自然界はさまざまな物質から成り立っている。空気や海水などのように2種類以上の物質が混じりあったものを混合物といい，これに対し混じりのない単一の物質を［(a)］という。［(a)］のうち，2種類以上の元素からできているものを化合物といい，1種類の元素からできていてそれ以上分けられないものを［(b)］という。また，同じ元素からできている［(b)］で性質の異なる物質を互いに［(c)］という。

(1) 文中の［(a)］～［(c)］に当てはまる最も適当な語句を記せ。

(2) ［(c)］に該当する物質のうち，炭素でできた物質の例を1組記せ。

(3) 貝殻や卵の殻などの主成分である物質Aを炎の中に入れると橙赤色を示した。また，Aを加熱して発生した気体を石灰水に通じると白色沈殿が生じた。Aに含まれる元素を3種類，元素記号で記せ。（甲南大）

(1) 物質は**純物質**と**混合物**に大別できる。**純物質**とは**一定の組成をもち，元素記号を用いて，1つの化学式で表すことができる物質**である。**混合物**とは**いくつかの純物質が混ざりあったもの**をいい，混ざりあうときの割合を変えることができる。

Point 純物質と混合物

	例
純物質	水 H_2O
混合物	海水，空気

さらに，純物質は，**1種の元素からなる単体**と**2種以上の元素からなる化合物**に分けられる。

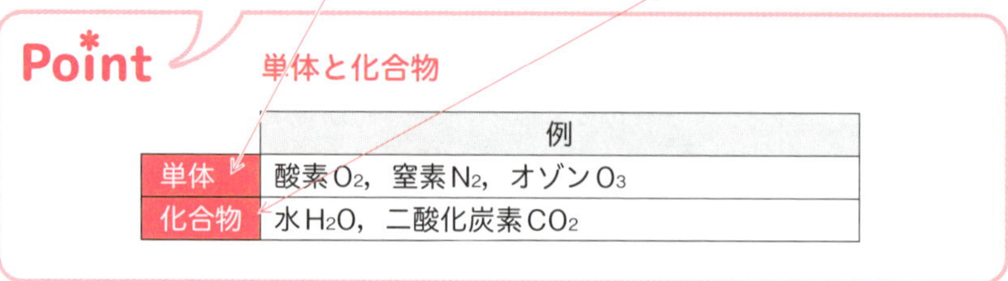

Point 単体と化合物

	例
単体	酸素 O_2，窒素 N_2，オゾン O_3
化合物	水 H_2O，二酸化炭素 CO_2

(2) 同じ元素でできた単体に性質や構造の異なるものが存在する場合，これらは互いに同素体(どうそたい)という。次のPointにあるS(硫黄)，C(炭素)，O(酸素)，P(リン)の同素体が有名である。

スコップと覚える

Point 同素体

元素記号	単体名
S	斜方(しゃほう)硫黄，単斜(たんしゃ)硫黄，ゴム状硫黄
C	ダイヤモンド，黒鉛(こくえん)，フラーレン
O	酸素，オゾン
P	黄(おう)リン(白(はく)リン)，赤(せき)リン

斜方硫黄と単斜硫黄は，S_8分子からなる固体物質で結晶構造が異なる。ゴム状硫黄は，S原子が連続してつながった巨大分子である

C_{60}というサッカーボール状分子が有名

黄(白)リンはP_4分子からなる。赤リンは多数のP原子が結びついた網目状分子である

(3) 物質を炎の中に入れたとき，成分として含まれる元素に特有の色が見られる現象を炎色反応(えんしょくはんのう)という。

Point 炎色反応

含まれる元素	Li (リアカー)	Na (無き)	K (K村)	Cu (動力)	Ca (借りとう)	Ba (馬力に)	Sr (するべに)
炎の色	赤	黄	紫	青緑	橙赤	黄緑	紅

炎色反応から考えて，AにはカルシウムCaが含まれている。石灰水が白濁したことから二酸化炭素CO_2が発生したことがわかり，炭素C，酸素Oも含まれている。

参考 Aは炭酸カルシウム$CaCO_3$で，加熱すると次のように分解する。

$$CaCO_3 \longrightarrow CaO + CO_2$$

石灰水(水酸化カルシウム水溶液)に二酸化炭素を通じると，炭酸カルシウム$CaCO_3$の白色沈殿が生じ，白濁する。

$$Ca(OH)_2 + CO_2 \longrightarrow \underset{(白色沈殿)}{CaCO_3} + H_2O$$

(1) (a) 純物質　(b) 単体　(c) 同素体

(2) ダイヤモンドと黒鉛　(フラーレンなども可)

(3) Ca，C，O

最初に覚えておきたい単体と化合物の化学式

☑ 1回目　月　日
☑ 2回目　月　日

次の単体および化合物の化学式を記せ。

(単体)

① 酸素　② 窒素　③ オゾン　④ 水素　⑤ ダイヤモンド

(化合物)

⑥ 水　⑦ 二酸化炭素　⑧ アンモニア　⑨ メタン
⑩ 硫化水素　⑪ 塩化水素　⑫ 硫酸　⑬ 硝酸
⑭ 水酸化ナトリウム　⑮ 塩化ナトリウム

化学をはじめて学習する人はまず，①～⑮の化学式を正確に記憶すること。これからの学習がだいぶ楽になる。

(単体) ①，②，④は二原子分子，③は三原子分子である。

⑤のダイヤモンドは多数の炭素原子からなる C_x（xは非常に大きな数）と表せる巨大な分子であるが，化学式では通常は単にCと書く。**最も簡単な元素組成で表した，このような化学式**を**組成式**という。

(化合物) ⑥～⑮の名称はいずれも聞き覚えのあるものが多いだろう。化学式における元素記号の順序にとまどいを感じる人もいるかもしれない。細かい決まりはあるのだが，化学式をそのまま記憶して慣れたほうが早い。

① O_2　② N_2　③ O_3　④ H_2　⑤ C　⑥ H_2O
⑦ CO_2　⑧ NH_3　⑨ CH_4　⑩ H_2S　⑪ HCl
⑫ H_2SO_4　⑬ HNO_3　⑭ NaOH　⑮ NaCl

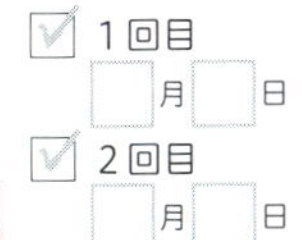

問題004 物質の三態と状態変化

右図は，-20℃の氷x〔g〕に大気圧1.013×10^5 Paの下で毎分y〔kJ〕の熱を加えたときの，加熱時間と温度の関係を示した概念図である。

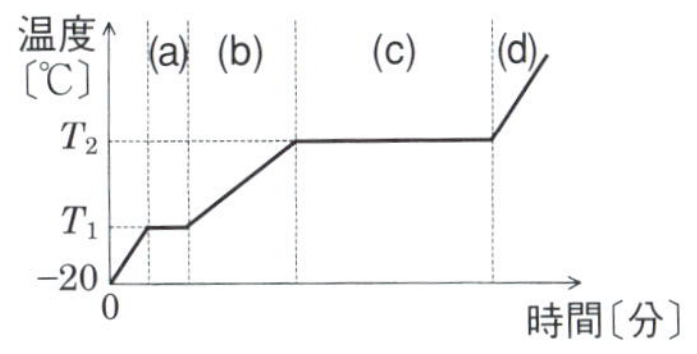

問1 図の(a)〜(d)の時間では，水分子はどのような状態で存在しているか。水，氷，水蒸気を組み合わせて答えよ。

問2 温度T_1およびT_2はそれぞれ何とよばれているか，答えよ。（金沢大）

物質には**固体**，**液体**，**気体**の三態が存在し，物質の存在する環境の温度や圧力によって変化する。物質の**三態間の変化**を状態変化という。

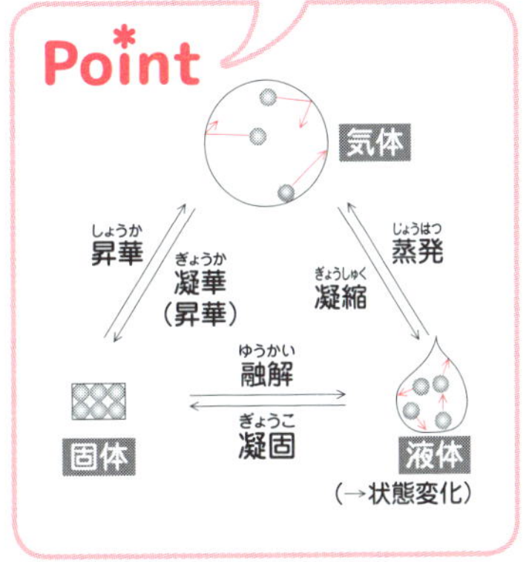

問1 一般に物質を加熱すると，**構成粒子の不規則な運動**(熱運動という)が激しくなる。氷の状態では，加熱によって水分子の振動や回転のような運動は激しくなってもその位置は変わらない。

通常の大気圧下(1.013×10^5 Pa＝1013 hPa＝1気圧)で氷を加熱すると，0℃(図のT_1)で水分子が分子間の引力に逆らって動き出し，液体の水に変化する。このとき加えた熱は状態変化に利用されるため温度は変わらない。これが(a)で，氷と水が共存する。

すべて水になると，加熱によって(b)のように再び温度が上昇する。100℃(図のT_2)になると，水分子は分子間の引力に逆らってさらに分子間の距離を広げて液体の内部からも蒸発が起こる。このように**液体内部からも蒸発が起こること**を沸騰といい，これが(c)で，水と水蒸気が共存し，このときも温度は変わらず，すべて水蒸気になると，(d)のように再び温度が上昇する。

問2 **固体が融けて液体になる温度**を融点，**液体が固体になる温度**を凝固点といい，純物質の場合は同じ温度である。**液体が沸騰する温度**は沸点という。

問1 (a) 氷と水　(b) 水　(c) 水と水蒸気　(d) 水蒸気

問2 T_1：融点　T_2：沸点

1回目 月 日
2回目 月 日

混合物の分離

物質の分離・精製法に関する記述として**不適切なもの**を，次の①～⑤のうちから1つ選べ。

① ヨウ素とヨウ化カリウムの混合物から，昇華を利用してヨウ素をとり出す。

② 食塩水を電気分解して，塩化ナトリウムをとり出す。

③ 液体空気を分留して，酸素と窒素をそれぞれとり出す。

④ インクに含まれる複数の色素を，クロマトグラフィーによりそれぞれ分離する。

⑤ 大豆中の油脂を，ヘキサンなどの有機溶媒で抽出してとり出す。

（センター試験）

混合物からその構成成分である純物質を分離する方法には，次のようなものがある。

Point 混合物の代表的な分離法

ろ過(か)	液体から不溶の固体を分離する。
蒸(じょう)留(りゅう)	液体を加熱し，生じた蒸気を冷却し，再び液体として分離する。
再(さい)結(けっ)晶(しょう)	不純物を含んだ結晶をできるだけ少量の熱湯に溶かし，冷却することで純度の高い結晶を得る。
昇(しょう)華(か)(法)	固体から直接気体になる性質を利用して分離する。
抽(ちゅう)出(しゅつ)	適当な液体を用いて，特定成分だけ溶かし出して分離する。
クロマトグラフィー	ろ紙やシリカゲルなどへの吸着力の違いを利用して分離する。

液体混合物を蒸留によって，沸点の異なるいくつかの画分(かくぶん)に分けて回収することを分留(ぶんりゅう)（分別蒸留(ぶんべつじょうりゅう)）という。

① ヨウ素I_2，ドライアイス(固体の二酸化炭素CO_2)，ナフタレン$C_{10}H_8$などは一般的な大気圧下では**固体から直接気体に変化する性質**(**昇華性**)をもつ。

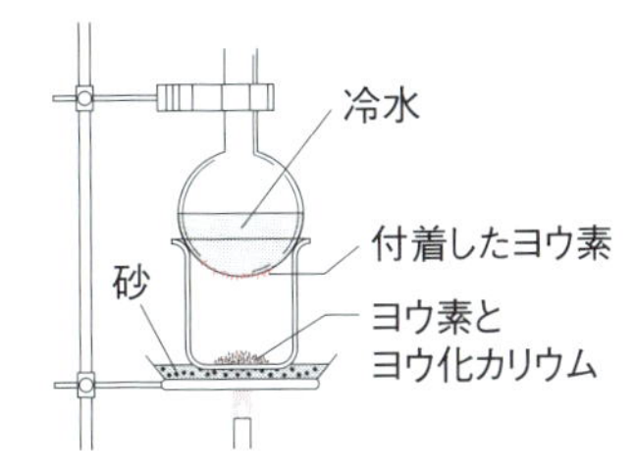

右の図のように，ヨウ素I_2とヨウ化カリウムKIの混合物を加熱すると，ヨウ素I_2の気体が生じる。これを冷却すると，昇華を利用して混合物からヨウ素I_2を分離できる。正しい。

② 食塩水から水を得るには，次の図のように蒸留を用いる。

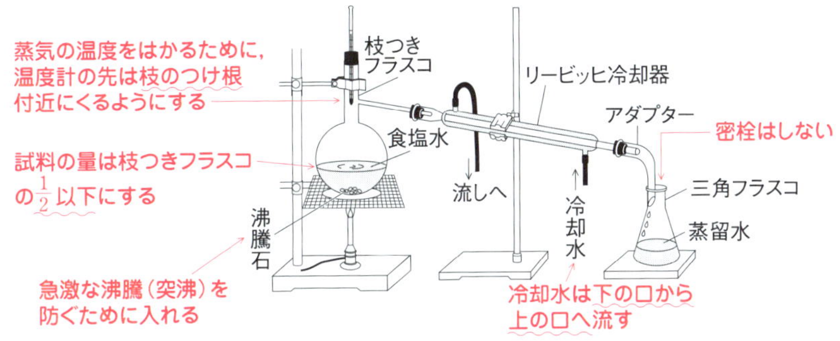

蒸留を続ければ，枝つきフラスコの内部に塩化ナトリウム$NaCl$を主成分とする塩が残る。炭素電極などを用いて食塩水を電気分解すると，陰極から水素H_2，陽極から塩素Cl_2が発生するため，塩化ナトリウムとして分離することはできない。誤り。

③ 液体空気や石油は**沸点の差がそれほど大きくない純物質が混ざりあった液体混合物である。これらを蒸留するときは適当な温度区分に区切って分離回収する**。これを**分留**(ぶんりゅう)もしくは**分別蒸留**(ぶんべつじょうりゅう)という。正しい。

④ インクで印を付けたろ紙の末端を適当な液体に浸す。インクの成分ごとにろ紙に対する**吸着力が異なるため，移動速度に差が生じ，分離する**。このような方法を**クロマトグラフィー**という。正しい。

⑤ 茶葉にお湯をかけてお茶をつくるように，**適当な液体を用いて混合物から特定成分だけ溶かし出すこと**を**抽出**(ちゅうしゅつ)という。正しい。

②

☑ 1回目　月　日
☑ 2回目　月　日

問題006 原子の内部構造

次の(1), (2)に答えよ。

(1) 次の文章を読み，文中の［　］にあてはまる語句を書け。

原子は1個の原子核とそのまわりにあるいくつかの［ア］で構成される。原子核は，正の電気を帯びた［イ］と電気を帯びていない［ウ］からできている。［ア］は負の電気を帯び，電気的に中性の原子では［イ］と同じ数の［ア］が含まれる。原子核に含まれる［イ］の数は，元素の種類によってすべて異なり，原子番号といわれる。また，［イ］の数と［ウ］の数の和を質量数という。

(2) 原子番号92，質量数235のウラン $^{235}_{92}U$ 原子1個に含まれている陽子の数，中性子の数，および電子の数をそれぞれ記せ。

((1)大阪市立大，(2)広島市立大)

解説 (1) 物質は原子からなり，**化学変化**とは**原子の組み合わせの変化**である。**原子は，中心にある1つの原子核（げんしかく）とそのまわりにあるいくつかの電子（でんし）$_{ア}$で構成され，原子核は陽子（ようし）と中性子（ちゅうせいし）からできている。**

原子の直径は約10^{-10}m程度，原子核の直径は約10^{-15}〜10^{-14}m程度である。陽子，中性子，電子それぞれの質量と電気量は次のようになっている。

Point 陽子，中性子，電子の質量と電気量

	質量〔g（グラム）〕	電気量〔C（クーロン）〕
陽子	1.673×10^{-24}	$+1.602 \times 10^{-19}$
中性子	1.675×10^{-24}	0
電子	9.109×10^{-28}	-1.602×10^{-19}

つまり

質量比	陽子：中性子：電子 ≒ 1：1：$\frac{1}{1840}$
電気量比	陽子：中性子：電子 ＝ ＋1：0：－1

陽子の数が異なる原子は化学的性質が異なり，異なる元素に属する。そこで，**陽子**(イ)**の数**を原子番号(げんしばんごう)といい，同じ原子番号の原子は同じ元素記号で表す。

原子の質量は，ほぼ原子核の質量に等しく，陽子の数と中性子の数の和が大きいほど大きくなる。そこで，**陽子の数と中性子**(ウ)**の数の和**を質量数(しつりょうすう)という。

一般に元素記号の左下に原子番号，左上に質量数を記す。

Point 原子番号と質量数

原子番号(陽子の数) x ➡ $^{x+y}_{x}\mathrm{A}$

中性子の数 y

元素記号

(2) 原子番号92のウラン(元素記号U)は陽子の数が92となる。一般に原子全体では電荷(でんか)をもたず，電気量は0(ゼロ)なので，原子核中の陽子の数と原子核の周囲に存在する電子の数は等しい。そこで，電子の数も92となる。

質量数＝陽子の数＋中性子の数 なので，質量数235のUでは，

235＝92＋中性子の数

よって，中性子の数＝235－92

＝143

同じ元素の原子でも中性子の数が異なり，質量数の異なる原子は互いに同位体(どういたい)という。

Point

炭素の同位体 ➡ $^{12}_{6}\mathrm{C}$，$^{13}_{6}\mathrm{C}$，$^{14}_{6}\mathrm{C}$

➡ 陽子の数は同じでも中性子の数が異なる

同位体には時間とともに放射線(ほうしゃせん)**を放出し，ほかの原子に変化するもの**があり，これを放射性同位体という。

(1) ア：電子　イ：陽子　ウ：中性子

(2) 陽子の数：92　中性子の数：143　電子の数：92

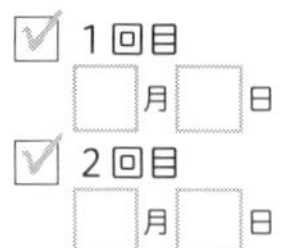

電子殻と電子配置

炭素，窒素，酸素，塩素原子の電子配置を(a)～(d)の図に記入せよ。ただし，電子は○とする。

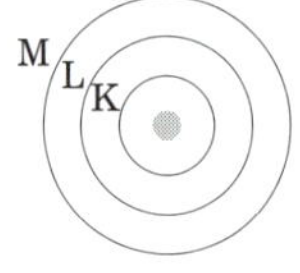

(a)　炭素

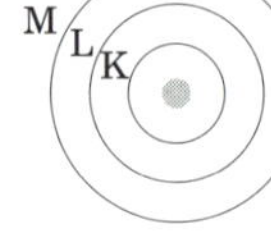

(b)　窒素

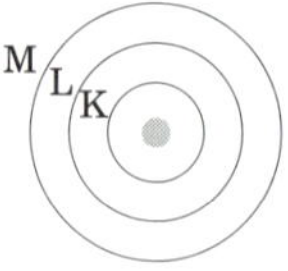

(c)　酸素

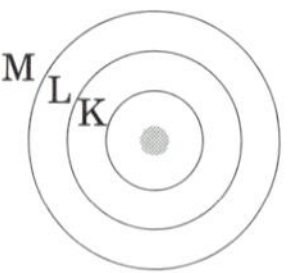

(d)　塩素

（九州看護福祉大）

原子核のまわりにある**電子が存在する場所**を**電子殻**(でんしかく)という。原子核に近いほうからK殻(かく)，L殻，M殻…とアルファベットの順に名前をつける。

電子殻に入ることができる電子の数には上限があり，原子核に近いほうから数(かぞ)えて**n番目の電子殻**では**$2n^2$**が上限の電子数となる。

Point　**電子殻**

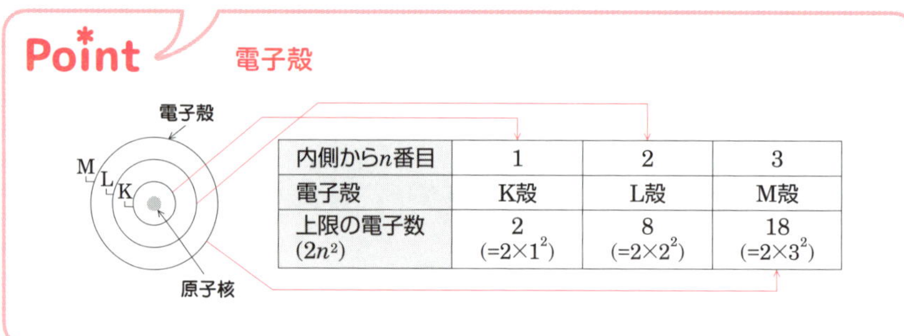

内側からn番目	1	2	3
電子殻	K殻	L殻	M殻
上限の電子数 ($2n^2$)	2 (=2×1^2)	8 (=2×2^2)	18 (=2×3^2)

全体として電荷をもたない電気的に中性な原子では，

電子の数＝陽子の数＝原子番号

である。電子は一般に内側の電子殻から埋(う)まる。(a)～(d)では，次のようになる。

元素記号	原子番号		K殻		L殻		M殻
(a)　C	6	＝	2	＋	4		なし
(b)　N	7	＝	2	＋	5		なし
(c)　O	8	＝	2	＋	6		なし
(d)　Cl	17	＝	2	＋	8	＋	7

問題文の図に電子を書きこむと解答となる。なお，同じ電子殻の中で電子をどの位置に書くかは適当でよい。

なお，一般に原子番号1～18の元素の**電子殻中の電子の配置**(電子配置)を電子殻に書きこんで表すと，次のようになる。

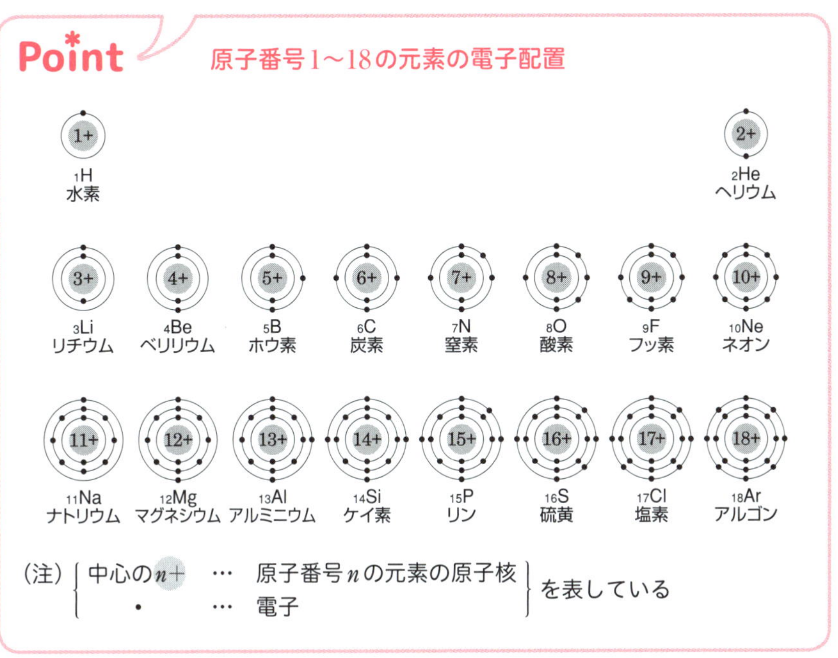

まずは，原子番号1～18の元素の電子配置を書けるようにすること。

原子番号と元素名はp.20のゴロ合わせを利用して覚えること。

答

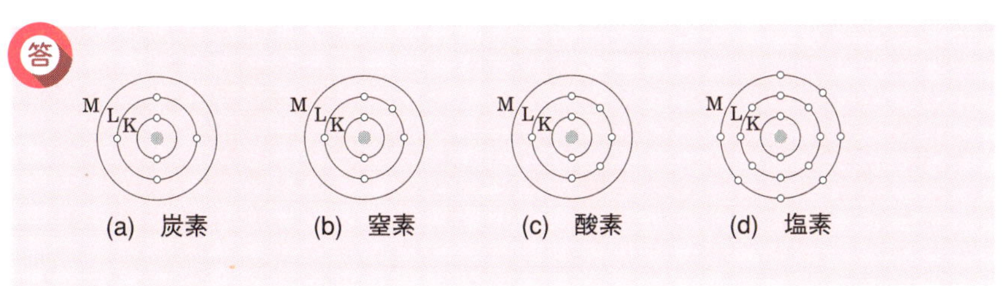

周期表

☑ 1回目 月 日
☑ 2回目 月 日

下の(1)，(2)に答えよ。

周期＼族	1	2	13	14	15	16	17	18
1	$_1$H							$_2$He
2	$_3$Li	$_4$Be	$_5$B	$_6$C	ア	$_8$O	イ	ウ
3	$_{11}$Na	エ	$_{13}$Al	オ	$_{15}$P	カ	$_{17}$Cl	$_{18}$Ar

(1) ア～カの元素記号と原子番号を示せ。

(2) 第1($_1$H以外)，2($_4$Be，エ以外)，17，18族元素の特別な名称を記せ。

（奈良教育大）

解説 1869年，ロシアの化学者の**メンデレーエフ**は，当時発見されていた元素を原子量(p.36参照)の順に並べると，元素の化学的性質が周期的に変化することを発見し，周期表(しゅうきひょう)の原形を作成した。

現在の周期表は，電子配置をもとに，元素を原子番号の順に並べている。横(よこ)の行を**周期**(しゅうき)，縦(たて)の列を**族**(ぞく)という。

同じ周期の元素は，もっとも外側の電子殻(最外殻(さいがいかく))が同じであり，同じ族の元素はもっとも外側の電子殻の電子数(最外殻電子数)が同じ(Heを除く)で，化学的な性質がよく似ている。

Point 第3周期(できれば第4周期)までの元素は，周期表での位置を記憶すること。

周期＼族	1	2	3	4	5	6	7	8	9	10	11	12	13	14	15	16	17	18
1	水 H																	兵 He
2	リー Li	ベ Be											ボ B	ク C	の N	O	F	舟。 Ne
3	ナ Na	曲が Mg											ある Al	シッ Si	プ P	ス S	クラ Cl	ー Ar
4	ク K	か。 Ca	スコッ Sc	チ Ti	バ V	クロ Cr	マン Mn	鉄 Fe	子 Co	に Ni	どう Cu	会えん。 Zn	が Ga	ゲッ Ge	明日 As	先 Se	週 Br	来る Kr

(注)ゴロ合わせは一例

(1) 前ページのPointより，

ア：$_{7}$N（窒素）　イ：$_{9}$F（フッ素）　ウ：$_{10}$Ne（ネオン）　エ：$_{12}$Mg（マグネシウム）　オ：$_{14}$Si（ケイ素）　カ：$_{16}$S（硫黄）

である。

(2) 周期表上の元素は，いくつかのグループに分類されている。

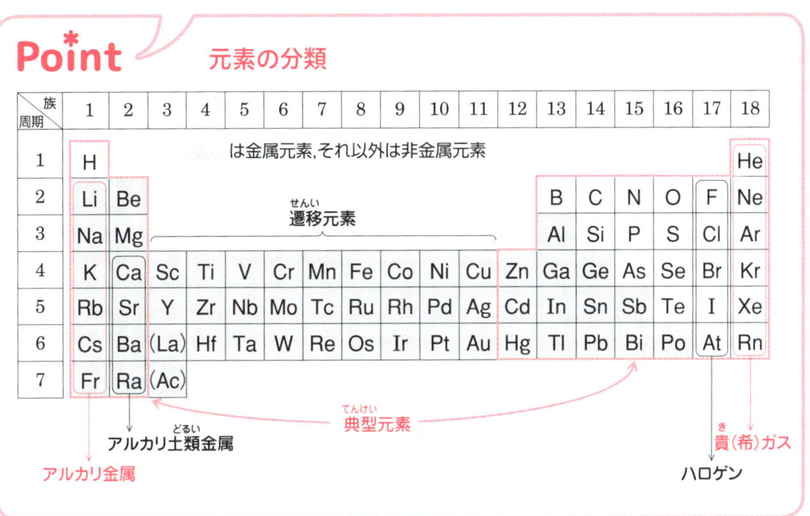

元素記号	名称
リッチ　な　カリウム　ルビー　セシめて　フランスへ Li，Na，K，Rb，Cs，Fr	アルカリ金属
彼女　すっかり　バ　ラ色 Ca，Sr，Ba，Ra	アルカリ土類金属
ふ　くれて　ブルーな　私は　あとで F，Cl，Br，I，At	ハロゲン
へん　ね　歩いて　転んだ　キセ　ラドン He，Ne，Ar，Kr，Xe，Rn	貴(希)ガス

答

(1) ア：N，7　イ：F，9　ウ：Ne，10　エ：Mg，12
オ：Si，14　カ：S，16

(2) 第1族元素　：アルカリ金属　　第2族元素　：アルカリ土類金属
第17族元素：ハロゲン　　第18族元素：貴(希)ガス

☑ 1回目 □月□日
☑ 2回目 □月□日

イオン

イオン半径の大小の比較として，正しいものはどれか。

ⓐ $Na^{+} < Mg^{2+}$　ⓑ $Na^{+} < Al^{3+}$　ⓒ $O^{2-} < Al^{3+}$

ⓓ $F^{-} < O^{2-}$　ⓔ $K^{+} < Ca^{2+}$

（立教大）

電子を放出して**正の電荷を帯びた原子または原子団**を**陽イオン**，電子を受けとって**負の電荷を帯びた原子または原子団**を**陰イオン**という。**放出したり受けとったりした電子の数**を**イオンの価数**という。

価数	1価	2価	3価
陽イオン	Na^{+} ナトリウムイオン K^{+} カリウムイオン	Mg^{2+} マグネシウムイオン Ca^{2+} カルシウムイオン	Al^{3+} アルミニウムイオン
陰イオン	F^{-} フッ化物イオン	O^{2-} 酸化物イオン	

n価の陽イオンはn個の電子を失い，m価の陰イオンはm個の電子を受けとっている。

イオンを球と見なすと，同じ電子配置のイオンの場合，原子番号が大きいほど，電子を原子核方向に強く引きつけるため，イオン半径は小さくなる。

Point $_{10}Ne$と同じ電子配置（K^2L^8）のイオンの場合

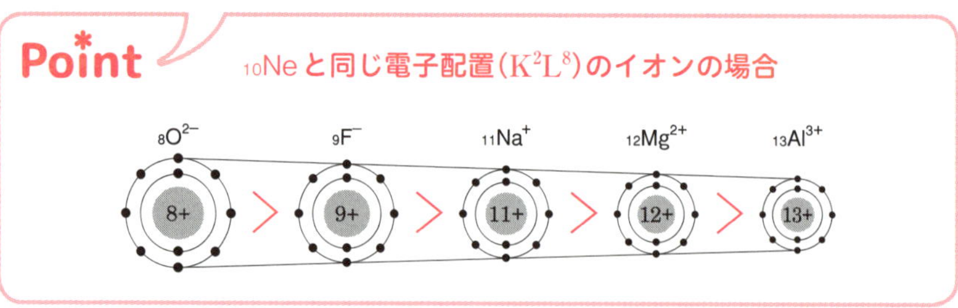

そこで，ⓐ，ⓑ，ⓒは誤りであり，ⓓが正しい。また，$_{19}K^{+}$と$_{20}Ca^{2+}$は$_{18}Ar$と同じ電子配置であり，陽子数は$_{19}K^{+} < _{20}Ca^{2+}$なので，$K^{+}$の半径は$Ca^{2+}$の半径より大きい。よって，ⓔは誤りである。

 ⓓ

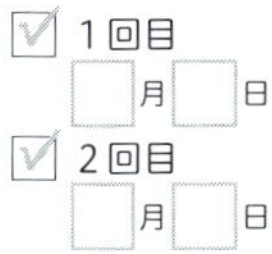

イオン化エネルギー

次の㋑～㊁から誤っているものを1つ選べ。

㋑ 原子が電子1個を受けとってイオンになるとき，放出するエネルギーを(第一)イオン化エネルギーという。

㋺ 陽性が強い元素の原子は(第一)イオン化エネルギーが小さい。

㋩ 貴ガスは，同じ周期の元素の中で，その原子の(第一)イオン化エネルギーがもっとも大きいので，陽性がもっとも弱い元素である。

㊁ 同族の典型元素では，原子番号の小さな原子ほど(第一)イオン化エネルギーが大きい。

(順天堂大)

(第一)**イオン化エネルギー**とは，**気体状態にある原子から電子を1個うばって1価の陽イオンにするのに必要なエネルギー**である。この値が小さい元素ほど陽イオンにしやすく，陽性が強い元素という。

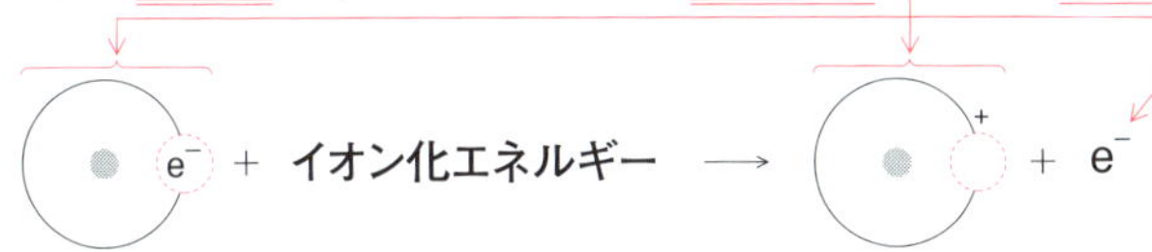

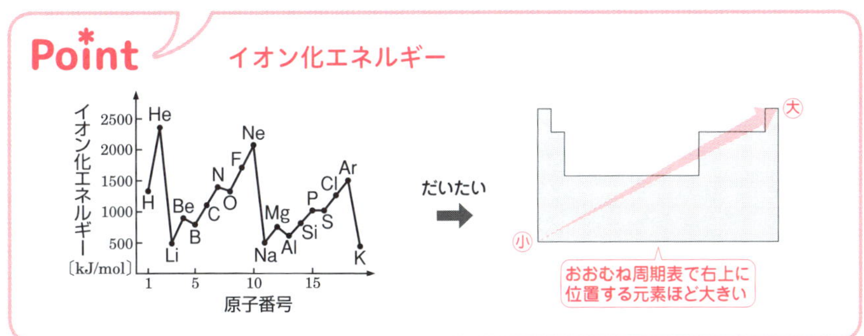

㋑ (誤り) p.26で学ぶ電子親和力の定義である。

㋺，㋩，㊁ (正しい) 周期表で右上の元素ほどイオン化エネルギーが大きく，陽イオンになりにくい。つまり，陽性が弱い。逆に，左下の元素ほどイオン化エネルギーが小さく，陽イオンになりやすい。つまり，陽性が強い。

㋑

化学結合と分子

1回目 月 日
2回目 月 日

次の文章を読み，文中の［あ］～［え］にもっとも適する語句を，［A］～［C］にもっとも適する数字を入れよ。

水素分子のように，2個の原子間で電子の対をつくって形成される化学結合は［あ］結合とよばれる。窒素分子では，2個の窒素原子は3組の電子対で結合している。それぞれの窒素原子において，［A］個の価電子のうち結合に関与しない［B］個の電子は対をつくっており，このような電子対のことを［い］対という。残りの対をつくっていない［C］個の電子は［う］とよばれ，窒素分子ではこれらの電子を2個の原子が出しあって結合をつくっている。このとき，それぞれの窒素原子は［え］原子と同じ電子配置になっている。

（防衛大）

解説 一般に，典型元素では**最外殻の電子**が化学結合に利用される。このような電子を**価電子**(かでんし)という。価電子の数は，原子番号が大きくなるにつれて周期的に変化する。なお，18族の元素である貴ガス(He，Ne，Ar…)はほかの原子と化学結合しにくいため，価電子の数は0(ゼロ)とする。

Point 価電子

価電子＝最外殻の電子　((注)典型元素の場合)

ただし，18族(貴(希)ガス)の価電子の数＝0

(注) 遷移元素(p.21参照)は，最外殻の電子だけでなく内側の電子殻の電子も価電子として利用されることがある。

また，一般に，化学結合は最外殻の電子を使って形成される。電子殻は最大2個まで存在できる副殻(ふくかく)からなり，できるだけ散(ち)らばって配置される。

例 酸素原子(K殻(2)L殻(6))の場合

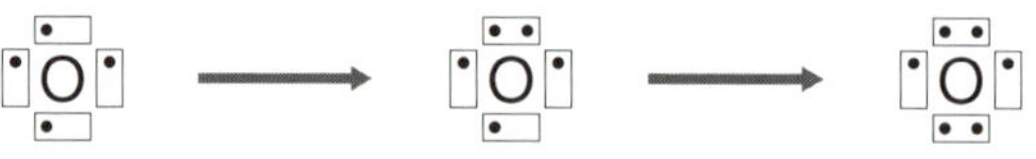

酸素はL殻に6個の電子がある。まず最外殻であるL殻の4個の副殻に1個ずつ電子を入れる

副殻がうまったら同じ副殻に2個目を入れる

完成!!
(□は副殻を表す)

副殻に電子が1つしか存在しない場合，これを不対電子(ふついでんし)という。不対電子の数は原子価(げんしか)ともよばれる。

Point 不対電子

最外殻のようす	H·	·B·	·C·	·N·	·O·	·F·
不対電子数	1	3	4	3	2	1

2つの原子が互いに**不対電子を出しあって共有電子対をつくり，これを互いに共有することでできる結合を**共有（あ）**結合**という。

化学式	共有結合の形成
水素分子 H_2	H· ·H ⟶ H:H
窒素分子 N_2	:N· ·N: ⟶ :N⋮⋮N:

一般に**共有結合で結びついた原子団を**分子**といい，分子内の2原子間で共有されている電子対を**共有電子対**，共有されていない電子対を**非共有電子（い）**対**という。

H:H　　:N⋮⋮N:

安定な分子では，各原子のまわりの電子配置は一般に貴ガスと同じ電子配置になることが多い。

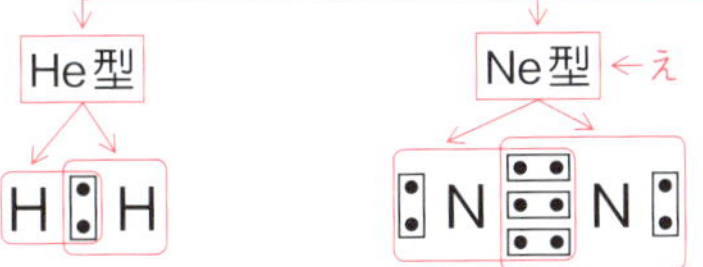

また，問題とは関係ないが，分子の中には，**非共有電子対をほかのイオンや分子の空の副殻に一方的に提供して化学結合をつくることが**あり，これを**配位結合**という。アンモニア分子と水素イオンの配位結合によって生じるアンモニウムイオンを以下に示す。

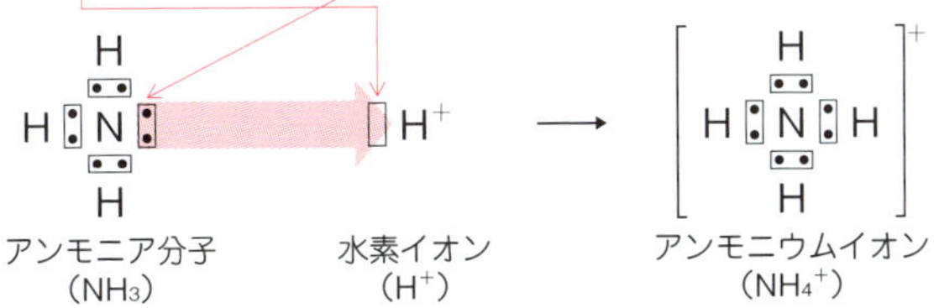

答　あ：共有　い：非共有電子　う：不対電子　え：ネオン

A：5　B：2　C：3

電子親和力・電気陰性度

☑ 1回目 □月□日
☑ 2回目 □月□日

次の(1)，(2)に答えよ。

(1) 電子親和力とは何か，50字以内で説明せよ。

(2) 次の電気陰性度に関する記述①～④から，誤りを含むものを1つ選べ。

① 原子が共有結合しているとき，結合に関与している電子を引きつける強さの度合いを表す。

② 貴ガスを除く典型元素の同一周期方向では，原子番号が大きいほど大きい。

③ 全元素中でフッ素が最大の値をもつ。

④ Rbの電気陰性度の値は，Liの値より大きい。

((1)聖マリアンナ医科大，(2)湘南工科大)

解説

(1) (第一)電子親和力(でんししんわりょく)とは，**気体状態にある原子が電子を1個とりこんで，1価の陰イオンとなるときに外へ放出されるエネルギー**である。この値が大きい元素ほど陰イオンになりやすく，陰性が強い。

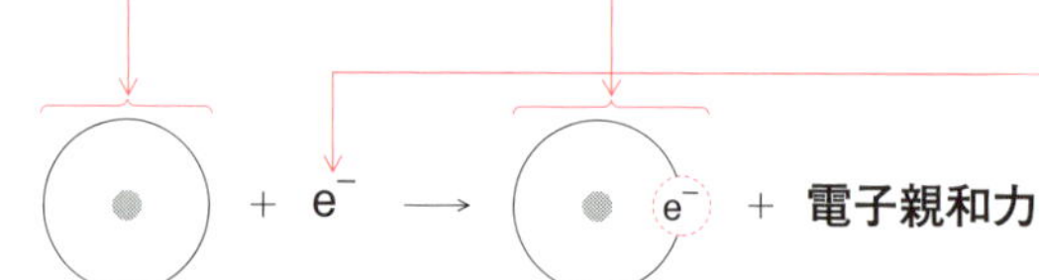

とくに，17族(ハロゲン)の値は，ほかの元素に比べて大きい。

Point 電子親和力

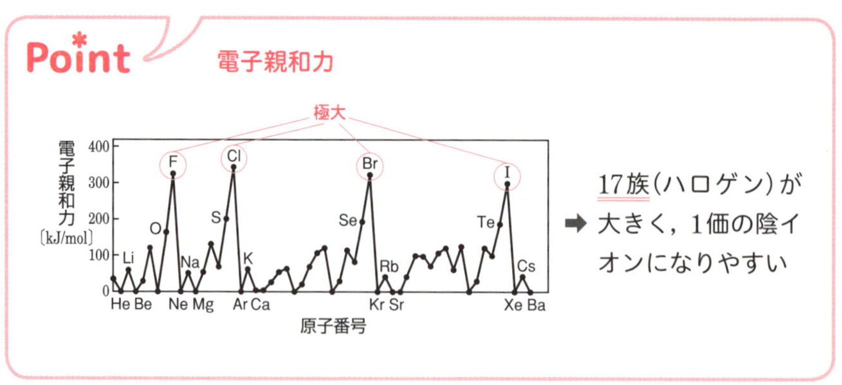

➡ 17族(ハロゲン)が大きく，1価の陰イオンになりやすい

(2) 電気陰性度(でんきいんせいど)とは，**原子がほかの原子と共有結合したときに共有電子対を自らの方向へ引きつける強さの度合い**である(共有結合についてはp.25参照)。共有結合しにくい18族の値は考えず，周期表で右上の元素ほど大きい。

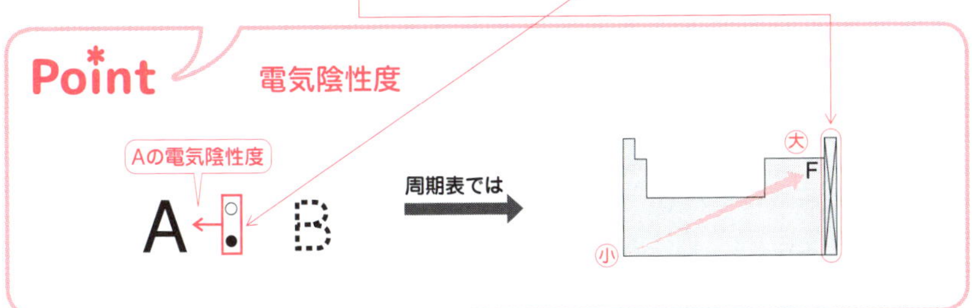

① (正しい) 電気陰性度の定義そのものである。

②，③ (正しい) 周期表では，右上の元素ほど電気陰性度が大きく，結合しにくい貴ガスの値は考えないので，もっとも大きいのはフッ素Fである。

④ (誤り) Rb(ルビジウム)はLiと同じアルカリ金属である。同族元素では，周期表で上に位置する元素ほど電気陰性度は大きいので，Liの値はRbの値より大きい。

なお，電子親和力と電気陰性度は混同しやすいので，次のPointの点に注意すること。

Point　電子親和力と電気陰性度

電子親和力	1つの原子が気体状態で存在しているときの電子のとりこみやすさの目安(めやす)
電気陰性度	1つの原子が別の原子と共有結合しているときの共有電子対のひきつけやすさの目安

答
(1) 気体状態にある原子が，電子1個を受けとって1価の陰イオンになるときに放出するエネルギーのこと。(47字)
(2) ④

問題 013 分子の形

☑ 1回目　月　日
☑ 2回目　月　日

次の文章を読み，文中の［　］に適切な語句または数字を記入せよ。

メタン分子は炭素原子を中心に4組の共有電子対が空間的に均等な方向に広がり，分子の形状は［ア］形になる。アンモニアでは，窒素原子のまわりに［イ］組の共有電子対と［ウ］組の非共有電子対が存在し，水分子では，酸素原子のまわりに［エ］組の共有電子対と［オ］組の非共有電子対が存在する。ここで，電子対は互いに反発し，できるだけ離れた位置，すなわち［ア］の中心から頂点の方向に配置されると考えると，アンモニアや水分子の形状を予想することができる。

実際，アンモニアの形状は，メタン分子から水素原子が1個抜けた形状の［カ］形，水分子の形状は，メタン分子から水素原子が2個抜けた形状の［キ］形となる。

（北見工業大）

メタン CH_4，アンモニア NH_3，水 H_2O では，分子内の中心原子のまわりにある4組の電子対が互いに反発し，できるだけ離れた［正四面体］ア の頂点方向に配置される。

	H:C:H (CH₄)	H:N:H (NH₃)	H:O:H (H₂O)
共有電子対	4	3 イ	2 エ
非共有電子対	0	1 ウ	2 オ

⬇ 反発を考えると

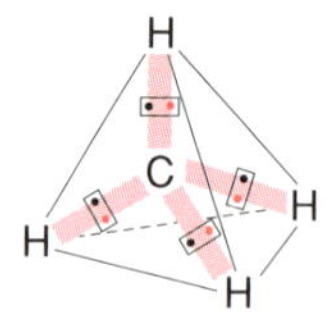

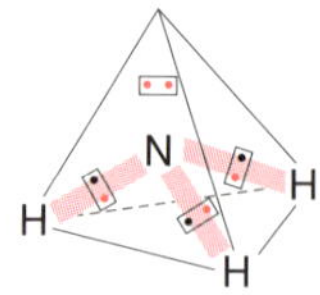

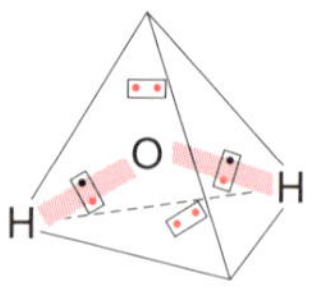

原子核を結ぶ（━━）と分子の形が予想でき，CH_4 は正四面体形，NH_3 は［三角すい］カ 形，H_2O は［折れ線］キ 形の分子となる。

なお，問題とは関係ないが，二酸化炭素CO_2の場合，炭素原子のまわりに4組の電子対があるが，2組ずつで二重結合（にじゅう）を2つ形成する。この場合，二重結合内の反発は考えず，2つの二重結合の電子対ができるだけ遠ざかって左右に配置される。

O C O → O C O

そこで，二酸化炭素CO_2分子は直線形となる。

共有電子対を棒線“—”で書くと，それぞれの分子は次のPointのようになる。この棒線は**価標**（かひょう）といい，**分子を価標を用いて表した化学式を構造式**（こうぞうしき）という。

Point 構造式と分子の形

メタン	アンモニア	水	二酸化炭素
H–C(–H)(–H)–H	H–N(–H)–H	H–O–H	O=C=O
正四面体形	三角すい形	折れ線形	直線形

答 ア：正四面体　イ：3　ウ：1　エ：2　オ：2
カ：三角すい　キ：折れ線

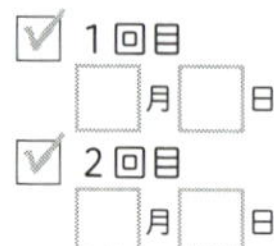

極性

次の文章を読み，下の分子は，下線部(a)，(b)，(c)の分類のいずれにあてはまるか答えよ。

共有結合をしている2原子間では，電気陰性度の大きいほうの原子は共有電子対を引きつけ，いくらか負電荷を帯び，その結合は極性をもつ。(a)結合に極性がない分子，あるいは，(b)極性があっても分子内で打ち消しあって分子全体として正負の電荷の中心が一致している分子を無極性分子という。一方，(c)分子全体として正負の電荷の中心が一致していない分子を極性分子という。

H_2O　　Cl_2　　N_2　　NH_3　　CO_2　　CH_4　　（岡山大）

結合した2原子間の電気陰性度に差があると，**電気陰性度の大きいほうの原子へ共有電子対がかたよる**。この場合，結合に**極性がある**という。

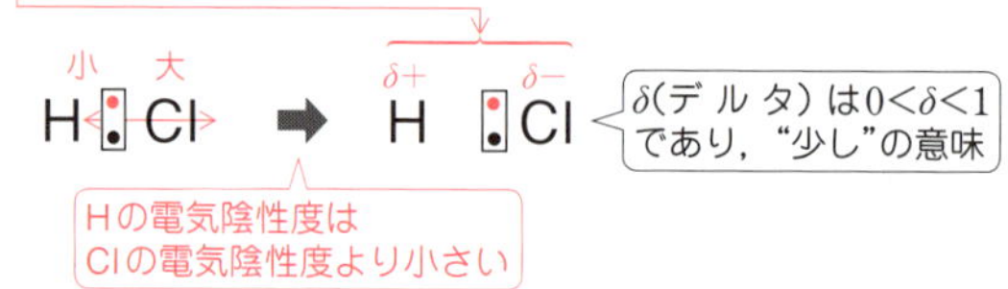

分子全体としての電荷のかたよりを分子の極性といい，**極性のある分子**を**極性分子**，**極性のない分子**を**無極性分子**とよぶ。

分子の極性は，結合の極性によって生じる。しかし，分子の形によっては，正電荷と負電荷の重心が一致するため，分子全体としては電荷のかたよりがなく，極性をもたない場合もある。

(a)　同種の元素でできた単体の分子は，結合に極性がない。

Cl−Cl　　　N≡N

(b) 無極性分子には，結合に極性があっても，分子全体で見たときに$\delta+$の重心と$\delta-$の重心が一致するものも含まれる。

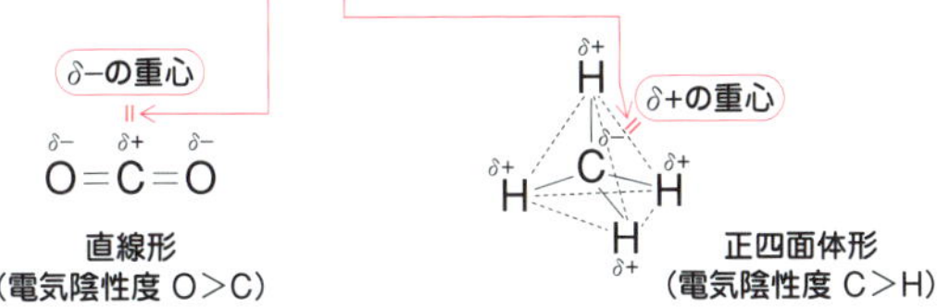

(c) 極性分子では，$\delta+$の重心と$\delta-$の重心が一致しない。

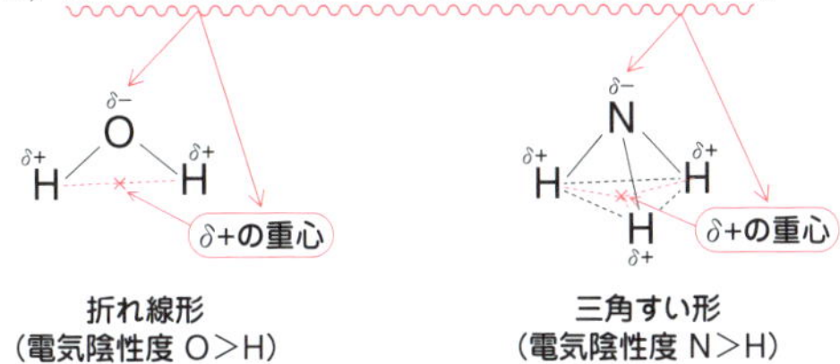

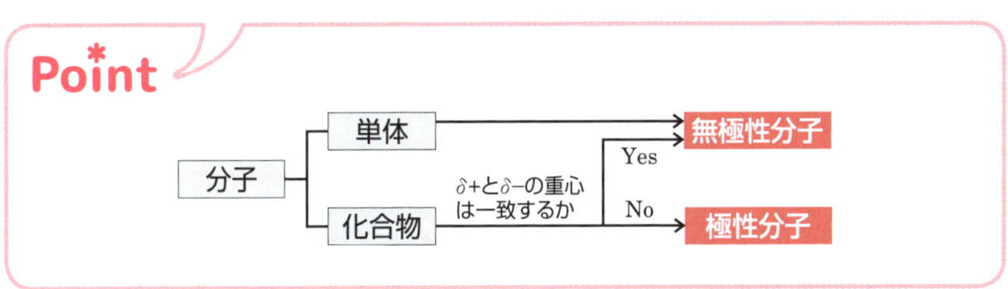

答 (a) Cl_2，N_2　(b) CO_2，CH_4　(c) H_2O，NH_3

金属結合と金属の性質

☑ 1回目　□月□日
☑ 2回目　□月□日

金属に関する記述㋐～㋔から誤っているものを1つ選べ。

㋐　金属元素の単体は，自由電子と金属陽イオンからなっている。

㋑　金属元素の原子は，一般に，電子を放出しやすい。この傾向が強いほど，陽性が強いという。

㋒　金属元素の単体は，一般に，金属光沢や高い電気伝導性など特有の性質をもっている。

㋓　アルカリ金属の原子は，1個の価電子をもち1価の陽イオンになりやすい。

㋔　金箔のように，金属をたたいて薄く広げられる性質を延性という。

（千葉工業大）

周期表で，次の　　の部分の元素の単体は，常温(じょうおん)・常圧(じょうあつ)の状態ですべて金属である。

周期＼族	1	2	3	4	5	6	7	8	9	10	11	12	13	14	15	16	17	18
1	H																	He
2	Li	Be											B	C	N	O	F	Ne
3	Na	Mg											Al	Si	P	S	Cl	Ar
4	K	Ca	Sc	Ti	V	Cr	Mn	Fe	Co	Ni	Cu	Zn	Ga	Ge	As	Se	Br	Kr
5	Rb	Sr	Y	Zr	Nb	Mo	Tc	Ru	Rh	Pd	Ag	Cd	In	Sn	Sb	Te	I	Xe
6	Cs	Ba	(La)	Hf	Ta	W	Re	Os	Ir	Pt	Au	Hg	Tl	Pb	Bi	Po	At	Rn
7	Fr	Ra	(Ac)															

㋐（正しい）　金属元素の原子の価電子は，**特定の原子に固定されず，多数結合した原子すべてに共有され，全体に広がっている。このような電子**を**自由電子**(じゆう)といい，**自由電子によって，陽イオンが多数結びついた結合**を**金属結合**という。

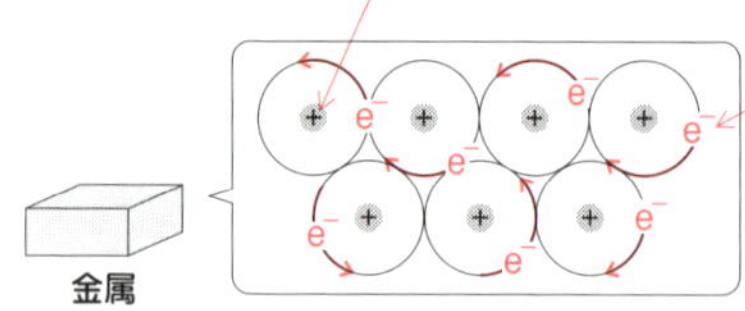

㋑（正しい）　金属元素の原子は，一般に電子を放出しやすく，陽イオンになりやすい。すなわち，陽性が強い。

㋒ （正しい） 自由電子は光を反射するため，金属は特有の光沢(こうたく)をもつ。また，自由電子が動きまわることによって，熱や電気をよく伝える。なお，もっとも熱や電気を伝える金属の単体は銀Agであり，2番目が銅Cu，3番目が金Auである。

㋓ （正しい） アルカリ金属は，水素Hを除く1族の元素である。これらの原子の電子配置をみると，すべて最外殻の電子数が1であり，これが価電子となり，1価の陽イオンになりやすい。

㋔ （誤り） 金属は，力を加えても変形し，くだけにくい。これは原子の位置が変わっても，自由電子によって結びついているからである。

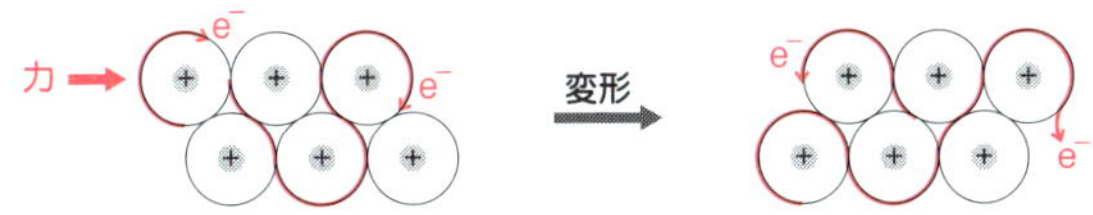

たたくと薄(うす)く広がる性質を**展性(てんせい)**，**引っぱると長く延(の)びる性質**を**延性(えんせい)**といい，金属のこの性質を利用して金箔(きんぱく)や銅線がつくられている。金箔は展性を利用して金を薄く広げたものであり，延性を利用したものではない。

Point　金属の性質

❶ 陽イオンと自由電子からなる。
❷ 熱や電気をよく通す。
❸ 特有の光沢をもつ。
❹ 力を加えると変形し，展性と延性をもつ。

答 ㋔

イオン結合とイオン結晶の性質

☑ 1回目 月 日
☑ 2回目 月 日

正しいものを，次の①～④から1つ選べ。

① 結晶内に自由電子が存在している。

② 融点や沸点が高く，昇華するものがある。

③ 非常に固く，強い力を加えても結晶は壊れにくい。

④ 固体の状態では電気を流さないが，融解した状態や水溶液では電気を流す。

（東邦大）

解説 **陽イオンと陰イオンが静電気的な引力で結びついた結合を**イオン結合といい，**イオン結合によって多数の陽イオンと陰イオンが規則正しく配列した固体を**イオン結晶という。

① （誤り） イオン結晶には，金属の結晶のような自由電子は存在しない。

② （誤り） イオン結合でできた物質は比較的融点が高い。固体が簡単に気体になることはなく，昇華（固体から直接気体を生じる現象）するものはほとんどない。

③ （誤り） 大きな力を加えて結晶内部の面がずれると，引力より斥力が強く作用し，結晶が壊れる。

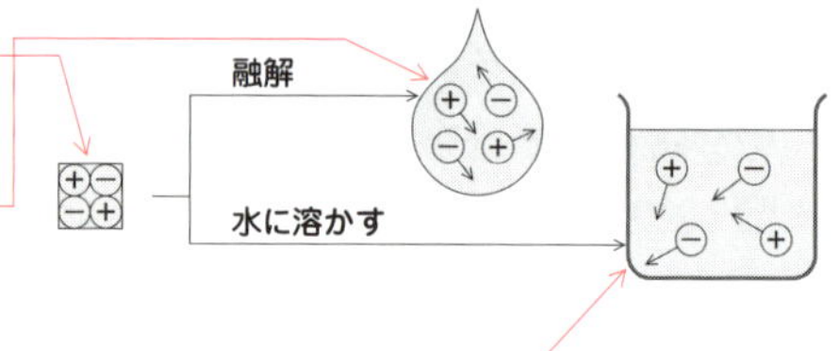

④ （正しい） 固体状態ではイオンが自由に動けないので，電気を通しにくい。ただし，加熱して融解し，溶融状態にしたり，水に溶かして**構成イオンに分かれたり**（電離）すると，イオンが自由に動けるので，電気をよく通す。

融解
水に溶かす

Point イオン結合でできた物質の性質

❶ 陽イオンと陰イオンが多数，静電気的な引力で結びついている。

❷ 比較的，融点が高い。　❸ 変形しにくく，壊れやすい。

❹ 固体は電気をほとんど流さないが，融解したり水溶液にしたりすると電気をよく流す。

答 ④

イオン結合でできた物質と組成式

1回目 月 日
2回目 月 日

次の表中の①～⑤のイオンの組み合わせでできる物質の化学式と名称を㊎にならって答えよ。

	Na^+	NH_4^+	Ca^{2+}	Al^{3+}
Cl^-	㊎	①		④
NO_3^-	②			
SO_4^{2-}			③	⑤

㊎ 化学式：NaCl　名称：塩化ナトリウム

（実践女子大）

塩(p.52参照)や金属酸化物などは，多数の陽イオンと陰イオンのイオン結合からなる。

化学式で表すときは，**陽イオンと陰イオンの構成比をもっとも簡単な整数比**で表す。これを**組成式**という。

このとき，組成式全体では電荷をもたないので，次の関係が成り立つ。

Point　組成式全体での電荷の関係

（陽イオンの価数）×陽イオンの数 ＝（陰イオンの価数）×陰イオンの数

	Na^+ ナトリウムイオン	NH_4^+ アンモニウムイオン	Ca^{2+} カルシウムイオン	Al^{3+} アルミニウムイオン
Cl^- 塩化物イオン	$(Na^+)_1(Cl^-)_1$	$(NH_4^+)_1(Cl^-)_1$	$(Ca^{2+})_1(Cl^-)_2$	$(Al^{3+})_1(Cl^-)_3$
NO_3^- 硝酸イオン	$(Na^+)_1(NO_3^-)_1$	$(NH_4^+)_1(NO_3^-)_1$	$(Ca^{2+})_1(NO_3^-)_2$	$(Al^{3+})_1(NO_3^-)_3$
SO_4^{2-} 硫酸イオン	$(Na^+)_2(SO_4^{2-})_1$	$(NH_4^+)_2(SO_4^{2-})_1$	$(Ca^{2+})_1(SO_4^{2-})_1$	$(Al^{3+})_2(SO_4^{2-})_3$

（注）化学式は，1とイオンの価数や符号を省略して記す。

① NH_4Cl，塩化アンモニウム　② $NaNO_3$，硝酸ナトリウム
③ $CaSO_4$，硫酸カルシウム　④ $AlCl_3$，塩化アルミニウム
⑤ $Al_2(SO_4)_3$，硫酸アルミニウム

第2章 物質量と化学反応式

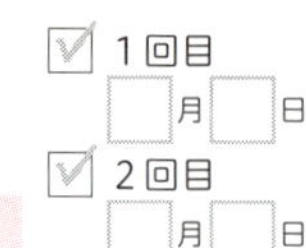

原子量

現在は，質量分析器などを用いて原子1個の質量が正確に求められているが，原子1個の質量は非常に小さく扱いにくいため，相対質量が用いられる。次の(1)，(2)に答えよ。

(1) 下線部について，「相対質量」は，現在どのようにして決められているか。簡潔に説明せよ。

(2) 天然において塩素には2種類の同位体が存在する。次の表を参考にして，塩素の原子量を小数第2位を四捨五入し，小数第1位まで求めよ。

	相対質量	存在比
^{35}Cl	34.969	75.77%
^{37}Cl	36.966	24.23%

（関西学院大）

(1) 原子の相対質量とは，基準とする原子1個の質量に対するほかの原子1個の質量の比をさす。“相対”とは“何か比較した”という意味である。

現在は国際機関によって，質量数12の炭素原子 $^{12}_{6}C$ が基準原子として選ばれていて，次のPointのように $^{12}_{6}C$ 1個の質量を12として比較したときの値を相対質量としている。

Point 質量数1の水素原子 ^{1}H の相対質量(x)の求め方

$$\frac{^{1}H\text{1個の質量〔g〕}}{^{12}C\text{1個の質量〔g〕}} = \frac{1.67\times10^{-24}\text{〔g〕}}{1.99\times10^{-23}\text{〔g〕}}$$

実際の質量の比

$$= \frac{x}{12}$$

← 12とする

よって，$x = 1.0070\cdots$

(2) 同位体は質量数は異なるが原子番号(陽子数)は同じであり，化学的性質は基本的に同じである。そこで，通常の化学反応を考えるときは同位体を区別せず，自然界での存在比を考慮(こうりょ)して相対質量の平均値を求め，その値を元素の原子量とする。

Point

元素の原子量＝同位体を区別せず，すべて同じ質量としたときの相対質量の平均値

同位体の存在比は，天然での個数比を表していて，場所によらず一定としてよい。問題文の表の意味は次のようになる。

	存在比		100個のCl原子のうち	10000個のCl原子のうち
^{35}Cl	75.77%	➡	75.77個	7577個
^{37}Cl	24.23%		24.23個	2423個

そこで，

$$\text{塩素の原子量} = \frac{\overbrace{34.969}^{^{35}\text{Clの相対質量}} \times \overbrace{7577}^{\text{個}} + \overbrace{36.966}^{^{37}\text{Clの相対質量}} \times \overbrace{2423}^{\text{個}}}{10000\ \text{個}}$$

$$= \underbrace{34.969}_{\text{相対質量}} \times \underbrace{0.7577}_{\text{存在比}} + \underbrace{36.966}_{\text{相対質量}} \times \underbrace{0.2423}_{\text{存在比}}$$

$$= 35.45\cdots$$

$$\fallingdotseq 35.5$$

となる。

Point 原子量

元素の原子量は，

「相対質量 × 存在比」の和

で求められる。

(1) 質量数12の炭素原子1個の質量を12として，ほかの原子の質量の相対値を決める。

(2) 35.5

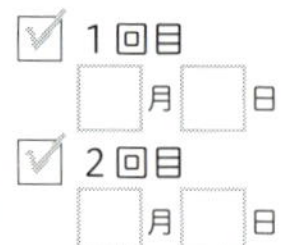

物質量(1)

氷の0℃における密度は，0.92 g/cm^{3}である。体積1.0cm^{3}の氷中に存在する水分子の数は何個か，有効数字2桁で答えよ。原子量H＝1.00，O＝16.0，アボガドロ定数$N_A = 6.0 \times 10^{23}$/molとする。

（九州工業大）

質量数12の炭素原子$^{12}_{6}$Cのみからなる炭素の単体12g中に含まれる$^{12}_{6}$C原子の数を**アボガドロ数**(すう)という。

^{12}C原子1個の質量が1.993×10^{-23}gであることを利用して，アボガドロ数を求めると，

$$\frac{12〔g〕}{1.993 \times 10^{-23}〔g/個〕} \fallingdotseq 6.02 \times 10^{23}〔個〕$$

←単位は，〔g〕÷〔g/個〕＝〔g〕×〔個/g〕＝〔個〕

アボガドロ数個の粒子に関しては，次の**Point**のようなことがいえる。

Point アボガドロ数

一般に，原子量や化学式量(化学式1つ分の相対質量で，原子量の和)の値に“グラム”をつけた質量に相当する粒子数は，6.02×10^{23}個である。

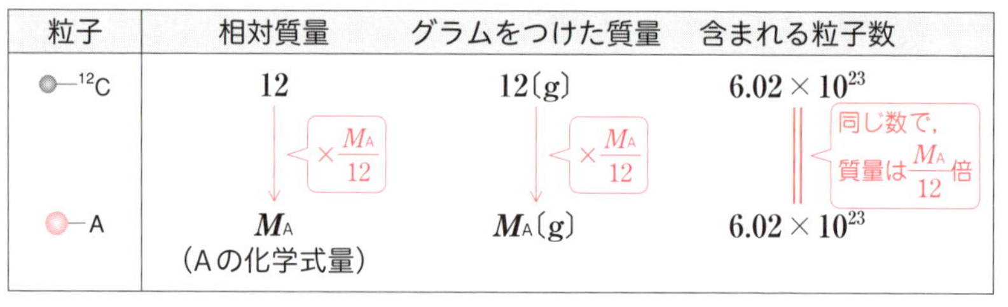

粒子	相対質量	グラムをつけた質量	含まれる粒子数
^{12}C	12	12〔g〕	6.02×10^{23}
	↓ $\times \frac{M_A}{12}$	↓ $\times \frac{M_A}{12}$	‖ 同じ数で，質量は$\frac{M_A}{12}$倍
A	M_A (Aの化学式量)	M_A〔g〕	6.02×10^{23}

すなわち，化学式量M_Aの粒子を6.02×10^{23}個集めるとM_A〔g〕の質量となるのである。そこで，**アボガドロ数と同じ数の粒子の集団を1 mol と約束する。mol単位で表した粒子の数を物質量**(ぶっしつりょう)という。

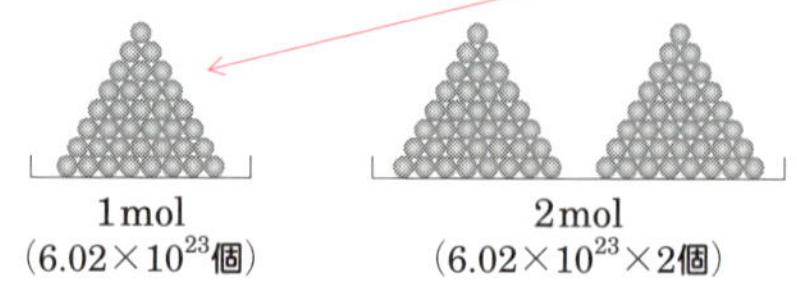

単位をつけた6.02 × 10^{23}〔/mol〕を**アボガドロ定数**(記号 N_A で表す)とし，1molの粒子の集団の質量，すなわち，その**粒子を表す化学式の相対質量(化学式量)に“グラム”をつけた質量**は**モル質量**(単位記号〔g/mol〕)という。

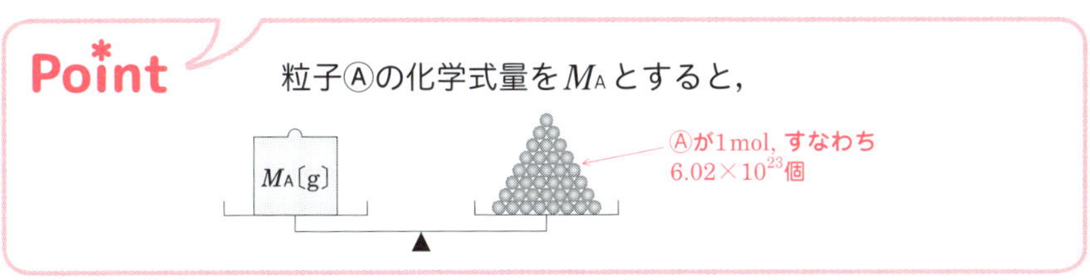

水の分子式はH_2Oである。分子量が 1.00 × 2 + 16.0 = 18.0 なので，
(Hの原子量　Oの原子量)

モル質量は18.0g/molとなる。すなわちH_2O 1molの集団が示す質量は18.0gである。
(氷，水，水蒸気いずれも)

まず，体積1.0cm³の氷の質量を，密度から計算する。

Point　密度

単位体積あたりの物質の質量のこと
(ここでは1cm³の質量をグラム単位で表している)

$$密度〔g/cm^3〕= \frac{質量〔g〕}{体積〔cm^3〕}$$

0℃の氷の密度は，0.92g/cm³(1cm³あたり0.92g)なので，体積1.0cm³の氷の質量は，

$$1.0〔cm^3〕\times 0.92〔g/cm^3〕= 0.92〔g〕$$
(体積×密度＝質量)

ここに含まれるH_2Oの物質量は，

$$\frac{0.92〔g〕}{18.0〔g/mol〕} \fallingdotseq 0.0511〔mol〕$$

そこで，求める値は，

$$0.0511〔mol〕\times 6.0 \times 10^{23}〔/mol〕= 3.06 \times 10^{22}$$
(氷1.0cm³中のH_2Oの物質量　アボガドロ定数　有効数字3桁目を四捨五入して，有効数字2桁に)

(注)　2018年にアボガドロ定数の定義が変更されたが，高校化学で扱う数値としては変わらない。

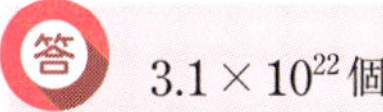
答　3.1×10^{22} 個

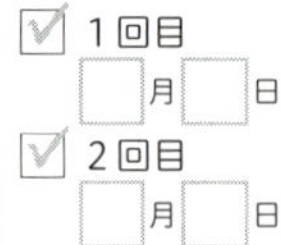

物質量(2)

硫酸H_2SO_4について，下の(1)，(2)に答えよ。解答は有効数字2桁とし，必要ならば次の数値を利用せよ。

原子量　H＝1.0，C＝12.0，O＝16.0，S＝32.1

アボガドロ定数　$N_A = 6.0 \times 10^{23}$〔/mol〕

(1)　294 g あるとき，その物質量は何 mol か。

(2)　分子の数が4.82×10^{24}個あるとき，その物質量は何 mol か。

（東北工業大）

(1)　H_2SO_4のモル質量＝H_2SO_4の分子量＝H×2＋S×1＋O×4

$$= 1.0 \times 2 + 32.1 + 16.0 \times 4 = 98.1$$

一般に，質量と物質量には次のような関係がある。

Point　分子量Mの物質n〔mol〕の質量w〔g〕の場合の関係式

$$w\text{〔g〕} = n\text{〔mol〕} \times M\text{〔g/mol〕}$$

今回は，$w = 294$，$M = 98.1$のときのnを求めたいので，上の**Point**より，

$$n = \frac{w}{M} = \frac{294\text{〔g〕}}{98.1\text{〔g/mol〕}} = \overset{3.0}{2.99}\cdots\text{〔mol〕}$$ となる。

(2)　H_2SO_4 1 mol は，6.0×10^{23}個のH_2SO_4分子に相当する。

一般に粒子数と物質量には次のような関係がある。

Point　アボガドロ定数N_A〔/mol〕，粒子数Nで物質量n〔mol〕の場合の関係式

$$N = n\text{〔mol〕} \times N_A\text{〔/mol〕}$$

今回は，$N = 4.82 \times 10^{24}$，$N_A = 6.0 \times 10^{23}$のときのnを求めたいので，

$$n = \frac{N}{N_A} = \frac{4.82 \times 10^{24}}{6.0 \times 10^{23}\text{〔/mol〕}} = 8.03\cdots\text{〔mol〕}$$ となる。

(1)　3.0 mol　(2)　8.0 mol

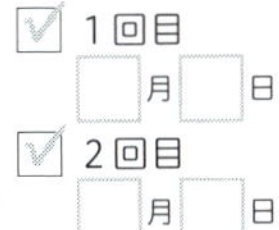

物質量(3)

1.43 g の気体が標準状態(0℃，1.013×10^5 Pa)で 1.00 L を占めるとき，その気体の分子量はいくらか。有効数字2桁まで求めよ。

(大阪歯科大)

第2章 物質量と化学反応式

気体分子 1 mol(≒ 6.0×10^{23} 個)は，標準状態(ひょうじゅんじょうたい)(0℃，1気圧(きあつ)(単位〔atm(アトム)〕)≒ 1.013×10^5 Pa(パスカル))のもとでは種類に関係なく，ほぼ 22.4 L(リットル)の体積を示す。

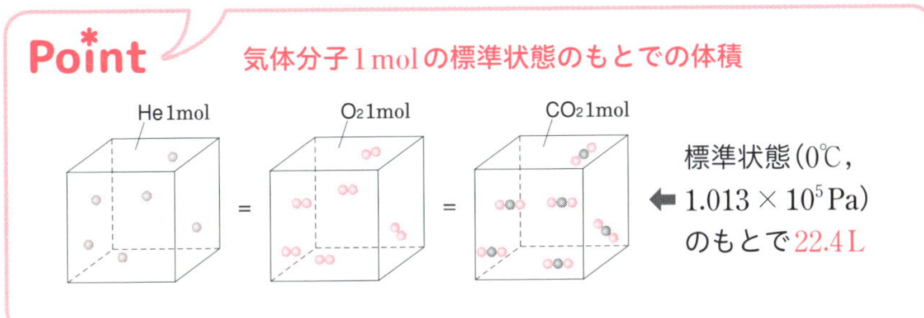

この気体の分子量すなわちモル質量を M〔g/mol〕とする。1.43 g に含まれる気体分子の物質量を n〔mol〕とすると，

$$n = \frac{1.43〔g〕}{M〔g/mol〕} \quad \cdots ①$$

となる。気体は 1 mol あたり標準状態で 22.4 L の体積を示すので，n〔mol〕が 1.00 L を示すことから，次の式が成り立つ。

$$n〔mol〕 \times \frac{22.4〔L〕}{1〔mol〕} = 1.00〔L〕 \quad \cdots ②$$

②式に①式を代入すると，

$$\frac{1.43}{M} \times 22.4 = 1.00$$

よって，$M = 32.0\cdots$

32

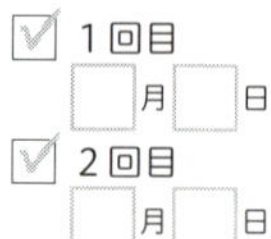

濃度(1)

$Na_2CO_3 \cdot 10H_2O$の結晶14.3gを水35.7gに溶解した。この溶液の質量パーセント濃度〔%〕はいくらか。有効数字2桁で求めよ。ただし，原子量はH＝1.0，C＝12，O＝16，Na＝23とする。

（東北学院大）

質量パーセント濃度は，溶液の質量に対する溶質の質量の割合を百分率で示した濃度であり，**溶液100gあたりに含まれる溶質の質量〔g〕**を表す。

Point　質量パーセント濃度

$$\text{質量パーセント濃度〔\%〕} = \frac{\text{溶質の質量〔g〕}}{\text{溶液の質量〔g〕}} \times 100$$

炭酸ナトリウム十水和物$Na_2CO_3 \cdot 10H_2O$は**固体中に水分子を含み**，これを**水和水**あるいは結晶水という。$Na_2CO_3 \cdot 10H_2O$の式量を求めると，

$$\begin{aligned} Na_2CO_3 \cdot 10H_2O &= Na_2CO_3 + H_2O \times 10 \\ &= 23 \times 2 + 12 + 16 \times 3 + (1.0 \times 2 + 16) \times 10 \\ &= 106 + 180 \\ &= 286 \end{aligned}$$

となる。そこで，$Na_2CO_3 \cdot 10H_2O$ 14.3gのうち，溶質であるNa_2CO_3のみの質量は，

$$14.3〔g〕\times \frac{106}{286} = 5.30〔g〕$$

$$\begin{aligned} \text{質量パーセント濃度} &= \frac{\text{溶質の質量〔g〕}}{\text{溶液の質量〔g〕}} \times 100 \\ &= \frac{5.30〔g〕}{14.3〔g〕+ 35.7〔g〕} \times 100 \\ &= 10.6〔\%〕\fallingdotseq 11〔\%〕 \end{aligned}$$

11%

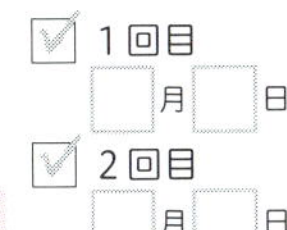

濃度(2)

シュウ酸二水和物 $H_2C_2O_4\cdot 2H_2O$ 31.5gを水に溶かして500mLにした水溶液の密度は$1.02\,g/cm^3$であった。この水溶液のモル濃度としてもっとも適当な値〔mol/L〕を，次の①～⑤から1つ選べ。ただし，原子量はH＝1.0，C＝12，O＝16とする。

① 0.250　② 0.357　③ 0.500　④ 0.510　⑤ 0.700

（神戸女子大）

(体積) モル濃度は，**溶液1Lに含まれる溶質の物質量**を表す。

モル濃度

$$\text{モル濃度〔mol/L〕} = \frac{\text{溶質の物質量〔mol〕}}{\text{溶液の体積〔L〕}}$$

シュウ酸二水和物 $H_2C_2O_4\cdot 2H_2O$ の式量を求める。

$$H_2C_2O_4\cdot 2H_2O = H_2C_2O_4 + H_2O \times 2$$
$$= 6H + 2C + 6O$$
$$= 6 \times 1.0 + 2 \times 12 + 6 \times 16 = 126$$

モル質量が126g/molなので，31.5gの $H_2C_2O_4\cdot 2H_2O$ の物質量は次のように求まる。

$$\frac{31.5\text{〔g〕}}{126\text{〔g/mol〕}} = 0.250\text{〔mol〕}$$

$H_2C_2O_4\cdot 2H_2O$ 0.250molには「$H_2C_2O_4$ 0.250mol」と「H_2O $0.250 \times 2 = 0.500$ mol」が含まれる。0.500mol H_2O は溶媒として加えた H_2O と区別できなくなる。溶液500mL(0.500L)に $H_2C_2O_4$ 0.250molが含まれるので，モル濃度は次のように求められる。

$$\frac{0.250\text{〔mol〕}}{0.500\text{〔L〕}} = 0.500\text{〔mol/L〕}$$

③

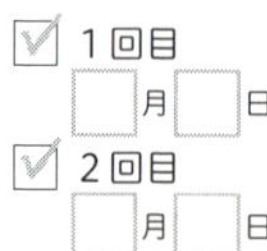

濃度(3)

0.10 mol/L希硫酸1.0Lをつくるためには，95%濃硫酸(密度1.84 g/mL)が何mL必要か。有効数字2桁で求めよ。ただし，硫酸H_2SO_4の分子量は98とする。

(金城学院大)

溶液を希釈(きしゃく)(薄めること)しても，中に含まれる溶質の量(物質量や質量)は変化しない。

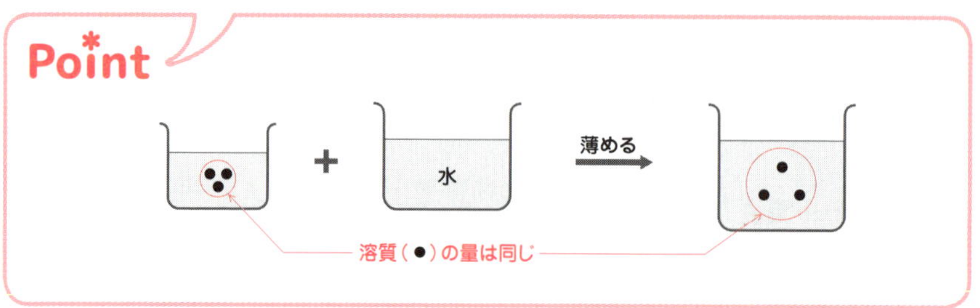

0.10 mol/Lの希硫酸(きりゅうさん)1.0Lに含まれる溶質であるH_2SO_4の物質量は，

$$0.10[\text{mol/L}] \times 1.0[\text{L}] = 0.10[\text{mol}]$$

である。H_2SO_4のモル質量＝98[g/mol]なので，含まれるH_2SO_4の質量は，

$$0.10[\text{mol}] \times 98[\text{g/mol}] = 9.8[\text{g}]$$

である。95%の濃(のう)硫酸(密度1.84 g/mL)がV[mL]必要であるとすると，この中にH_2SO_4が9.8g含まれるので，次式が成立する。

(95%：濃硫酸100gにH_2SO_4が95g)
(1.84 g/mL：濃硫酸1mLあたり1.84g)

$$1.84[\text{g/mL}] \times V[\text{mL}] \times \frac{95[\text{g}](H_2SO_4)}{100[\text{g}](\text{濃硫酸})} = 9.8[\text{g}]$$

(濃硫酸の質量)(H₂SO₄の質量)

よって，$V = 5.60\cdots$[mL]

5.6 mL

化学反応式

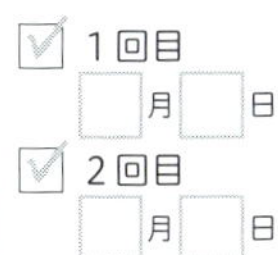

次の反応式を完成し，次の(1)，(2)の a の値を下の①～⑩から選べ。

(1) $C_8H_{16} + aO_2 \longrightarrow bCO_2 + cH_2O$

(2) $C_4H_9OH + aO_2 \longrightarrow bCO_2 + cH_2O$

① 3　② 4　③ 5　④ 6　⑤ 8　⑥ 10
⑦ 11　⑧ 12　⑨ 13　⑩ 14

（神奈川工科大）

化学反応は，原子どうしの結合の組み合わせが変化するだけなので，各元素の原子数は化学反応式の両辺で変化しない。

Point 化学反応式の両辺では，各元素の原子数は同じである。

(1) $C_8H_{16} + aO_2 \longrightarrow bCO_2 + cH_2O$

C	8	=	$b\times1$	…①
H	16	=	$c\times2$	…②
O	$a\times2$	=	$b\times2 + c\times1$	…③

①式，②式より，$b=8$，$c=8$　なので，これを③式に代入して，
$a\times2=8\times2+8\times1$　より，$a=12$　となる。すなわち，

$C_8H_{16} + 12O_2 \longrightarrow 8CO_2 + 8H_2O$

となる。よって，解答は⑧。

(2) $C_4H_9OH + aO_2 \longrightarrow bCO_2 + cH_2O$

C	4	=	$b\times1$	…④
H	$9+1$	=	$c\times2$	…⑤
O	$1 + a\times2$	=	$b\times2 + c\times1$	…⑥

④式，⑤式より，$b=4$，$c=5$　なので，これを⑥式に代入して，
$1+a\times2=4\times2+5\times1$　より，$a=6$　となる。すなわち，

$C_4H_9OH + 6O_2 \longrightarrow 4CO_2 + 5H_2O$

となる。よって，解答は④。

(1) ⑧　(2) ④

第2章 物質量と化学反応式

1回目 月 日
2回目 月 日

問題026 化学反応式と物質量

16gの酸化銅(II)CuOに炭素粉C2.0gを混合し，空気をしゃ断して加熱したところ，酸化銅(II)が還元され，銅Cuと二酸化炭素CO_2を生成した。このとき起こった化学反応について，次の(1)〜(3)に答えよ。ただし，原子量はC＝12，O＝16，Cu＝64とし，解答は有効数字2桁で答えよ。また，気体は標準状態(0℃，1気圧(1.013×10^5Pa))において種類に関係なく，分子1molあたり22.4Lの体積を示すとする。

(1) 酸化銅(II)16gは何molか。

(2) このとき反応によって生成した二酸化炭素は標準状態で何Lか。

(3) この反応によって，反応せずに残った炭素粉は何gか。

（長崎総合科学大）

この反応を化学反応式で表すと，

$$2CuO + C \longrightarrow 2Cu + CO_2$$

となる。つまり，CuO 2個とC 1個が反応すると，Cu 2個とCO_2 1個が生じる。

この反応が6×10^{23}回起こると，

CuO $2 \times 6 \times 10^{23}$個＝2molとC $1 \times 6 \times 10^{23}$個＝1molが反応して，

Cu $2 \times 6 \times 10^{23}$個＝2molと$CO_2$ $1 \times 6 \times 10^{23}$個＝1molが生じる。

このように，化学反応式中の化学式の前の**係数(けいすう)の比(ひ)**は，反応によって変化する化学式で表された粒子の**物質量の比**でもある。

化学反応式と物質量

$$aX + \cdots\cdots \longrightarrow bY + \cdots\cdots$$

⬇

反応したXの物質量〔mol〕：生成したYの物質量〔mol〕

$= a : b$

(1)　CuOの式量＝64＋16＝80

そこで，CuOのモル質量が80g/molなので，1molあたり80gであるから，

$$\frac{16[\text{g}]}{80[\text{g/mol}]}=0.20[\text{mol}]$$

(2)　炭素Cの原子量＝12であり，1molあたり12gであるから，はじめに用意した炭素Cの物質量は，

$$\frac{2.0[\text{g}]}{12[\text{g/mol}]}=\frac{1}{6}[\text{mol}]\ (\fallingdotseq 0.166)$$

CuO 2molとC 1molが反応して，Cu 2molとCO_2 1molが生じるので，今回の反応の「反応前の量」,「変化量」,「反応後の量」は次のようになる。今回はCがCuOの半分量である0.10molより多いので，CuOがなくなると反応が終了することに注意すること。

	2CuO	＋ C	⟶ 2Cu	＋ CO_2	
反応前	0.20	$\frac{1}{6}$	0	0	[mol]
変化量	−0.20	−0.10	+0.20	+0.10	[mol]
反応後	0	$\frac{1}{6}-0.10$	0.20	0.10	[mol]

CO_2は0.10mol生成するので，標準状態での体積は，

$$0.10[\text{mol}]\times 22.4[\text{L/mol}]=2.24[\text{L}]\fallingdotseq 2.2[\text{L}]$$

(3)　反応後に残った炭素の物質量$=\frac{1}{6}-0.10$

$$=\frac{5-3}{30}=\frac{1}{15}[\text{mol}]$$

求める炭素Cの質量は，炭素のモル質量が12g/molなので，

$$\frac{1}{15}[\text{mol}]\times 12[\text{g/mol}]=0.80[\text{g}]$$

(1)　0.20mol　　(2)　2.2L　　(3)　0.80g

第3章　酸と塩基

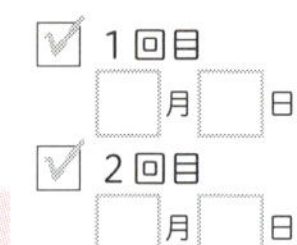

酸と塩基の定義

①ブレンステッドとローリーの酸と塩基の定義では，酸とは水素イオンを与えるものであり，塩基は水素イオンを受けとるものとされている。例えば，水溶液中で塩化水素は塩酸として水素イオンと［ア］に電離するが，実際には水素イオンは単独では存在せず，水分子と［イ］結合し［ウ］イオンを生成する。水溶液中でアンモニアは水と反応し，電離して②アンモニウムイオンと水酸化物イオンを生じる。アンモニウムイオンは［ウ］イオンと同様に，アンモニアが水素イオンと［イ］結合することにより生じたイオンである。

問1　文中の［ア］～［ウ］に適切な語句を記せ。ただし，化学式は用いないこと。

問2　下線部①の酸と塩基の定義のほかに，アレニウスの酸と塩基の定義がある。アレニウスの定義における塩基とは何かを30字以内で説明せよ。

問3　下線部②のアンモニウムイオンの電子式を，下記の(例)を参考に記せ。

(例)　[:C⋮⋮N:]⁻

(長崎大)

酸（さん）と塩基（えんき）の代表的な定義のうち，アレニウスの定義では水溶液の性質，ブレンステッドとローリーの定義では反応における役割に注目している。

Point　代表的な酸と塩基の定義

定義	酸	塩基
アレニウス	水に溶けてH^+が生じる物質	水に溶けてOH^-が生じる物質
ブレンステッドとローリー	H^+を与える物質	H^+を受けとる物質

問1　塩化水素の水溶液である塩酸では，次のように塩化水素が電離する。

$$HCl \longrightarrow H^+ + Cl^-$$

HClはアレニウスの定義の酸の一つである。この反応は，実際にはHClからH_2OへとH^+が移動することによって起こる。H^+はH_2Oに配位結合し，オキソニウムイオンH_3O^+が生じている。

$$HCl + H_2O \longrightarrow Cl^- + H_3O^+$$

（H^+：HCl → H_2O）　塩化物イオン　オキソニウムイオン

配位結合　H^+ ← H–Ö–H　で生じる。

ブレンステッドの定義では，HClが酸，H_2Oが塩基である。

アンモニアは，水溶液中で次のように水と反応し，水酸化物イオンが生じるため塩基性を示す。

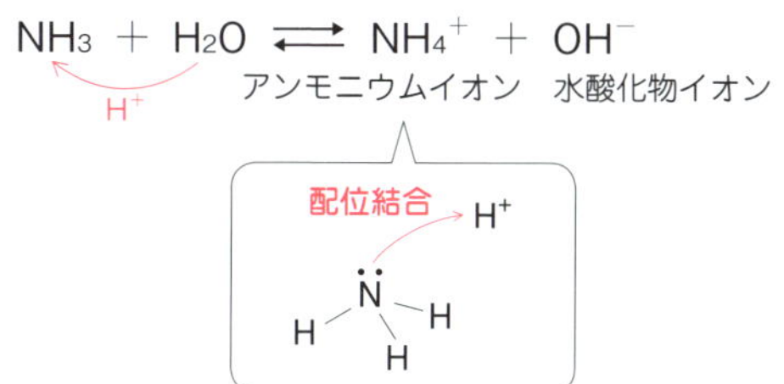

ブレンステッドの定義ではH^+を与えるH_2Oが酸，H^+を受けとるNH_3が塩基である。

問2　アレニウスの定義は水素イオンの移動反応における役割ではなく，水溶液の性質に注目していることに注意すること。

問3

$$\mathrm{H:\overset{..}{N}:H} \ (\text{下に } \mathrm{H}) + H^+ \longrightarrow \left[\mathrm{H:\overset{H}{\overset{..}{N}}:H} \ (\text{下に } \mathrm{H})\right]^+$$

アンモニア　　水素イオン　　アンモニウムイオン

問1　ア：塩化物イオン　　イ：配位　　ウ：オキソニウム

問2　水に溶解すると水酸化物イオンが生じる物質。(21字)

問3　$\left[\mathrm{H:\overset{H}{\overset{..}{N}}:H} \ (\text{下に } \mathrm{H})\right]^+$

☑ 1回目 月 日
☑ 2回目 月 日

酸・塩基の強弱

次の文章を読み，文中の□にあてはまる化学式を答えよ。

酸，塩基，塩などの電解質を水に溶かすと，電離(解離ともいう)してイオンを生じる。例えば弱酸である酢酸は，0.10mol/Lになるように25℃の水に溶かすと，平衡状態では1.6%が電離して ア と イ になり，残りの98.4%は電離せずに ウ のままである。

(神戸大)

Point 電離度

硫酸や酢酸などの酸や水酸化ナトリウムやアンモニアなどの塩基が，水溶液中でどの程度電離しているのかを表す場合，電離度(記号α)を使うことが多い。

$$電離度(\alpha)=\frac{電離している酸(塩基)の物質量〔mol〕}{溶けている酸(塩基)の物質量〔mol〕}$$

(注) αを100倍してパーセントで表すこともある。αは濃度や温度により変化する。

電離度(α)が1に近い，つまり，ほとんどすべて電離している酸や塩基を強酸(きょう)，強塩基，**電離度(α)が1よりもかなり小さい，つまり，あまり電離していない酸や塩基を**弱酸(じゃく)，弱塩基という。

強酸である塩酸HClは，水溶液中で，そのほとんどが電離している。

$$HCl \longrightarrow H^+ + Cl^-$$

また，弱酸である酢酸CH_3COOHは，水溶液中では一部だけ電離して，酢酸イオン CH_3COO^-(ア) と水素イオン H^+(イ) となるとともに，逆向きの変化も起こる。これを両矢印 $\rightleftarrows$ で表す。

$$CH_3COOH \rightleftarrows CH_3COO^- + H^+$$

やがて，**両方向の変化がつり合い，止まってみえる。**これを平衡状態(へいこう)という。このとき，ほとんどは酢酸分子 CH_3COOH(ウ) のままで存在している。

ア：CH_3COO^-　イ：H^+　ウ：CH_3COOH　(アとイは順不同)

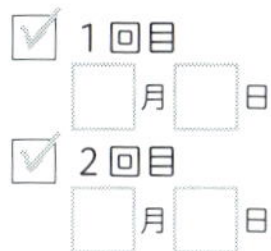

酸・塩基の価数

次の文中の［　　］にあてはまるもっとも適当な数字または語句を答えよ。

酸1分子中に含まれる水素原子のうち，水素イオンとして電離できるものの数を，その酸の価数という。例えば，塩酸や酢酸は1価の酸であり，硫酸は［ア］価の酸である。また塩基では，化学式に含まれる［イ］，または受けとることのできる［ウ］の数を，その塩基の価数という。

（大阪電気通信大）

Point 酸の価数

酸1分子から電離できる水素イオンH^+の数を，その酸の価数（かすう）という。

例えば，塩酸HClや酢酸CH_3COOHは次のように電離するので，

$$HCl \longrightarrow 1H^+ + Cl^-$$
$$CH_3COOH \rightleftarrows CH_3COO^- + 1H^+$$

それぞれ1価の酸となり，硫酸H_2SO_4は次のように二段階に電離するので，

$$H_2SO_4 \longrightarrow 1H^+ + HSO_4^-$$
$$HSO_4^- \rightleftarrows 1H^+ + SO_4^{2-}$$

2（ア）価の酸となる。

Point 塩基の価数

塩基1分子または NaOH や$Ca(OH)_2$などの組成式に相当する粒子に含まれる水酸化物イオン（イ）OH^-の数，または受けとることのできる水素イオン（ウ）H^+の数を，その塩基の価数という。

アンモニアNH_3や水酸化ナトリウム NaOH は，それぞれ1価の塩基となる。

$$NH_3 + H_2O \rightleftarrows NH_4^+ + OH^- \quad (1H^+)$$
$$NaOH \longrightarrow Na^+ + 1OH^-$$

ア：2　　イ：水酸化物イオン　　ウ：水素イオン

第3章　酸と塩基

問題030 中和反応

☑ 1回目　月　日
☑ 2回目　月　日

次の(1)〜(5)の酸と塩基の中和反応を化学反応式で表せ。

(1)　塩酸と水酸化ナトリウム　　(2)　塩酸と水酸化アルミニウム

(3)　塩酸とアンモニア　　(4)　硫酸と水酸化カリウム

(5)　硫酸と水酸化バリウム　　（鹿児島純心女子大）

(1)　**塩化水素**（えんかすいそ）**HClの水溶液**を**塩酸**（えんさん）という。塩酸は，

$$HCl \longrightarrow H^+ + Cl^-$$

と電離し，水酸化ナトリウムNaOHの水溶液も

$$NaOH \longrightarrow Na^+ + OH^-$$

と電離している。この塩酸と水酸化ナトリウムの水溶液を混合すると，塩（えん）（下のPoint参照）であるNaClと水を生じて，**酸の性質も塩基の性質も打ち消される**（**中和**（ちゅうわ））。

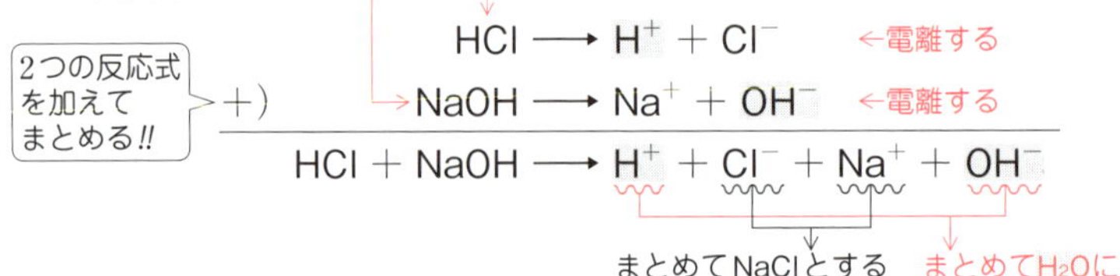

$HCl \longrightarrow H^+ + Cl^-$ ←電離する
2つの反応式を加えてまとめる!!
+) $NaOH \longrightarrow Na^+ + OH^-$ ←電離する
$HCl + NaOH \longrightarrow H^+ + Cl^- + Na^+ + OH^-$
まとめてNaClとする
まとめてH_2Oにする

$$HCl + NaOH \longrightarrow NaCl + H_2O$$ 答

Point　中和反応と塩

中和反応：酸 + 塩基 ⟶ 塩 + 水

塩：酸から生じる陰イオンと塩基から生じる陽イオンからなる物質

(2)　中和の反応式は，ふつう**酸のH^+と塩基のOH^-がすべてH_2O**となるように書く。

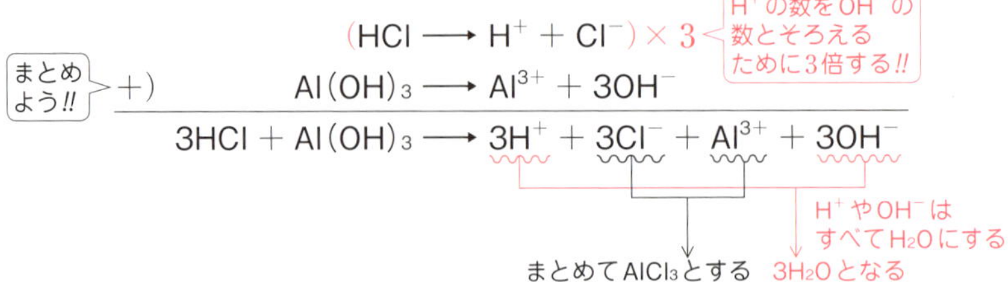

$(HCl \longrightarrow H^+ + Cl^-) \times 3$
H^+の数をOH^-の数とそろえるために3倍する!!
まとめよう!!
+) $Al(OH)_3 \longrightarrow Al^{3+} + 3OH^-$
$3HCl + Al(OH)_3 \longrightarrow 3H^+ + 3Cl^- + Al^{3+} + 3OH^-$
H^+やOH^-はすべてH_2Oにする
まとめて$AlCl_3$とする
$3H_2O$となる

$$3HCl + Al(OH)_3 \longrightarrow AlCl_3 + 3H_2O$$ 答

Point **中和反応の書き方**

中和の反応式は，ふつう

酸の放出するH^+の数と塩基の放出するOH^-の数が等しくなる

ように書く。

(3)

$$
\begin{array}{rl}
 & HCl \longrightarrow H^+ + Cl^- \\
+) & NH_3 + H_2O \rightleftarrows NH_4^+ + OH^- \\
\hline
 & HCl + NH_3 + H_2O \longrightarrow H^+ + Cl^- + NH_4^+ + OH^-
\end{array}
$$

$$HCl + NH_3 + \cancel{H_2O} \longrightarrow NH_4Cl + \cancel{H_2O}$$ 答

H_2Oは左辺と右辺にあるので消去する

Point

中和反応によっては，塩だけ生成して水が生成しないこともある。

(4)

$$
\begin{array}{rl}
 & H_2SO_4 \longrightarrow 2H^+ + SO_4^{2-} \\
+) & (KOH \longrightarrow K^+ + OH^-) \times 2 \\
\hline
 & H_2SO_4 + 2KOH \longrightarrow K_2SO_4 + 2H_2O
\end{array}
$$
答

(5)

$$
\begin{array}{rl}
 & H_2SO_4 \longrightarrow 2H^+ + SO_4^{2-} \\
+) & Ba(OH)_2 \longrightarrow Ba^{2+} + 2OH^- \\
\hline
 & H_2SO_4 + Ba(OH)_2 \longrightarrow BaSO_4 + 2H_2O
\end{array}
$$
答

(1) $HCl + NaOH \longrightarrow NaCl + H_2O$

(2) $3HCl + Al(OH)_3 \longrightarrow AlCl_3 + 3H_2O$

(3) $HCl + NH_3 \longrightarrow NH_4Cl$

(4) $H_2SO_4 + 2KOH \longrightarrow K_2SO_4 + 2H_2O$

(5) $H_2SO_4 + Ba(OH)_2 \longrightarrow BaSO_4 + 2H_2O$

中和滴定(1)

☑ 1回目 　月　日
☑ 2回目 　月　日

次の文章を読み，文中の□にあてはまるもっとも適当な数値を下の①～⑤から1つ選べ。

ある濃度の水酸化ナトリウム水溶液20.0 mLを，0.10 mol/Lの塩酸で中和滴定したところ12.0 mLを要した。この水酸化ナトリウム水溶液のモル濃度は，□mol/Lである。

① 0.060　② 0.12　③ 0.24　④ 0.30　⑤ 0.60　（東洋大）

Point　中和滴定の終点で成り立つ関係式

酸が放出したH^+〔mol〕 ＝ 塩基が放出したOH^-〔mol〕

NaOH水溶液をx〔mol/L〕とすると，20.0 mL中のNaOHの物質量〔mol〕は，

$$\frac{x\text{〔mol〕}}{1\text{〔L〕}} \times \frac{20.0}{1000}\text{〔L〕}$$ ←mol/LにLをかけるとmolになる

となり，NaOHは1価の塩基であることから，滴定の終点までに放出されるOH^-の物質量〔mol〕は，

$$x \times \frac{20.0}{1000} \times 1 \quad \cdots(1)$$

←$1NaOH \longrightarrow Na^+ + 1OH^-$より NaOH 1 molから放出される$OH^-$は1 molなので

（$x \times \frac{20.0}{1000}$：NaOH〔mol〕，$\times 1$ まで：OH^-〔mol〕）

また，0.10 mol/L HCl水溶液12.0 mL中のHClの物質量〔mol〕は，

$$\frac{0.10\text{〔mol〕}}{1\text{〔L〕}} \times \frac{12.0}{1000}\text{〔L〕}$$ ←mol/LにLをかけるとmolになる

となり，HClは1価の酸なので，滴定の終点までに放出されるH^+の物質量は，

$$0.10 \times \frac{12.0}{1000} \times 1 \quad \cdots(2)$$

←$1HCl \longrightarrow 1H^+ + Cl^-$より HCl 1 molから放出される$H^+$は1 molなので

（$0.10 \times \frac{12.0}{1000}$：HCl〔mol〕，$\times 1$ まで：H^+〔mol〕）

となる。ここで，Pointより(1)式＝(2)式が成り立つ。

よって，$x = 0.060$〔mol/L〕

答 ①

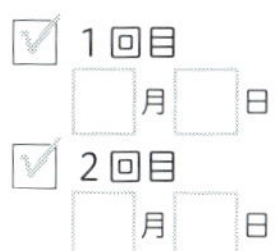

中和滴定(2)

次の(1), (2)に答えよ。なお，数値は有効数字2桁で示せ。

(1) 0.20 mol/Lの酢酸水溶液10 mLを中和するのに必要な0.10 mol/Lの水酸化ナトリウム水溶液は何mLか。

(2) 0.30 mol/Lの硫酸1.0 Lを中和するのに必要な0.60 mol/Lのアンモニア水は何mLか。

（茨城大）

(1) 必要なNaOH水溶液をV_1〔mL〕とする。

Point　酸・塩基の強弱と量的関係

酸や塩基の強弱は，中和する酸や塩基の量的関係には影響しない。

つまり，HCl（強酸）1 molはNaOH 1 molで，CH_3COOH（弱酸）1 molもNaOH 1 molで過不足なく中和できる。

Pointより，次の関係式が成り立つ。

$$0.20 \times \frac{10}{1000} \times 1 = 0.10 \times \frac{V_1}{1000} \times 1$$

$\frac{10}{1000}$ → CH_3COOH〔mol〕，1 → H^+〔mol〕（1価なので）

$\frac{V_1}{1000}$ → NaOH〔mol〕，1 → OH^-〔mol〕（1価なので）

よって，$V_1 = 20$〔mL〕

(2) 必要なNH_3水をV_2〔mL〕とすると，Pointより次の関係式が成り立つ。

$$0.30 \times 1.0 \times 2 = 0.60 \times \frac{V_2}{1000} \times 1$$

1.0 → H_2SO_4〔mol〕，2 → H^+〔mol〕（2価なので）

$\frac{V_2}{1000}$ → NH_3〔mol〕，1 → OH^-〔mol〕（1価なので）

よって，$V_2 = 1.0 \times 10^3$〔mL〕

(1) 20 mL　(2) 1.0×10^3 mL

滴定に関する器具

☑ 1回目　月　日
☑ 2回目　月　日

次の文章を読み，器具 X ， Y の組み合わせとしてもっとも適切なものを，下の①～⑤から1つ選べ。

酢酸水溶液10mLを器具 X を用いてとり，器具 Y に入れて正確に10倍に希釈した。この溶液を20mLとり，指示薬フェノールフタレインを1，2滴加えたのち，0.10mol/Lの水酸化ナトリウム標準溶液で滴定したところ，10mLで終点に達した。

	X	Y
①	ホールピペット	メスフラスコ
②	ホールピペット	三角フラスコ
③	ホールピペット	メスシリンダー
④	メスフラスコ	ホールピペット
⑤	メスフラスコ	三角フラスコ

（獨協医科大）

中和滴定の実験のようす。器具名を覚えておくこと。

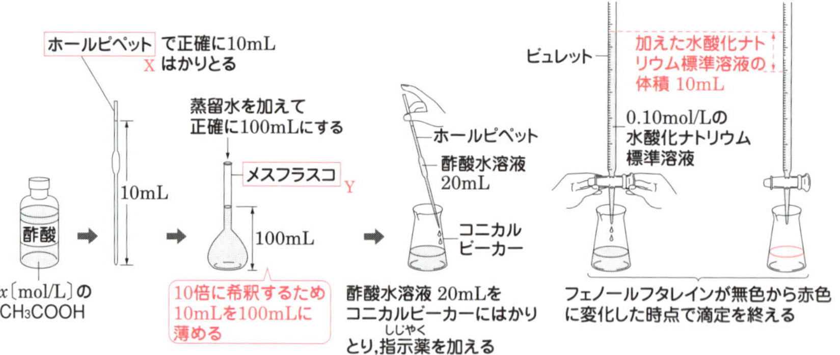
ホールピペット で正確に10mL
X はかりとる
10mL
酢酸
x〔mol/L〕の
CH_3COOH
蒸留水を加えて
正確に100mLにする
メスフラスコ Y
100mL
10倍に希釈するため
10mLを100mLに
薄める
ホールピペット
酢酸水溶液
20mL
コニカル
ビーカー
酢酸水溶液 20mLを
コニカルビーカーにはかり
とり，指示薬を加える
ビュレット
加えた水酸化ナトリウム標準溶液の体積 10mL
0.10mol/Lの
水酸化ナトリウム
標準溶液
フェノールフタレインが無色から赤色
に変化した時点で滴定を終える

①

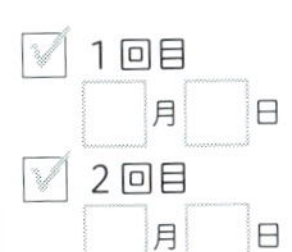

滴定曲線と指示薬

右下図は，0.1 mol/L の酸に 0.1 mol/L の塩基を加えたときの滴定曲線を示す。図に該当する酸－塩基と適する指示薬の組み合わせはどれか。次の㋐～㋕から1つ選べ。

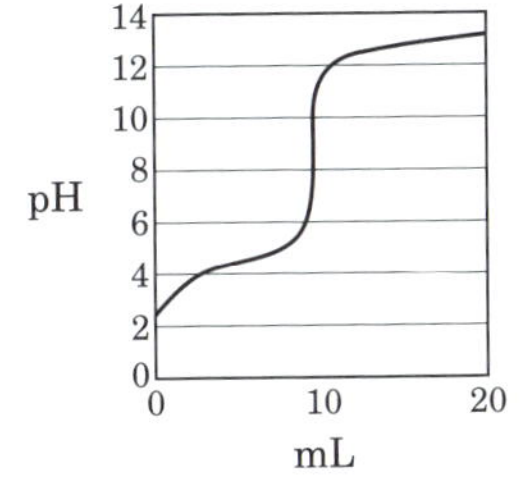

㋐ HCl － NaOH，メチルオレンジ

㋑ HCl － NaOH，フェノールフタレイン

㋒ HCl － NH_3，メチルオレンジ

㋓ CH_3COOH － NH_3，メチルオレンジ

㋔ CH_3COOH － NaOH，メチルオレンジ

㋕ CH_3COOH － NaOH，フェノールフタレイン

（東北学院大）

Point 滴定曲線の形

(1) 0.1 mol/L の酸 10 mL に 0.1 mol/L の NaOH を滴下したとき

(2) 0.1 mol/L の塩基 10 mL に 0.1 mol/L の HCl を滴下したとき

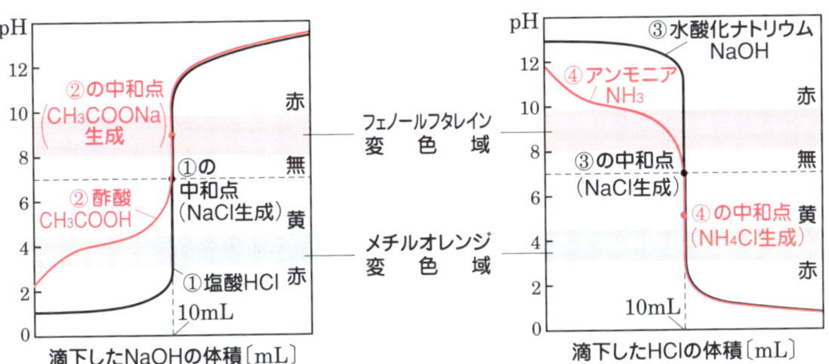

〈指示薬について〉

①と③では，メチルオレンジとフェノールフタレインが使用できる。

②ではフェノールフタレイン，④ではメチルオレンジが使用できる。

Point から，CH_3COOH（弱酸）に NaOH（強塩基）を加えたときのグラフで，指示薬はフェノールフタレインを用いればよいとわかる。

塩の分類とその液性

☑ 1回目 月 日
☑ 2回目 月 日

次の文中の□にあてはまる語句を下の①～⑪から1つずつ選べ。ただし，同じものを複数回選んでもよい。

硫酸と水酸化ナトリウム水溶液を混ぜると，次式のように反応する。

$H_2SO_4 + NaOH \longrightarrow NaHSO_4 + H_2O$ …(1)

$H_2SO_4 + 2NaOH \longrightarrow Na_2SO_4 + 2H_2O$ …(2)

(1)式や(2)式の反応で得られる塩を見ると，酸の水素イオンの一部をほかの［ア］で置き換えた［イ］と，すべてを置き換えた［ウ］がある。

塩の水溶液は中性とは限らず，酸性あるいは塩基性を示す塩もある。酢酸と水酸化ナトリウムの中和によって生じる塩の水溶液は［エ］を示し，塩酸とアンモニア水の中和によって生じる塩の水溶液は［オ］を示す。また，硫酸水素ナトリウムと炭酸水素ナトリウムはいずれも［カ］であるが，前者の水溶液は［キ］を，後者の水溶液は［ク］を示す。

① 陰イオン　② 塩基性　③ 塩基性塩　④ 酸性
⑤ 酸性塩　⑥ 水酸化物イオン　⑦ 水素イオン　⑧ 正塩
⑨ 中性　⑩ 陽イオン　⑪ 硫酸イオン　（大阪電気通信大）

塩には，酸のH^+の一部をほかの陽イオン（ア）で置き換えた酸性塩（さんせいえん）（イ），

$$H_2SO_4 \xrightarrow{H^+を1つNa^+に置き換える} NaHSO_4\ (酸性塩)$$

塩基のOH^-の一部をほかの陰イオンで置き換えた塩基性塩（えんきせいえん），

$$Cu(OH)_2 \xrightarrow{OH^-を1つCl^-に置き換える} CuCl(OH)\ (塩基性塩)$$

酸のH^+のすべてをほかの陽イオンで置き換えた正塩（せいえん）（ウ）がある。

$$H_2SO_4 \xrightarrow{H^+のすべてをNa^+に置き換える} Na_2SO_4\ (正塩)$$

酸性塩・塩基性塩・正塩の分類

酸性塩	酸のHが残っている塩	例 $NaHSO_4$，$NaHCO_3$
塩基性塩	塩基のOHが残っている塩	例 $CuCl(OH)$
正塩	酸のH，塩基のOHが残っていない塩	例 $NaCl$，NH_4Cl

塩の水溶液は，中性とは限らず，酸性や塩基性を示すこともある。

Point 塩の液性

塩の液性については，正塩と酸性塩が出題される。

正塩 については ➡「強いものが勝つ!!」		と覚えておこう。
酸性塩については ➡	$NaHSO_4$ が酸性 $NaHCO_3$ が塩基性	

弱酸である酢酸と強塩基である水酸化ナトリウムの中和

$$CH_3COOH + NaOH \longrightarrow CH_3COONa + H_2O$$

によって生じる CH_3COONa は正塩であり，上の **Point** より，

CH_3COONa ➡ 正塩 ➡ 弱酸 + (強)塩基　(強)いものが勝つ!!

塩基が勝つので，その水溶液は 塩基性 になる
エ

強酸である塩酸と弱塩基であるアンモニアの中和

$$HCl + NH_3 \longrightarrow NH_4Cl$$

によって生じる NH_4Cl も正塩であり，上の **Point** より，

NH_4Cl ➡ 正塩 ➡ (強)酸 + 弱塩基　(強)いものが勝つ!!

酸が勝つので，その水溶液は 酸性 になる
オ

ちなみに，強酸である H_2SO_4 と強塩基である $NaOH$ の中和によって生じる Na_2SO_4 は，

Na_2SO_4 ➡ 正塩 ➡ (強)酸 + (強)塩基　(強)いものが勝つ!!

強いものどうしなので「引き分け」
と考え，その水溶液は中性になる

また，硫酸水素ナトリウム $NaHSO_4$ と炭酸水素ナトリウム $NaHCO_3$ はいずれも 酸性塩 であり，それぞれの水溶液は上の **Point** より，
カ

$NaHSO_4$ は 酸性 を，$NaHCO_3$ は 塩基性
キ　ク

を示す。

ア：⑩　イ：⑤　ウ：⑧　エ：②　オ：④　カ：⑤
キ：④　ク：②

第4章　酸化還元

酸化と還元の定義

1回目 [ ]月[ ]日
2回目 [ ]月[ ]日

次の文章を読み，文中の[　]に適切な語句を①～⑤から1つずつ選べ。

酸化・還元反応は，[1]の授受によって定義することができる。この場合，物質が[1]を[2]ときその物質は酸化されたといい，物質が[1]を[3]ときその物質は還元されたという。この定義は，酸素も水素も関与しない反応にまでさらに拡張して用いることができる。

① 原子　② 分子　③ 電子　④ 得る　⑤ 失う

（拓殖大）

[電子]（1）e^-の授受（じゅじゅ）によって酸化（さんか）・還元（かんげん）を定義することができる。

$Cu + Cl_2 \longrightarrow CuCl_2$　の反応式を利用して考えてみよう。

$CuCl_2$は，Cu^{2+}とCl^-が静電気的な引力で結びついてできているので，次のようなe^-の授受が起こっている。

$$Cu \longrightarrow Cu^{2+} + 2e^- \qquad Cl_2 + 2e^- \longrightarrow 2Cl^-$$

物質が**電子を**[**失う**]（2）**変化**を**酸化**といい，**電子を**[**得る**]（3）**変化**を**還元**という。

$Cu \longrightarrow Cu^{2+} + 2e^-$　（Cuが**酸化された**）
（$2e^-$：失っている）

$Cl_2 + 2e^- \longrightarrow 2Cl^-$　（Cl_2が**還元された**）
（$2e^-$：得ている）

Point

	酸素	水素	電子
酸化(される)	化合	失う	失う
還元(される)	失う	化合	得る

1：③　2：⑤　3：④

問題 037 酸化数

1回目 月 日

2回目 月 日

次の化合物またはイオンのうち，下線の原子の酸化数がもっとも大きなものは①～⑤のうちのどれか。

① $\underline{Fe}(OH)_3$　② $\underline{Al}_2O_3$　③ $\underline{N}O_2$　④ $\underline{Mn}O_4^-$　⑤ $\underline{S}O_4^{2-}$

（東京電機大）

酸化の程度を表す**酸化数**（さんかすう）は，次の規則を使って求めることができる。

Ⓐ 単体をつくっている原子の酸化数は0とする。

例 $\underset{0}{\underline{H_2}}$　$\underset{0}{\underline{Cu}}$　$\underset{0}{\underline{S}}$

Ⓑ 化合物中のHの酸化数は＋1，Oの酸化数は－2とする。

例 $\underset{+1}{\underline{H_2}}\underset{-2}{\underline{O}}$　$Al_2\underset{-2}{\underline{O_3}}$　$N\underset{-2}{\underline{O_2}}$　（例外　$Na\underset{-1}{\underline{H}}$，$H_2\underset{-1}{\underline{O_2}}$）

Ⓒ 化合物をつくっている原子の酸化数の合計は0とする。

① $\underline{Fe}(OH)_3$（xとする）➡ $\underset{Fe}{x}+\{(\underset{O}{-2})+(\underset{H}{+1})\}\times 3=0$　$x=+3$

② $\underline{Al}_2O_3$（x）➡ $\underset{Al}{x}\times 2+(\underset{O}{-2})\times 3=0$　$x=+3$

③ $\underline{N}O_2$（x）➡ $\underset{N}{x}+(\underset{O}{-2})\times 2=0$　$x=+4$

Ⓒより合計は0となる

Ⓓ 単原子イオンの酸化数は，イオンの電荷と同じになる。

例 $\underset{+3}{\underline{Al^{3+}}}$　$\underset{-1}{\underline{Cl^-}}$

Ⓔ 多原子イオンをつくっている原子の酸化数の合計は，イオンの電荷と同じになる。

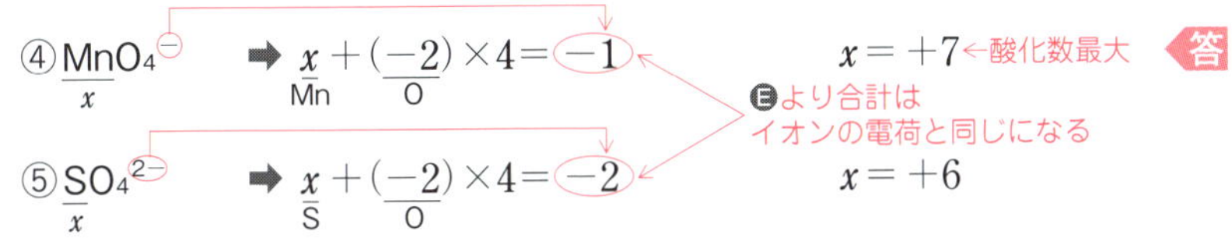

④ $\underline{Mn}O_4^-$（x）➡ $\underset{Mn}{x}+(\underset{O}{-2})\times 4=-1$　$x=+7$ ←酸化数最大　答
Ⓔより合計はイオンの電荷と同じになる
⑤ $\underline{S}O_4^{2-}$（x）➡ $\underset{S}{x}+(\underset{O}{-2})\times 4=-2$　$x=+6$

答 ④

第4章 酸化還元

問題 038

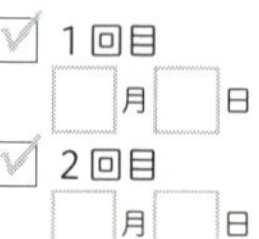

酸化還元の反応式

希硫酸を含むシュウ酸 $H_2C_2O_4$ 水溶液に過マンガン酸カリウム水溶液を加えてシュウ酸を酸化した。(i)式と(ii)式の □ に係数を入れて，イオン反応式を完成せよ。

$MnO_4^- +$ [a] $H^+ +$ [b] $e^- \longrightarrow Mn^{2+} +$ [c] H_2O …(i)

$H_2C_2O_4 \longrightarrow$ [d] $CO_2 +$ [e] $H^+ +$ [f] e^- …(ii)　（岡山理科大）

〈酸化剤（ざい）や還元剤のはたらきを示す反応式のつくり方の例〉

手順1 酸化剤，還元剤が何に変化するかを書く。

酸化剤：$MnO_4^- \longrightarrow Mn^{2+}$

還元剤：$H_2C_2O_4 \longrightarrow 2CO_2$

変化先は暗記する!!

手順2 両辺のOの数が等しくなるように H_2O を加える。

$MnO_4^- \longrightarrow Mn^{2+} + 4H_2O$

左辺にOが4個あるので，右辺は H_2O 4個でそろえる

$H_2C_2O_4 \longrightarrow 2CO_2$

Oが4個　　Oが2×2＝4個

左辺と右辺のOの数が4個ずつなので H_2O は加えない

手順3 両辺のHの数が等しくなるように H^+ を加える。

$MnO_4^- + 8H^+ \longrightarrow Mn^{2+} + 4H_2O$

右辺にHが4×2＝8個あるので，左辺は H^+ 8個でそろえる

$H_2C_2O_4 \longrightarrow 2CO_2 + 2H^+$

左辺にHが2個あるので，右辺は H^+ 2個でそろえる

手順4 両辺の電荷が等しくなるように e^- を加える。

$MnO_4^- + 8H^+ + 5e^- \longrightarrow Mn^{2+} + 4H_2O$ …(i)

左辺の電荷の合計は，(−1)＋8×(＋1)＝＋7

右辺の電荷の合計は，(＋2)＋4×0＝＋2

−5を $5e^-$ で表す

左辺の電荷と右辺の電荷をそろえるためには，(＋7)−5＝(＋2)より −5 が必要

$H_2C_2O_4 \longrightarrow 2CO_2 + 2H^+ + 2e^-$ …(ii)

左辺の電荷の合計は，0

右辺の電荷の合計は，2×0＋2×(＋1)＝＋2

−2を $2e^-$ で表す

0＝(＋2)−2より（0：左辺，(＋2)：右辺）

Point 酸化剤や還元剤の変化先(次のものは覚えよう)

酸化剤 $MnO_4^- \longrightarrow Mn^{2+}$　$Cr_2O_7^{2-} \longrightarrow 2Cr^{3+}$　$MnO_2 \longrightarrow Mn^{2+}$

還元剤 $H_2S \longrightarrow S$　$H_2C_2O_4 \longrightarrow 2CO_2$

(注)　H_2O_2やSO_2は反応する相手によって，酸化剤としてはたらくことも，還元剤としてはたらくこともある。

$H_2O_2 \nearrow H_2O$，$SO_2 \nearrow S$　→ 酸化剤としてはたらくとき

$H_2O_2 \searrow O_2$，$SO_2 \searrow SO_4^{2-}$　→ 還元剤としてはたらくとき

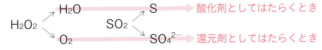

〈イオン反応式や化学反応式のつくり方〉

手順5 **手順4**の(i)式と(ii)式のe^-の数を等しくするために，それぞれの反応式を何倍かして，辺々を加えてe^-を消去する。

2つの式を$10e^-$でそろえる

$$2\times(MnO_4^- + 8H^+ + 5e^- \longrightarrow Mn^{2+} + 4H_2O)$$
$$+)\ 5\times(H_2C_2O_4 \longrightarrow 2CO_2 + 2H^+ + 2e^-)$$

$$2MnO_4^- + \cancel{16H^+} + \cancel{10e^-} + 5H_2C_2O_4$$
$$6H^+ \qquad \longrightarrow 2Mn^{2+} + 8H_2O + 10CO_2 + \cancel{10H^+} + \cancel{10e^-}$$

e^-の数はそろえたので消去できる

H^+は左辺に6個余る

なお，問題とは関係ないが，**手順5**のイオン反応式を化学反応式にするには，**手順6**のようにする。

手順6 両辺に必要な陽イオン・陰イオンを加える。

過マンガン酸カリウムは$KMnO_4$なので，MnO_4^-にK^+，硫酸H_2SO_4で酸性にしているのでH^+2個に対してSO_4^{2-}1個を両辺にそれぞれ加える。

$$2MnO_4^- + 6H^+ + 5H_2C_2O_4 \longrightarrow 2Mn^{2+} + 8H_2O + 10CO_2$$
$$+)\quad 2K^+ \quad 3SO_4^{2-} \qquad\qquad 2K^+ \quad 3SO_4^{2-}$$

$$2KMnO_4 + 3H_2SO_4 + 5H_2C_2O_4 \longrightarrow 2MnSO_4 + K_2SO_4 + 8H_2O + 10CO_2$$

a：8　b：5　c：4　d：2　e：2　f：2

イオン反応式：$2MnO_4^- + 6H^+ + 5H_2C_2O_4 \longrightarrow 2Mn^{2+} + 8H_2O + 10CO_2$

第4章 酸化還元

酸化還元滴定

☑ 1回目 　月　日
☑ 2回目 　月　日

次の文章を読み，文中の□に適切な数値を①～⑥から1つ選べ。

過酸化水素の水溶液に，硫酸酸性の過マンガン酸カリウムの水溶液を加えて反応させた。この反応は次の化学反応式で表される。

$$2KMnO_4 + 3H_2SO_4 + 5H_2O_2 \longrightarrow K_2SO_4 + 2MnSO_4 + 5O_2 + 8H_2O$$

濃度のわからない過酸化水素水20.0mLに少量の希硫酸を加えた溶液に，0.040mol/Lの過マンガン酸カリウム水溶液を滴下した。水溶液が微赤色となり，消えなくなったときの滴下量は20.0mLであった。このときの過酸化水素水の濃度は□mol/Lである。

① 0.010　② 0.020　③ 0.040　④ 0.10　⑤ 0.20
⑥ 0.40

（東洋大）

過酸化水素水（かさんかすいそすい）の濃度をx〔mol/L〕とすると，過酸化水素水20.0mL中のH_2O_2は，

$$\frac{x〔\text{mol}〕}{1〔\text{L}〕} \times \frac{20.0}{1000}〔\text{L}〕$$ ←mol/LにLをかけてmolとする

となり，0.040mol/Lの過マンガン酸カリウム水溶液20.0mL中の$KMnO_4$は，

$$\frac{0.040〔\text{mol}〕}{1〔\text{L}〕} \times \frac{20.0}{1000}〔\text{L}〕$$ ← $\frac{\text{mol}}{\text{L}} \times \text{L} = \text{mol}$

となる。また，問題中の反応式の係数からH_2O_2 5 molと$KMnO_4$ 2 molが過不足なく反応することがわかり，次の比が成り立つ。

$$5〔\text{mol}〕 : 2〔\text{mol}〕 = x \times \frac{20.0}{1000}〔\text{mol}〕 : 0.040 \times \frac{20.0}{1000}〔\text{mol}〕$$

（5〔mol〕：H_2O_2〔mol〕，2〔mol〕：$KMnO_4$〔mol〕，$x \times \frac{20.0}{1000}$：$H_2O_2$〔mol〕，$0.040 \times \frac{20.0}{1000}$：$KMnO_4$〔mol〕）

よって，$x = 0.10$〔mol/L〕

Point　**$KMnO_4$を用いた滴定**

- MnO_4^-の水溶液は赤紫（あかむらさき）色，Mn^{2+}の水溶液はほぼ無色（むしょく）。
- $KMnO_4$を使った滴定では，酸化剤であるMnO_4^-の赤紫色が消えなくなる点を終点とする。

④

問題
040

1回目
月
日
2回目
月
日

金属のイオン化傾向

イオン化傾向を示す次図を参考にして，下の記述①～④から誤りを含むものを1つ選べ。

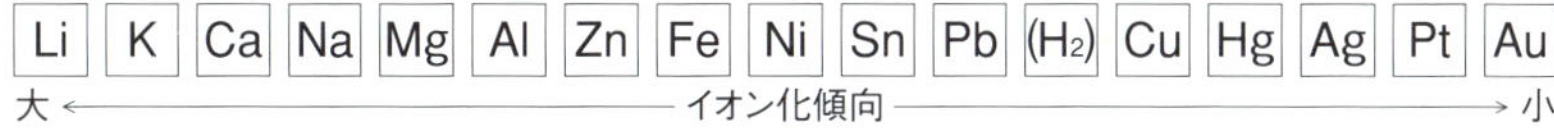
Li K Ca Na Mg Al Zn Fe Ni Sn Pb (H_2) Cu Hg Ag Pt Au
大 イオン化傾向 小

① LiからNaまでの金属は，すべて冷水と反応する。
② LiからSnまでの金属は，すべて希硫酸と反応する。
③ CuからAuまでの金属は，いずれも濃硝酸と反応しない。
④ CuからAuまでの金属は，すべて王水と反応する。

解説

イオン化傾向(か けいこう)は大きなものから順に覚え，反応性も覚えよう。

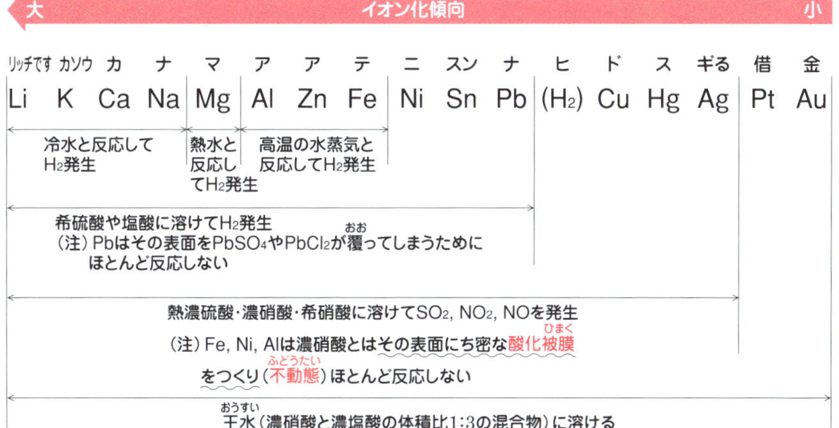
大 イオン化傾向 小
リッチです カソウ カ ナ マ ア ア テ ニ スン ナ ヒ ド ス ギる 借 金
Li K Ca Na Mg Al Zn Fe Ni Sn Pb (H_2) Cu Hg Ag Pt Au
冷水と反応してH_2発生
熱水と反応してH_2発生
高温の水蒸気と反応してH_2発生
希硫酸や塩酸に溶けてH_2発生
（注）Pbはその表面を$PbSO_4$や$PbCl_2$が覆(おお)ってしまうためにほとんど反応しない
熱濃硫酸・濃硝酸・希硝酸に溶けてSO_2, NO_2, NOを発生
（注）Fe, Ni, Alは濃硝酸とはその表面にち密な酸化被膜(ひまく)をつくり（不動態(ふどうたい)）ほとんど反応しない
王水(おうすい)（濃硝酸と濃塩酸の体積比1:3の混合物）に溶ける

Point Fe(テ), Ni(ニ), Al(アル) は，濃硝酸に溶けない（不動態）。

よって，①，②，④は正しい。Cu，Hg，Agは濃硝酸と反応するので，③は誤り。

答

③

第4章 酸化還元

化学編

第5章　物質の状態

分子間ではたらく引力

☑ 1回目　月　日
☑ 2回目　月　日

右図は14族，16族，17族元素の水素化合物の沸点と分子量の関係を示したものである。次の(1)，(2)に答えよ。

(1)　化合物A，Bの化学式を記せ。

(2)　次の文章を読み，文中の［　］にあてはまる語句を記せ。

一般に，単原子分子や構造の似た分子では分子量が大きくなると沸点が高くなる。それは分子間にはたらく［ a ］が大きくなるからである。それに対し，化合物A，Bは各族の水素化合物の中でもっとも分子量が小さいにもかかわらず，沸点がもっとも高い。これはこれらの分子が分子間で［ b ］を形成しているためである。

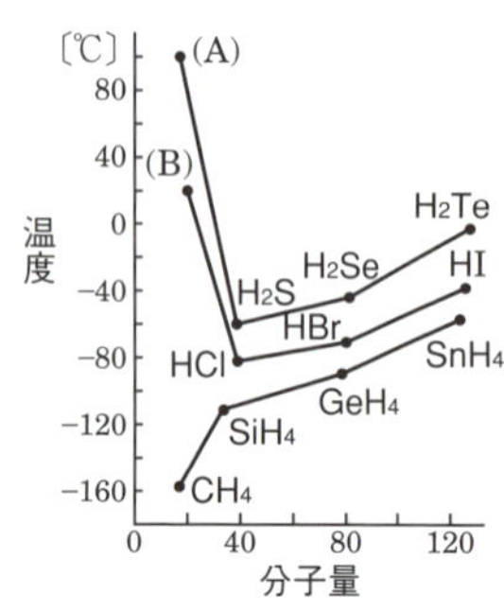

（金沢医科大）

(1)　化合物Aは，16族の水素化合物でもっとも分子量が小さいので，水H_2Oである。化合物Bは，17族の水素化合物でもっとも分子量が小さいので，フッ化水素HFである。

(2)　**分子の間ではたらく基本的な引力を**ファンデルワールス力（りょく）という。

ファンデルワールス力は分子構造が似た物質では，一般に分子量が大きいほど大きくなる。

一般に，分子間の引力が大きな物質は，分子どうしを引き離して液体から気体の状態にするのに大きなエネルギーが必要なので，沸点（ふってん）が高い。

Point　ファンデルワールス力と沸点の関係

一般に，分子構造の似た分子性の物質は，分子量が大きいほど ファンデルワールス力（a） が大きくなり，沸点が高い。

例　CH_4 ＜ SiH_4 ＜ GeH_4 ＜ SnH_4

また，分子は極性が大きいほど，分子間ではたらく引力が強くなる。とくに，**水素原子Hが電気陰性度の非常に大きなフッ素F，酸素O，窒素Nと結合**した場合は，**水素結合**とよばれるファンデルワールス力より10倍程度強い結合が生じる。

$\overset{\delta-}{F}-\overset{\delta+}{H}$　　$\overset{\delta-}{O}-\overset{\delta+}{H}$　　$-\overset{\delta-}{N}-\overset{\delta+}{H}$

これは，大きく正に帯電(たいでん)したHの $\delta+$ が，ほかの分子などの負に帯電したF，O，Nの非共有電子対を強く引きつけることによって生じ，フッ化水素HF，水 H_2O，アンモニア NH_3 などの分子間で見られる。

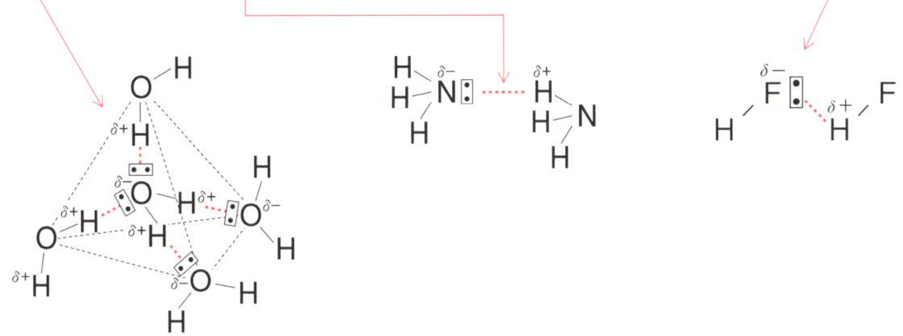

これらの物質の沸点が，分子量が小さいわりに高いのは，この水素結合が分子間で生じているからである。

Point　水素結合と沸点

フッ化水素HF，水 H_2O，アンモニア NH_3 は，分子量が小さいが，分子間で 水素結合 (b) を形成するので，沸点が高い。

(1)　化合物A：H_2O　　化合物B：HF
(2)　a：ファンデルワールス力　　b：水素結合

第5章 物質の状態

熱量と状態変化

1回目 月 日
2回目 月 日

外圧1.013×10^5 Pa(1 atm)のもとで，0℃の氷9.0gを加熱してすべて100℃の水蒸気にするとき，この状態変化では全部で27kJの熱量を吸収する。このうち，蒸発するときに吸収される熱量は何kJか。ⓐ～ⓔからもっとも近いものを1つ選べ。ただし，水の分子量は18，氷の融解熱は6.0kJ/mol，水1gを1℃上げるのに必要な熱量を4.2Jとする。なお，水は100℃ですべて水蒸気になるものとする。

ⓐ 3.0kJ　ⓑ 12kJ　ⓒ 20kJ　ⓓ 24kJ　ⓔ 26kJ

（東海大）

1つの物質には，**固体，液体，気体の3つの状態**(三態(さんたい))がある。状態が変化すると，構成粒子が集まったり離れたりするため，熱が出入りする。

Point　物質の三態と熱の出入り

蒸発熱(じょうはつねつ)	物質1molが蒸発(㊁液→㊁気)するときに吸収する熱量
凝縮熱(ぎょうしゅくねつ)	物質1molが凝縮(気→液)するときに放出する熱量
融解熱(ゆうかいねつ)	物質1molが融解(固→液)するときに吸収する熱量
凝固熱(ぎょうこねつ)	物質1molが凝固(液→固)するときに放出する熱量
昇華熱(しょうかねつ)	物質1molが昇華(固→気)するときに吸収する熱量

例えば，1.013×10^5 Pa（1 atm）のもとで，氷（固）を加熱すると，融点である0℃で氷はとけて水（液）になりはじめる。このとき，氷が水に変化している間は，温度は0℃に保たれる。これは，加えた熱量が融解に利用されているからである。

また，水（液）は沸点である100℃で，液体の内部からも水蒸気が生じる。これを沸騰という。水が沸騰している間は100℃に保たれる。これは，加えた熱量が蒸発に利用されているからである。

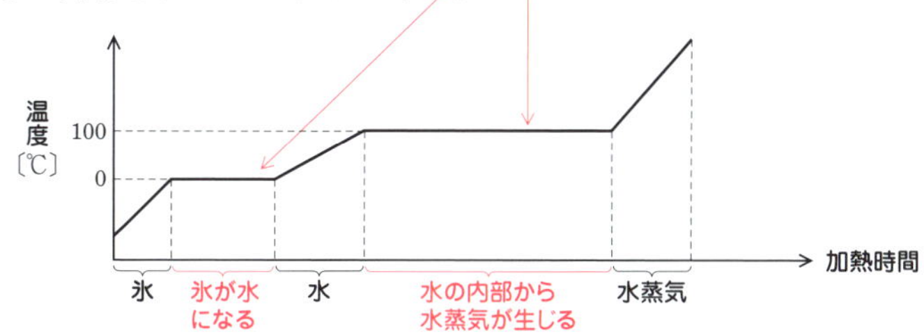

本問のH_2Oの物質量は，$\dfrac{9.0〔g〕}{18〔g/mol〕}=0.50〔mol〕$である。0℃の0.50 molの$H_2O$（固）を100℃の$H_2O$（気）にするのに吸収する熱量の内訳は次のようになる。

変化	必要な熱量
0℃㊐ ➡ 0℃㊏	6.0〔kJ/mol〕×0.50〔mol〕＝3.0〔kJ〕
0℃㊏ ➡ 100℃㊏	4.2〔J/g·℃〕×9.0〔g〕×(100－0)〔℃〕＝3780〔J〕
100℃㊏ ➡ 100℃㊍	求める量であり，Q〔kJ〕とする

全部で27 kJの熱量を吸収したので，単位を「kJ」でそろえると次式が成立する。

$$3.0〔kJ〕+3780〔J〕\times\frac{1〔kJ〕}{1000〔J〕}+Q〔kJ〕=27〔kJ〕$$

1000〔J〕＝1〔kJ〕である

よって，$Q=20.22$〔kJ〕

したがって，ⓒがもっとも近い値である。

第5章 物質の状態

答 ⓒ

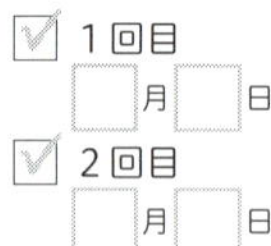

理想気体の状態方程式(1)

ある純物質0.46gを400K, 2.02×10^5 Paですべて蒸発させたところ，150 mLの体積を示した。この物質の分子量を整数で求めよ。気体は理想気体とし，気体定数Rは8.3×10^3 Pa·L/(K·mol)とする。

（国士舘大）

問題文を図にすると，右のようになる。

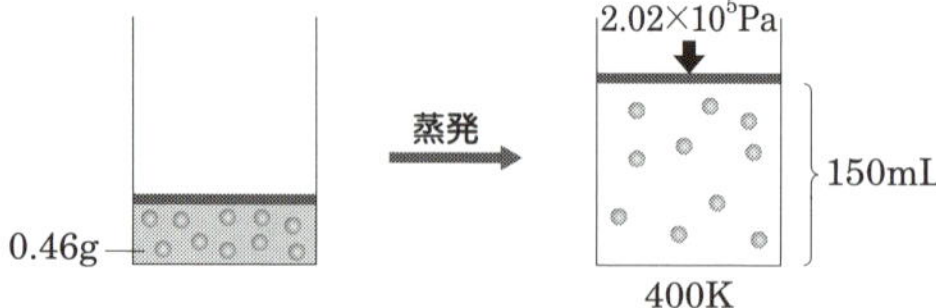

Point 理想気体の状態方程式

圧力P，絶対温度(ぜったいおんど)T，体積V，物質量nの理想気体(りそうきたい)(p.78参照)は，次のような関係式が成立する。これを理想気体の状態方程式(じょうたいほうていしき)という。

└t〔℃〕+ 273 = T〔K(ケルビン)〕である

$$PV = nRT \quad (R：気体定数)$$

そこで，この物質の物質量をn〔mol〕とすると，

←150mLの単位をLに

$$n = \frac{PV}{RT} = \frac{2.02 \times 10^5〔\text{Pa}〕\times (150 \times 10^{-3})〔\text{L}〕}{8.3 \times 10^3 \left[\frac{\text{Pa}\cdot\text{L}}{\text{K}\cdot\text{mol}}\right] \times 400〔\text{K}〕} \fallingdotseq 9.12 \times 10^{-3}〔\text{mol}〕$$

物質が蒸発しても分子数は変化しないので，n〔mol〕が0.46gに相当する。分子量をMとすると，

$$M = \frac{0.46〔\text{g}〕}{9.12 \times 10^{-3}〔\text{mol}〕} = 50.4\cdots \fallingdotseq 50$$

答 50

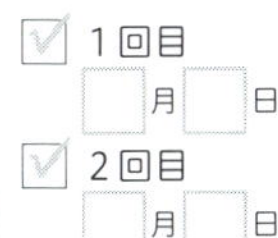

理想気体の状態方程式(2)

理想気体について，xとyの関係をもっとも適切に表しているグラフはどれか。(1)と(2)について，ⓐ～ⓔから1つ選べ。

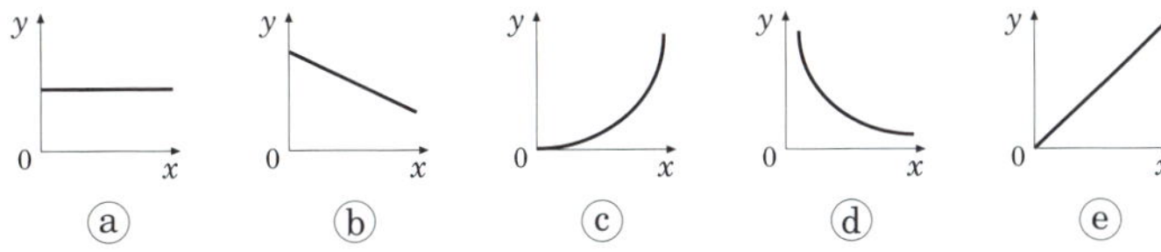

(1)　温度と物質量が一定のとき，圧力xと体積yの関係

(2)　圧力と物質量が一定のとき，絶対温度xと体積yの関係　（東京薬科大）

ボイルの法則，シャルルの法則，アボガドロの法則と理想気体の状態方程式の関係は，次のPointのようになる。

Point　理想気体の状態方程式と古典的な法則との関係

$PV=nRT$

- n，T一定 → $PV=nRT$＝一定　（ボイルの法則）
- n，P一定 → $\dfrac{V}{T}=\dfrac{nR}{P}$＝一定　（シャルルの法則）
- P，T一定 → $\dfrac{V}{n}=\dfrac{RT}{P}$＝一定　（アボガドロの法則）

(1)　$PV=nRT$でnとTが一定なので，PV＝一定　である。$P=x$，$V=y$なので，

$xy=k_1$（k_1：定数）　となる。

よって，$y=\dfrac{k_1}{x}$　➡　ⓓの双曲線に相当する

(2)　$PV=nRT$でPとnが一定なので，$\dfrac{V}{T}=\dfrac{nR}{P}$＝一定　である。$V=y$，$T=x$なので，

$\dfrac{y}{x}=k_2$（k_2：定数）　となる。

よって，$y=k_2x$　➡　ⓔの直線に相当する

(1)　ⓓ　　(2)　ⓔ

第5章　物質の状態

1回目 月 日
2回目 月 日

問題045 理想気体の状態方程式(3)

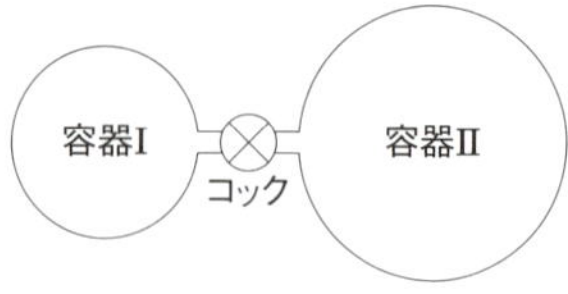

右図で，容器の容積は，容器Ⅰが1.0L，容器Ⅱが3.0Lである。この装置を用いて次のような実験を行った。下の(1)，(2)に答えよ。ただし，気体は理想気体とする。

[実験1] 27℃において，コックは閉じた状態で，容器Ⅰに気体Aを2.0×10^5Pa，容器Ⅱに気体Bを1.0×10^5Paになるように封入した。

[実験2] **[実験1]**に続いて，コックを開けてしばらく放置した。

(1) **[実験1]**において，容器Ⅰの気体Aと容器Ⅱの気体Bの物質量の比を整数の比で記せ。連結部の体積は無視できるものとする。

(2) **[実験2]**において，容器Ⅰと容器Ⅱ全体の圧力は何Paになるか。有効数字2桁で求めよ。ただし，気体Aと気体Bは反応しないものとする。

（新潟薬科大）

(1) A，Bそれぞれの物質量をn_A，n_Bとすると，理想気体の状態方程式($PV=nRT$)より，$n=\dfrac{PV}{RT}$なので，

$$n_A : n_B = \frac{2.0\times10^5\times1.0}{R\times(27+273)} : \frac{1.0\times10^5\times3.0}{R\times(27+273)} = 2:3 \quad となる。$$

(2)

Point 気体は容器全体に拡散(かくさん)し，容器内の圧力は一定となる。

[実験2]で，AとBは容積$1.0+3.0=4.0$〔L〕の容器全体に拡散し，圧力がP〔Pa〕になったとする。理想気体の状態方程式より，

$$P=\frac{nRT}{V}=\frac{(n_A+n_B)\times R\times(27+273)}{4.0}$$

$$=\frac{\left(\dfrac{2.0\times10^5\times1.0}{R\times(27+273)}+\dfrac{1.0\times10^5\times3.0}{R\times(27+273)}\right)\times R\times(27+273)}{4.0}$$

$$=1.25\times10^5〔Pa〕$$

（1.25 → 1.3 と丸める）

(1) 2：3　(2) 1.3×10^5Pa

混合気体と分圧

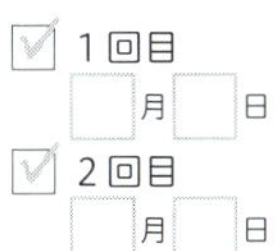

一定温度T，一定体積V_cの容器に気体1と気体2が入っている。気体1の物質量をn_1，分圧をP_1，気体2の物質量をn_2，分圧をP_2とする。各成分気体の物質量が混合気体全体の物質量に対してどれだけの割合であるか(モル分率)をx_1，x_2で表すと次式になる。下の(1)，(2)に答えよ。

$$x_1=\frac{n_1}{n_1+n_2} \qquad x_2=\frac{n_2}{n_1+n_2}$$

(1) n_1，n_2をそれぞれP_1，P_2を使った式で表せ。

(2) P_1をx_1と全圧P_tだけを使った式で表せ。　(東京女子大)

体積V，温度Tが一定で，成分気体単独で示す圧力を分圧(ぶんあつ)という。

(1) 理想気体の状態方程式より，

$$\begin{cases}(\text{気体}1) & P_1V_c=n_1RT & \cdots① \\ (\text{気体}2) & P_2V_c=n_2RT & \cdots②\end{cases}$$

よって，$n_1=\dfrac{P_1V_c}{RT}$，$n_2=\dfrac{P_2V_c}{RT}$ となる。

(2) 混合気体全体では，理想気体の状態方程式より，

$$P_tV_c=(n_1+n_2)RT \quad \cdots③$$

①式より，$V_c=\dfrac{n_1RT}{P_1}$ であり，これを③式に代入すると，

$$P_t\times\frac{n_1RT}{P_1}=(n_1+n_2)RT$$

よって，$P_1=\dfrac{n_1}{n_1+n_2}P_t=x_1P_t$

また，①式，②式，③式より，$P_t=P_1+P_2$ が成立する。

Point　混合気体の分圧

❶ 分圧 ＝ 全圧×モル分率

❷ 全圧 ＝ 分圧の和

(1) $n_1=\dfrac{P_1V_c}{RT}$，$n_2=\dfrac{P_2V_c}{RT}$　(2) $P_1=x_1P_t$

第5章 物質の状態

☑ 1回目　□月□日
☑ 2回目　□月□日

混合気体の体積比と平均分子量

空気の体積組成を窒素N_2 80.0%，酸素O_2 20.0%とすれば，空気の平均分子量はいくらになるか。次の①～⑤から1つ選べ。ただし，原子量は$N = 14$，$O = 16$とする。

① 28.0　② 28.4　③ 28.6　④ 28.8　⑤ 30.0

（獨協医科大）

混合気体の体積組成（こんごうきたいのたいせきそせい）とは，**同温・同圧のもとで，成分ごとに分けて測定したときの体積の比率を表したもの**である。

空気の体積組成が窒素（分子式N_2）80.0%，酸素（分子式O_2）20.0%の場合，例えば，標準状態（0℃，1.013×10^5 Pa）で，この組成の空気100Lを成分ごとに分けて，それぞれ標準状態で体積を測定すると，次図のようになる。

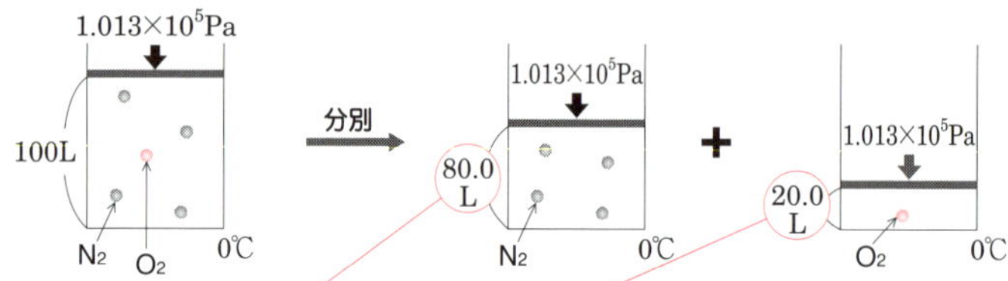

アボガドロの法則（p.73参照）より，同温・同圧下での気体の体積は物質量に比例するので，この空気は窒素N_2と酸素O_2の物質量の比が，

$$80.0 : 20.0 = 4 : 1$$

（体積比）（物質量比）

となる。

Point　混合気体の成分体積

混合気体では，

成分気体の体積比 ＝ 物質量比

平均分子量（へいきんぶんしりょう）とは，**構成分子の分子量がすべて同じ値であるとしたときの仮の分子量**で，一般に次のPointのように求められる。

Point　**混合物の平均分子量$\overline{M}$の求め方**

分子量M_1の分子がn_1〔mol〕
分子量M_2の分子がn_2〔mol〕 の場合

$$\overline{M} = \frac{\text{全質量〔g〕}}{\text{全物質量〔mol〕}} = \frac{n_1M_1 + n_2M_2}{n_1 + n_2}$$

ここで上のPointより，

$$\overline{M} = M_1 \times \frac{n_1}{n_1 + n_2} + M_2 \times \frac{n_2}{n_1 + n_2}$$

となり，問題文の組成の空気は，N_2(分子量28)4molとO_2(分子量32)1molの割合で混合した気体なので，

平均分子量$\overline{M}$は，$M_1 = 28$，$n_1 = 4$，$M_2 = 32$，$n_2 = 1$を代入すると，

$$\overline{M} = 28 \times \frac{4}{1+4} + 32 \times \frac{1}{1+4} = 28.8$$

となり，解答は④となる。

第5章 物質の状態

答　④

理想気体と実在気体

1回目　月　日
2回目　月　日

次の文章を読み，文中の［　］にあてはまるもっとも適切な語句を入れよ。

理想気体は，分子自身の［ a ］がなく，［ b ］がはたらかないと仮定した気体である。実在気体でも，圧力が［ c ］くなると分子自身の［ a ］は無視でき，さらに，温度が［ d ］くなると［ b ］も無視できるようになるため，理想気体の状態方程式が適用できる。

（茨城大）

理想気体は，“分子自身の体積(a)はなく（質量をもつ点とする）”，“分子間力(b)”を無視した気体である。

Point　理想気体と実在気体

	分子自身の体積	分子間力	$PV = nRT$
理想気体	なし	なし	いつも成立する
実在気体	あり	あり	厳密には成立しない

実在気体も，高(d)温，低(c)圧条件では理想気体とみなせる。低圧条件では，単位体積あたりに含まれる分子数が少なく，分子間の距離が大きい。また，高温では，分子は激しく運動している。

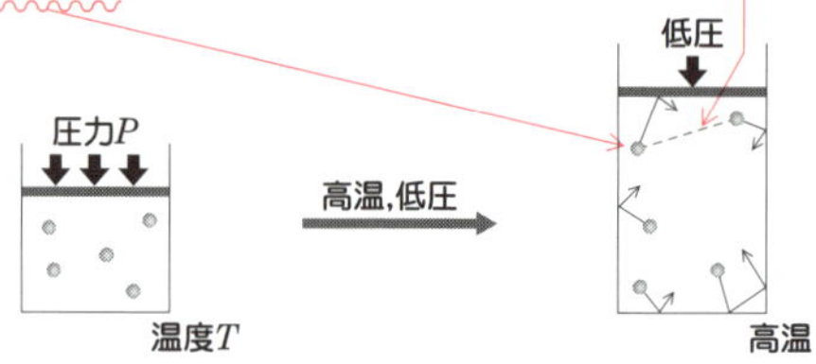

そこで，気体分子自身の体積は容積に対して無視できるほど小さく，分子間力によって分子どうしが引き合う効果も無視できる。

Point　実在気体の理想気体に近づく条件

高温，低圧条件なら，　実在気体 ≒ 理想気体

a：体積　b：分子間力　c：低　d：高

蒸気圧

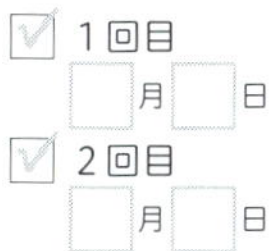

水0.30molを10Lの容器に入れて，加熱した。右図は水の蒸気圧曲線である。気体は理想気体，気体定数Rは8.3×10^3Pa·L/mol·K，水の体積は無視できるものとし，次の(1)，(2)に答えよ。

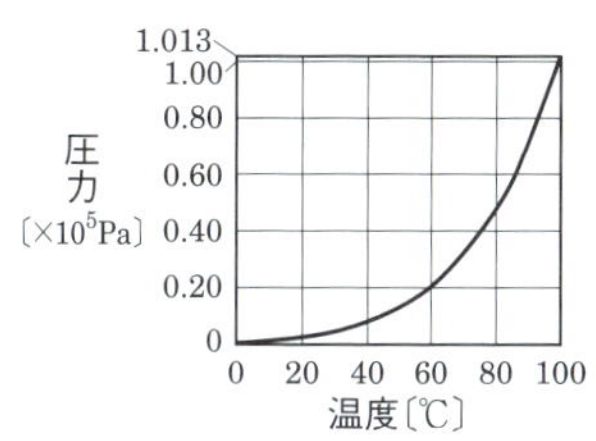

(1) 60℃における水蒸気の圧力を有効数字2桁で求めよ。

(2) 100℃では容器内の水はすべて蒸発できるか。理由を説明して答えよ。

（長岡技術科学大）

容器に水を入れると，液面から水分子が蒸発(じょうはつ)していく。密閉容器の場合，

(i) 最終的にすべて蒸発する場合　と

(ii) 密閉容器内の水蒸気が凝縮(ぎょうしゅく)(気体が液体になること)し，**蒸発量と凝縮量がつり合った気液平衡(きえきへいこう)**になる場合

がある。(ii)の場合は容器内に水が残る。

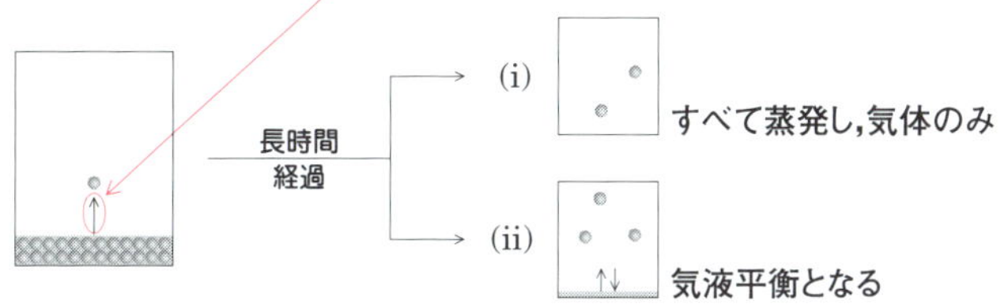

(ii)**のような状態のときの水蒸気の圧力**を，その温度における**水の蒸気圧(じょうきあつ)**という。一般に，蒸気圧の値は温度によって変化し，**温度と蒸気圧の関係を表す曲線**を**蒸気圧曲線(きょくせん)**という。

Point

蒸気圧の値は温度によって変化する。

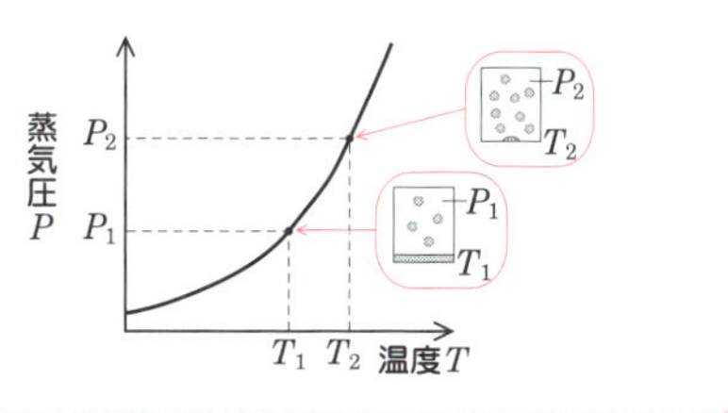

第5章 物質の状態

蒸気圧の値は，その温度における気体の圧力の最大値である。もし仮に，この値を超える圧力になると，一部凝縮し，気液平衡となる。

今，仮に0.30 molの水がすべて蒸発して気体として存在するとする。温度をt〔℃〕，水蒸気の圧力を$P_{仮}$とすると，理想気体の状態方程式（$PV=nRT$）より，

$$P_{仮}=\frac{nRT}{V}=\frac{0.30〔\mathrm{mol}〕\times 8.3\times 10^3〔\mathrm{Pa\cdot L/mol\cdot K}〕\times(t+273)〔\mathrm{K}〕}{10〔\mathrm{L}〕}$$

$$=249(t+273)\quad\cdots①$$

$t=0$〜100〔℃〕まで変化させると，$P_{仮}$は次のように変化する。

t〔℃〕	0	20	40	60	80	100
$P_{仮}$（$\times 10^5$〔Pa〕）	0.679…	0.729…	0.779…	0.829…	0.878…	0.928…

これを蒸気圧曲線に書きこむと次のようになる。

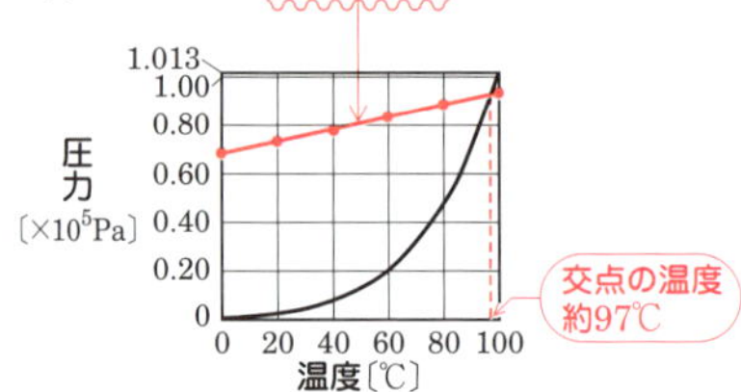

$P_{仮}$の値が蒸気圧の値を超えると一部凝縮し，0〜97℃までは気液平衡となる。そこで，実際の水蒸気の圧力は蒸気圧曲線にそって変化し，97℃でちょうど液体がなくなる。97℃以上では水はすべて気体であり，$P_{仮}$と一致し，①式にそって直線的に変化する。

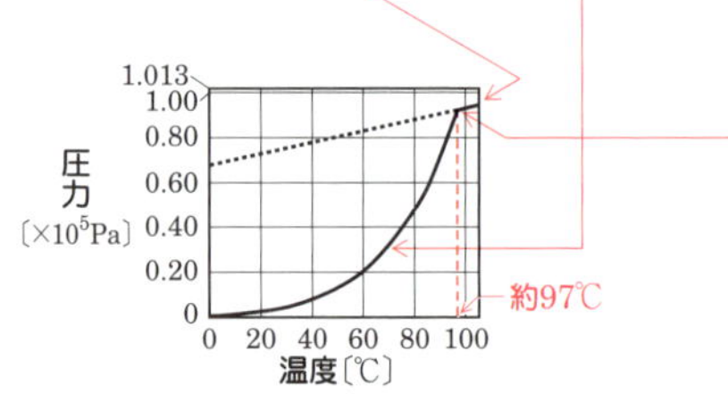

(1) 60℃では気液平衡となるので，水蒸気の圧力は蒸気圧の値となる。

$$P=0.20\times 10^5〔\mathrm{Pa}〕=2.0\times 10^4〔\mathrm{Pa}〕$$

(2) 100℃では，すべて蒸発しても蒸気圧の値を超えないので，最終的には気体のみが存在する。

(1) 2.0×10^4 Pa

(2) すべて蒸発しても蒸気圧の値を超えないから，水はすべて蒸発する。

問題050 代表的な金属の結晶(1)

1回目 月 日
2回目 月 日

単体ナトリウムは，右図のような結晶格子をもつ結晶であり，立方体の中心および各頂点にナトリウム原子が配列している。今，ナトリウム原子が完全な球であると仮定する。そして，立方体の中心と頂点に配列しているナトリウム原子が互いに接しており，単位格子の一辺の長さがa〔cm〕であるとする。ナトリウム原子の半径〔cm〕をaを用いて表せ。

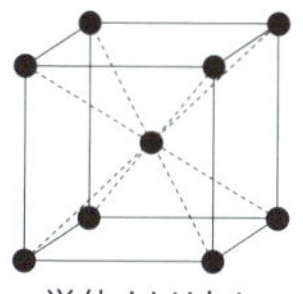
単体ナトリウムの結晶格子

（立命館大）

原子，分子，イオンなどの**粒子が三次元的に規則正しく配列した固体**を**結晶**（けっしょう）という。**結晶の構成粒子を点で表したもの**を**結晶格子**（こうし）といい，**くり返し最小単位**を**単位格子**（たんいこうし）という。

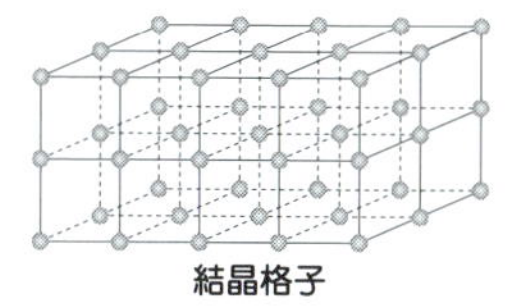

結晶格子

単位格子

金属の結晶の代表的な結晶格子は，次のPointにまとめた3つである。

Point 代表的な金属の結晶格子

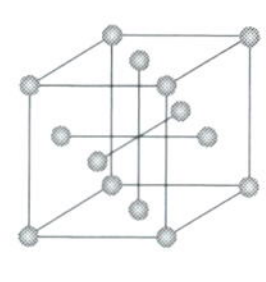
面心立方格子（めんしんりっぽうこうし）

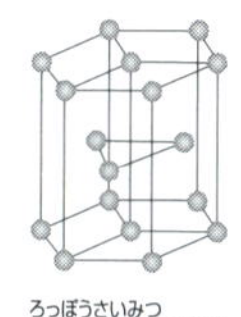
六方最密構造（ろっぽうさいみつ）

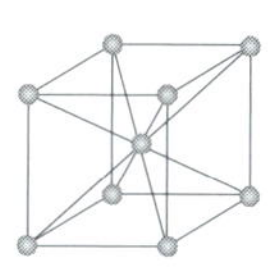
体心立方格子（たいしん）

問題文にある単体ナトリウムの結晶は体心立方格子であり，頂点に位置しているナトリウム原子は8つの単位格子に共有されているため，単位格子1つあたり$\frac{1}{8}$個分が含まれる。

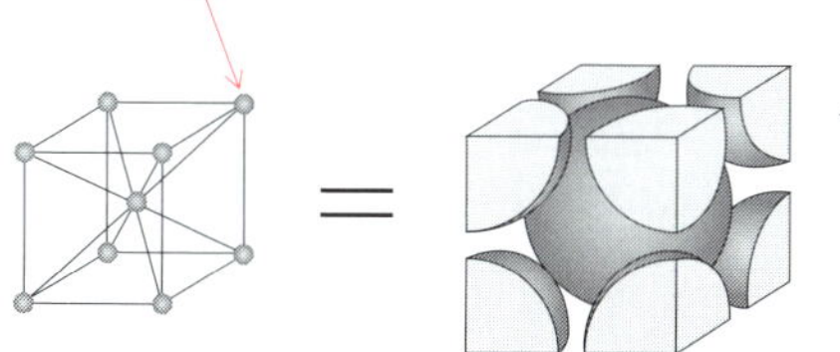

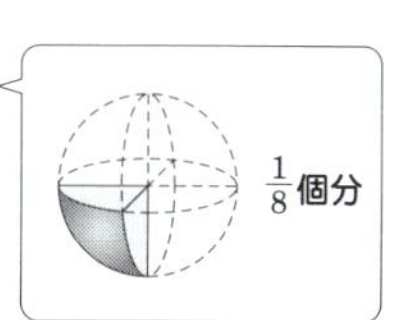

第5章 物質の状態

そこで，単位格子内に含まれる原子数は，

$\frac{1}{8}$個×8頂点＋1個(中心)＝2個　となる。

体心立方格子では，中心にある1個の原子が，立方体の頂点にある8個の原子と接触している。**最近接**(さいきんせつ)**にある原子数**を**配位数**(はいいすう)といい，体心立方格子は配位数8である。

立方体の一辺の長さをa，原子の半径をrとすると，

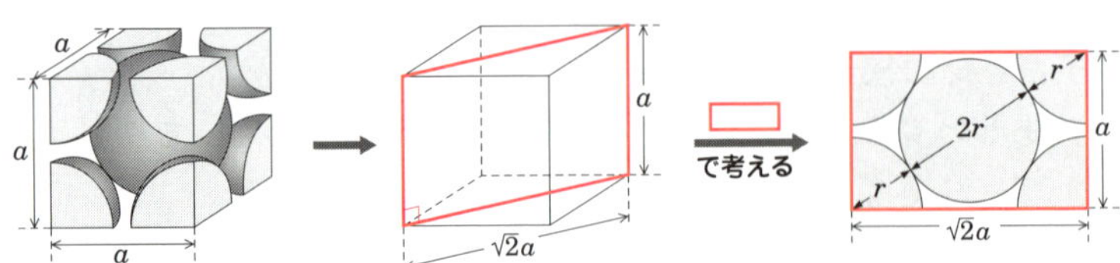

三平方の定理より，

$$r+2r+r=\sqrt{(\sqrt{2}\,a)^2+a^2}$$

$$4r=\sqrt{3}\,a$$

$$r=\frac{\sqrt{3}}{4}a$$

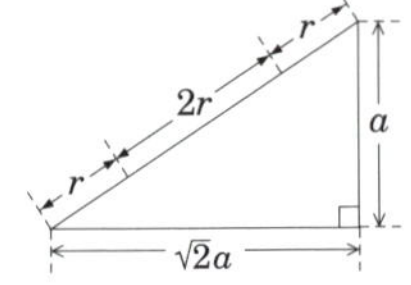

Point　体心立方格子

配位数	8
格子内原子数	$\frac{1}{8}\times8+1=2$
半径と一辺の関係	$4r=\sqrt{3}\,a$

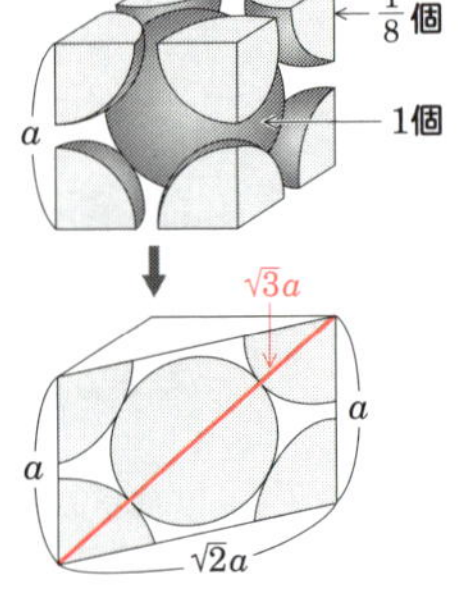

答　$\frac{\sqrt{3}}{4}a$〔cm〕

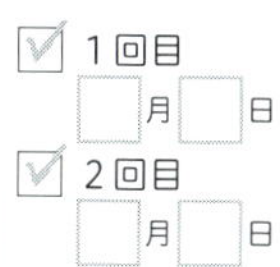

代表的な金属の結晶(2)

銀は右図に示すように，面心立方格子(立方最密構造)からなる結晶をつくる。図の立方体の一辺の長さは原子の半径の何倍になるか。もっとも適当なものを次の①～⑥から1つ選べ。

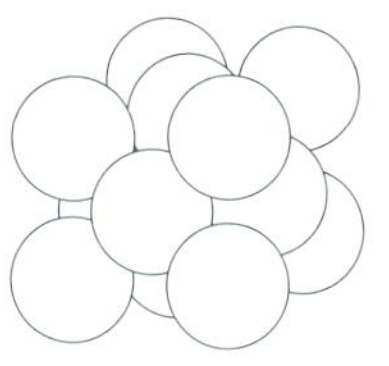

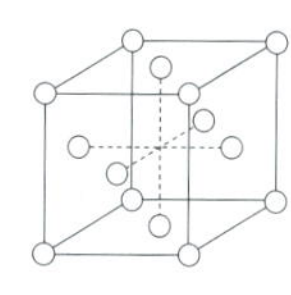

① $\dfrac{2}{\sqrt{3}}$　② $\sqrt{2}$　③ 2　④ $\dfrac{4}{\sqrt{3}}$　⑤ $2\sqrt{2}$

⑥ $2\sqrt{3}$

（センター試験）

問題には問われていないが，面心立方格子(立方最密構造)の配位数と格子内原子数について解説する。

面心立方格子では，立方体の各頂点と面の中心に原子が位置している。1つの原子の最近接にある別の原子の数(配位数)は，次の図のように単位格子2つ分を考えると，12であることがわかる。

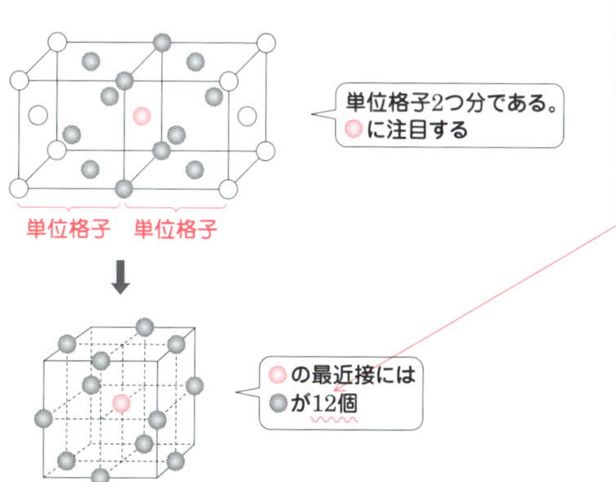

次に単位格子内に含まれる原子数を考える。頂点に位置している$\dfrac{1}{8}$個分が8ヶ所。面の中心に位置する原子は，2つの単位格子に共有されているため，単位格子1つあたり$\dfrac{1}{2}$個分が含まれる。

第5章 物質の状態

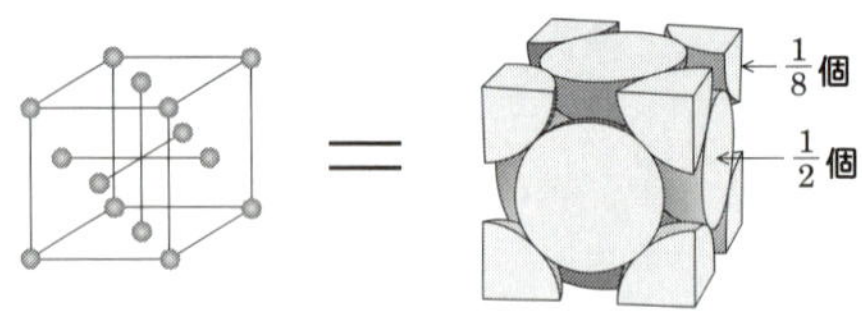

そこで，単位格子内に含まれる原子数は，

$\dfrac{1}{8}$個×8頂点＋$\dfrac{1}{2}$個×6面＝4個　となる。

最後に，立方体の一辺の長さaと原子の半径rの関係を求める。

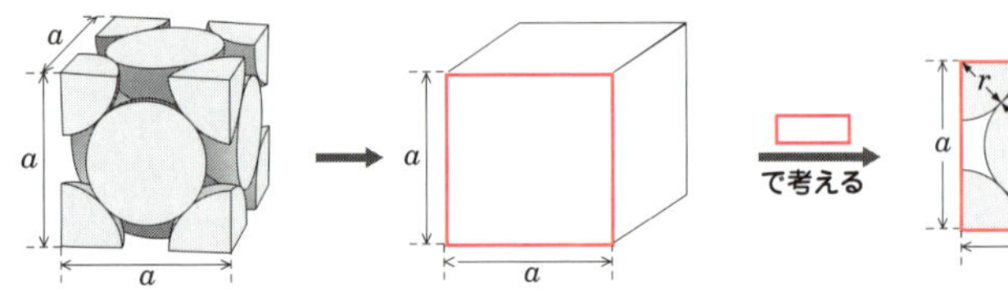

三平方の定理より，

$$r+2r+r=\sqrt{a^2+a^2}$$
$$4r=\sqrt{2}\,a$$
$$r=\frac{\sqrt{2}}{4}a$$

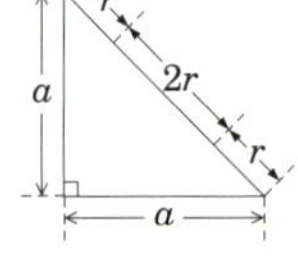

よって，$\dfrac{a}{r}=\dfrac{4}{\sqrt{2}}=2\sqrt{2}$　となり，⑤が正解となる。

Point　面心立方格子

最近接原子数（配位数）	12
格子内原子数	$\frac{1}{8}\times 8+\frac{1}{2}\times 6=4$
半径と一辺の関係	$4r=\sqrt{2}\,a$

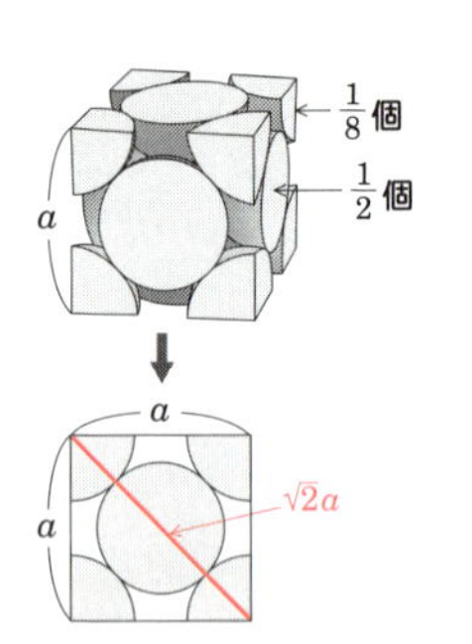

⑤

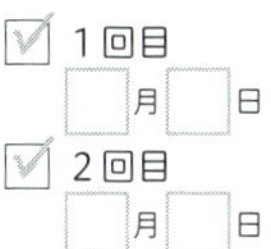

問題052 金属の結晶の密度

次の文章を読み，文中の□にあてはまる数式を記入せよ。

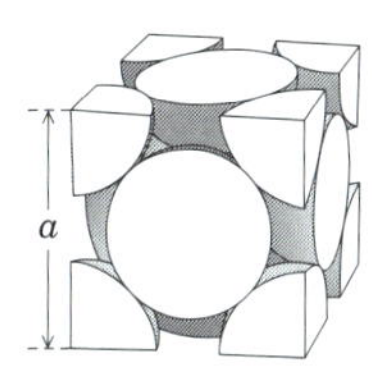

結晶にX線をあてることにより，その結晶の構造を詳しく調べることができる。例えば，銀の結晶の単位格子は，右図に示すような一辺の長さaの面心立方格子をとることがわかる。

銀の原子量wは，アボガドロ定数N_A，銀の密度d〔g/cm^3〕，単位格子の一辺の長さa〔cm〕を用いて，$w=$□〔g/mol〕と表せる。

（東京電機大）

密度(みつど)とは，一般に**単位体積あたりの質量**を表す。単位が〔g/cm^3〕の場合は，その物質1cm^{3}あたりの質量〔g〕を意味する。そこで，密度，質量，体積の間には次のPointの関係が成り立つ。

Point 密度・質量・体積の関係

$$密度〔g/cm^3〕=\frac{質量〔g〕}{体積〔cm^3〕} \Rightarrow 質量〔g〕=密度〔g/cm^3〕\times 体積〔cm^3〕$$

結晶の密度を求める場合，結晶のくり返し最小単位である単位格子の密度を求めても同じ値である。

Point 結晶の密度

$$結晶の密度〔g/cm^3〕=\frac{単位格子の質量〔g〕}{単位格子の体積〔cm^3〕}$$

銀の場合，単位格子は一辺の長さがa〔cm〕の立方体なので，単位格子の体積は　$a \times a \times a = a^3$〔$cm^3$〕　となる。

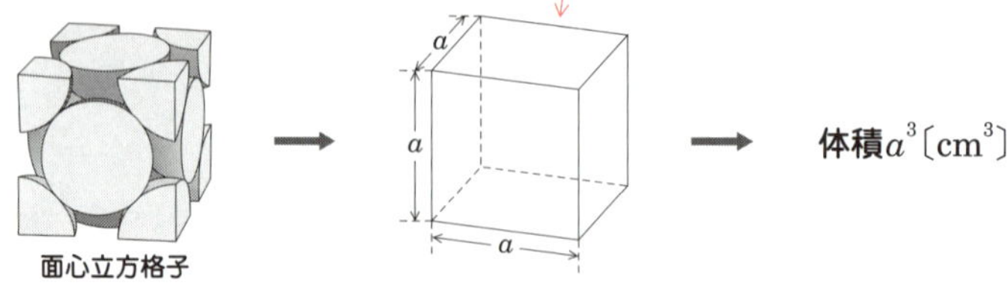

次に，単位格子の質量を求める。p.83 問題051でも求めたように，単位格子には銀Ag原子が4個含まれている。

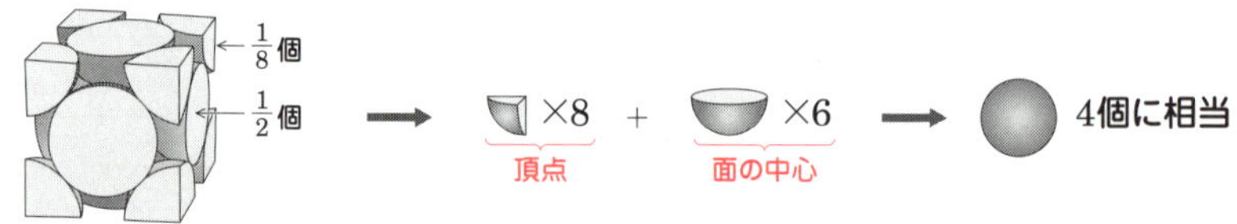

そこで，単位格子の質量は銀Ag原子4個の質量に等しい。銀Agは原子量wなので，銀Ag原子1mol，すなわちN_A個でw〔g〕だから，銀Ag原子1個の質量は$\frac{w}{N_A}$となる。

$$単位格子の質量〔g〕= \frac{w〔g〕}{N_A〔個〕} \times 4〔個〕= \frac{4w}{N_A}$$

Point より，銀の密度d〔g/cm^3〕は次のように表すことができる。

$$d = \frac{Ag原子4個の質量〔g〕}{一辺aの立方体の体積〔cm^3〕}$$

$$= \frac{\frac{4w}{N_A}}{a^3} = \frac{4w}{N_A} \times \frac{1}{a^3}〔g/cm^3〕$$

これを変形すると，

$$w = \frac{N_A}{4} da^3$$

となる。

答　$\frac{N_A}{4} da^3$

代表的なイオン結晶

右図に示すように，ナトリウムの塩化物は，配位数6の塩化ナトリウム型構造とよばれる結晶構造をとり，セシウムの塩化物は配位数8の塩化セシウム型構造をとる。塩化物イオンの半径を0.167nm（ナノ）として，ナトリウムとセシウムのイオン半径〔nm〕を計算し，それぞれ有効数字2桁で答えよ。なお，イオンは変形しない球とし，もっとも近くにある反対符号のイオンは互いに接触しているものとする。必要な場合は，$\sqrt{3}=1.73$として計算せよ。

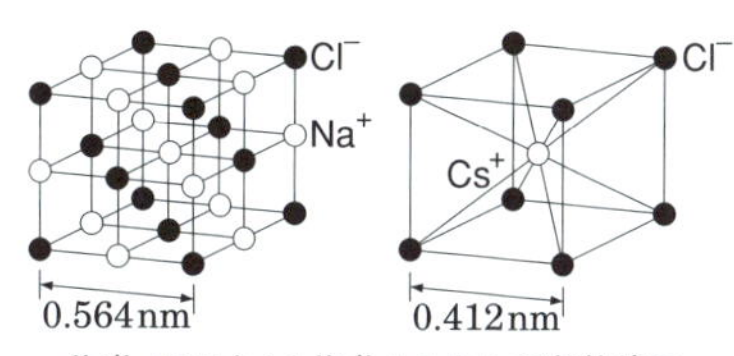

塩化ナトリウムと塩化セシウムの単位格子

（東北大）

イオン結晶（→p.34）の単位格子の一辺の長さをa，陽イオンの半径をr_+，陰イオンの半径をr_-とすると，次のようになる。

Point　代表的なイオン結晶の単位格子

	塩化ナトリウム型	塩化セシウム型
配位数	6	8
切断面	a，a，a，$\sqrt{2}a$ → $2(r_++r_-)$	a，a，$\sqrt{3}a$，$\sqrt{2}a$ → $2(r_++r_-)$
一辺と半径	$2(r_++r_-)=a$	$2(r_++r_-)=\sqrt{3}\,a$

Na^+の半径をr_{Na^+}，Cs^+の半径をr_{Cs^+}とすると，Cl^-の半径が0.167nmなので，

$$\begin{cases} 2(r_{Na^+}+0.167)=0.564 & \cdots① \\ 2(r_{Cs^+}+0.167)=\sqrt{3}\times0.412 & \cdots② \end{cases}$$

①式より，$r_{Na^+}=0.115\fallingdotseq0.12$　　②式より，$r_{Cs^+}=0.189\fallingdotseq0.19$

ナトリウムイオン：0.12nm　　セシウムイオン：0.19nm

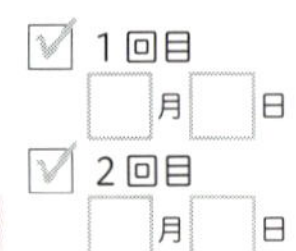

共有結合の結晶

右図はダイヤモンドと黒鉛の結晶構造の模式図である。これらの図をもとに次の(1), (2)に答えよ。

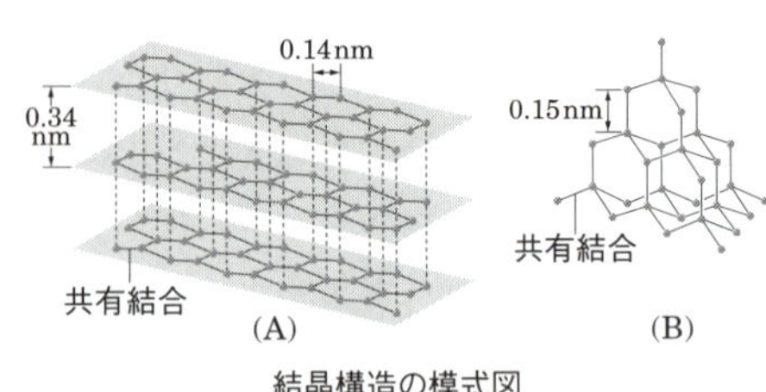

結晶構造の模式図

(1) 右図のうちダイヤモンドと黒鉛，それぞれに該当する結晶構造を選び記号で答えよ。

(2) ダイヤモンドと黒鉛で，電気を導く性質をもつのはどちらか。その理由も記せ。

（お茶の水女子大）

炭素の電子配置は，K殻(2)L殻(4)であり，価電子は4つである。

ダイヤモンドと黒鉛(グラファイト)は炭素の同素体であり，どちらも多数の炭素原子が**共有結合でつながった構造をもつ結晶**である。これらを**共有結合の結晶**という。共有結合の結晶を化学式で表すときには，組成式を用いて，ダイヤモンドおよび黒鉛とも，Cと表す。

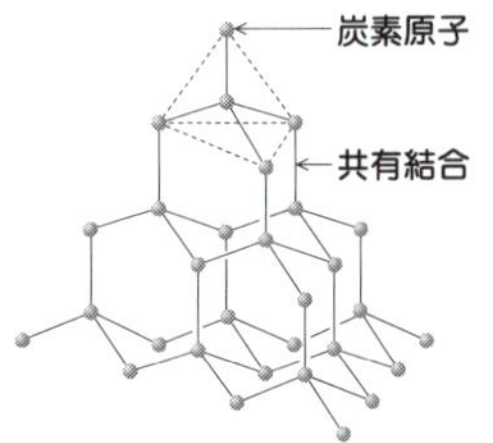

(1) ダイヤモンドは，(B)のように炭素原子が正四面体形に次々と配置され，共有結合で結びついている。

炭素原子間の共有結合は強いので，非常に硬(かた)く，融点(3550℃)も非常に高い。

ほかにも，二酸化ケイ素SiO_2，ケイ素Si，炭(たん)化(か)ケイ素SiCなどにもダイヤモンドと同じ型の共有結合の結晶が存在する。

黒鉛は，(A)のように炭素原子が正六角形網目(あみめ)構造をつくるように共有結合でつながった平面(へいめん)状分子が，さらにファンデルワールス力で積(つ)み重(かさ)なった構造をもつ。ファンデルワールス力は弱いので，黒鉛は面方向にはがれやすい性質をもつ。

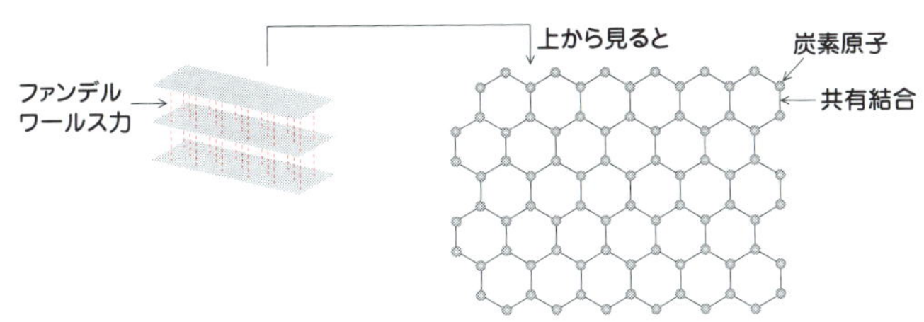

(2) ダイヤモンドでは，1つの炭素原子が4つの炭素原子と共有結合しているのに対し，黒鉛では1つの炭素原子が3つの炭素原子と共有結合している。

黒鉛中の炭素原子の4個の価電子のうち，上記の共有結合に使われていない余(あま)った1個の価電子は，平面上を自由に動けるので，黒鉛は電気伝導性が大きい。

炭素原子

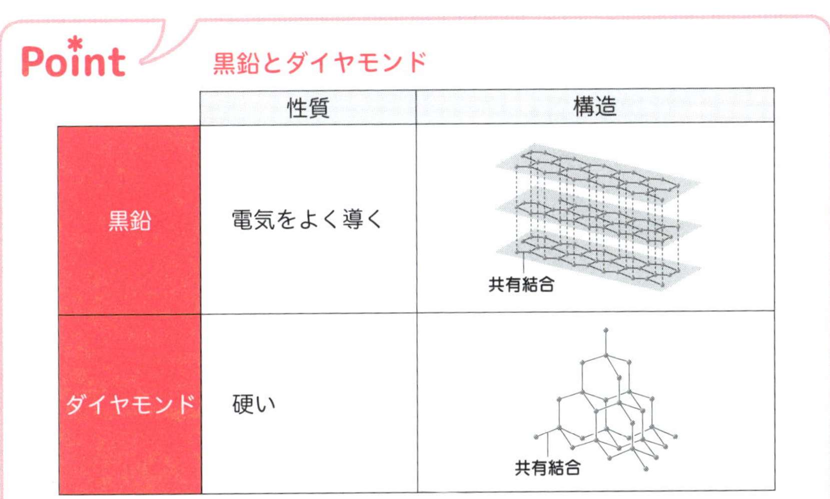

Point 黒鉛とダイヤモンド

	性質	構造
黒鉛	電気をよく導く	共有結合
ダイヤモンド	硬い	共有結合

答 (1) ダイヤモンド：(B)　　黒鉛：(A)

(2) 黒鉛　　理由：黒鉛では，炭素原子の4個の価電子のうちの1個が，平面構造上を自由に動けるから。

問題055 分子結晶

1回目 □月□日
2回目 □月□日

次の文章を読み，文中の□にあてはまる適切な語句を答えよ。

固体の二酸化炭素は［ア］とよばれる。これは，CO_2分子が分子間力の1つである［イ］力により規則正しく配列してできた結晶で，［ウ］結晶とよばれる。［ア］を常温・常圧で放置すると，液体の状態を経由せず，直接気体になる。この現象を［エ］という。

（東京都立大）

二酸化炭素CO_2，ヨウ素I_2，ナフタレン$C_{10}H_8$などの結晶は，常温・常圧で放置すると，**固体から直接気体が生じる**。この現象を昇華(しょうか)（エ）という。

これらの結晶では，**多数の分子がファンデルワールス（イ）力で結びつき，規則正しく配列している**。この結晶を分子（ウ）結晶という。分子結晶は，もろいものが多く，融点も低い。

Point 分子結晶

分子結晶は，多数の分子が規則正しく配列している。

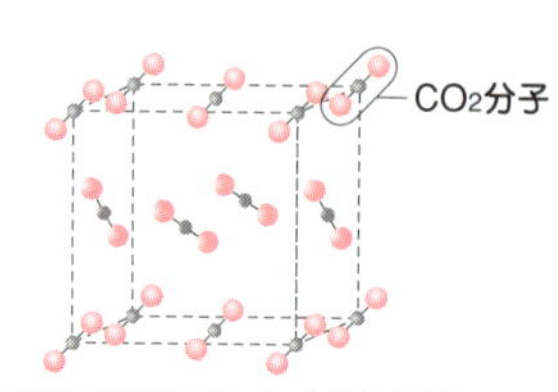

〈二酸化炭素CO_2の分子結晶〉

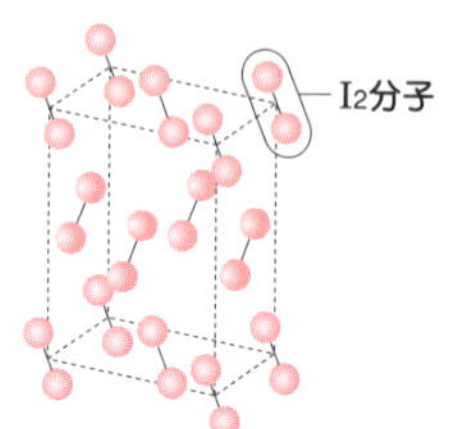

〈ヨウ素I_2の分子結晶〉

なお，一般に二酸化炭素の固体はドライアイス（ア）とよばれている。

ア：ドライアイス　　イ：ファンデルワールス　　ウ：分子
エ：昇華

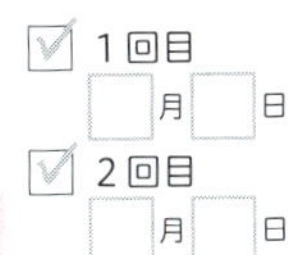

溶解

次の文章を読み，文中の［　］にあてはまる語句を入れよ。

極性分子からなる物質や［ア］結合からなる物質は，水に溶けやすいものが多い。例えば，塩化ナトリウムは，［ア］が水分子と静電気的に引き合い，水分子によってとり囲まれることで溶解する。このように，物質を構成する［ア］が，水分子にとり囲まれる現象を［イ］という。

（麻布大）

溶液(ようえき)中で，**溶けている物質**を**溶質**(ようしつ)，**溶かしている液体**を**溶媒**(ようばい)という。

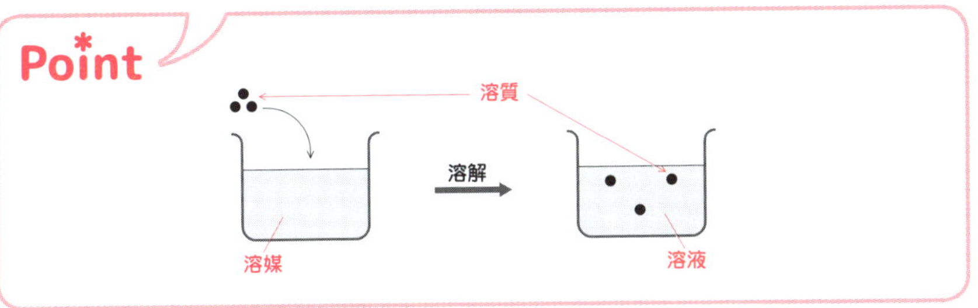

水のような**極性の大きな分子からなる溶媒**を**極性溶媒**といい，一般に極性分子や［イオン］(ア)結合からなる物質をよく溶かす。

これは，溶質分子やイオンが，多数の溶媒分子を静電気的な引力で引きつけるからである。例えば，塩化ナトリウム NaCl が水に溶けるとき，右のように Na^+ や Cl^- は**水分子を多数引きつけている**。これを［**水和**(すいわ)］(イ)という。

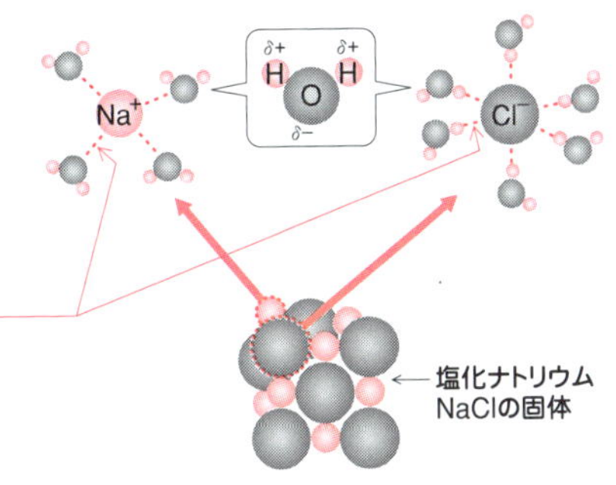

ア：イオン　　イ：水和

問題057 固体の溶解度

1回目 □月□日
2回目 □月□日

温度による溶解度の変化は，塩化カリウムにおいて右表のようになる。ただし，溶解度は，溶媒100gに溶ける最大の溶質の質量〔g〕とする。次の(1)，(2)に答えよ。

温度〔℃〕	溶解度
20	34.2
60	45.8
100	56.3

〈水に対する塩化カリウムの溶解度〉

(1) 60℃の塩化カリウムの飽和水溶液100gには，何gの塩化カリウムが溶けているか。小数第1位まで求めよ。

(2) 水100gを用いて100℃で塩化カリウム飽和水溶液をつくり，その溶液を20℃まで冷却すると，析出する塩化カリウムは何gか。小数第1位まで求めよ。

（群馬大）

溶質を溶媒に溶けるだけ溶かした溶液を飽和溶液(ほうわようえき)という。溶質が溶け残っている場合，上ずみ液が飽和溶液にあたり，このときは，溶質の溶解速度と析出速度がつり合った溶解平衡(ようかいへいこう)の状態にある。

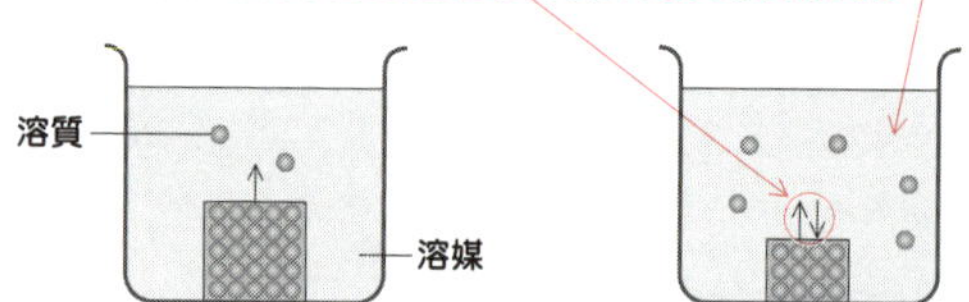

Point 溶解度

溶解度は，**飽和溶液の濃度**であり，**溶媒100gあたりに溶けうる溶質の質量〔g〕**で表すことが多い。次図は，**溶媒100gの温度を変化させ，各温度で溶質が何gまで溶けるかをグラフにしたもの**で溶解度曲線という。

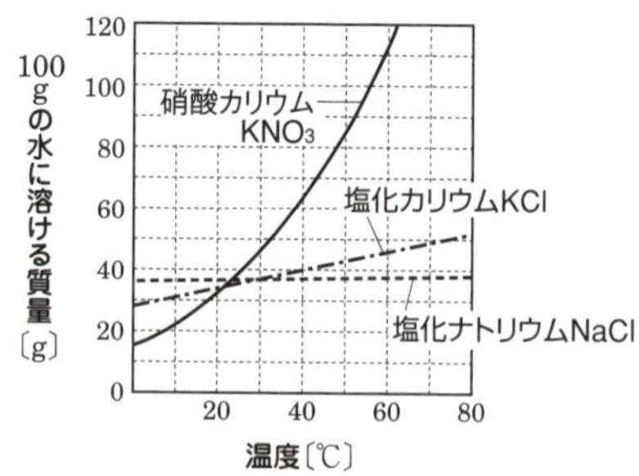

(1) 60℃の塩化カリウムKClの飽和水溶液の濃度は，水100gに対しKClが45.8gである。

すなわち，溶液全体の質量 100＋45.8＝145.8〔g〕に対し，KClが45.8g溶けている。

そこで，100gの水溶液では，

$$100〔g〕(溶液) \times \frac{45.8〔g〕(KCl)}{145.8〔g〕(溶液)} = 31.41\cdots〔g〕(KCl)$$

のKClが含まれる。

(2) 温度が変化すると，溶ける最大量が変化し，溶けきれない溶質が固体として析出する。

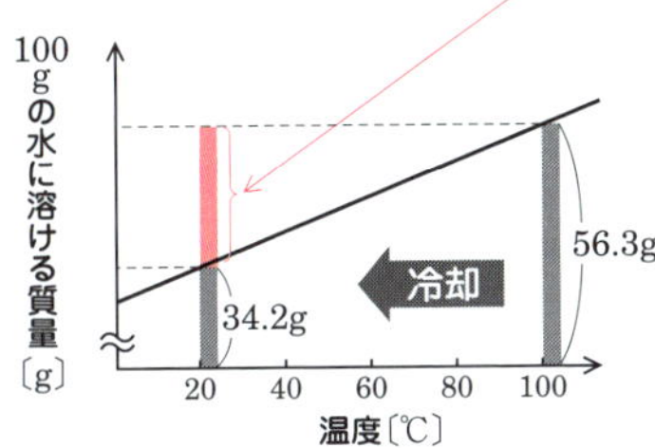

今回は，水を100g用意したので，

56.3－34.2＝22.1〔g〕

のKClが溶けきれずに固体として析出する。

 (1) 31.4g　(2) 22.1g

第5章 物質の状態

問題058 気体の溶解度

1回目 月 日
2回目 月 日

次のヘンリーの法則に関する記述について，下の(1)〜(3)に答えよ。

水に対する気体の溶解度は，一般に温度が高いほど［ア］なる。
温度が一定ならば，気体の水への溶解度は，その気体の［イ］に比例する。
これをヘンリーの法則という。

(1) 上の文中の［　］にあてはまる語句を記せ。

(2) 次に示す気体ⓐ〜ⓓのうち，水に溶解するときヘンリーの法則が適用できるものをすべて選べ。

ⓐ H_2　ⓑ N_2　ⓒ NH_3　ⓓ CH_4

(3) ヘンリーの法則が成立する理想気体が，ある温度と圧力のもとで，一定量の水と接している。今，気体の圧力がP〔Pa〕のとき，水に溶解している気体の物質量および体積をそれぞれn〔mol〕およびV〔L〕とすると，温度一定のままで気体の圧力を3倍にしたとき，溶解した気体の物質量〔mol〕はいくらか。また，そのときの圧力下での溶解した気体の体積〔L〕はいくらになるか。 （神戸薬科大）

(1) 水に対する気体の溶解度は，一般に，
温度が高いほど［小さく］（ア）なる。
温度が一定の場合，その気体の［圧力］（イ）（混合気体の場合は［分圧］（イ））に比例する。

これをヘンリーの法則という。

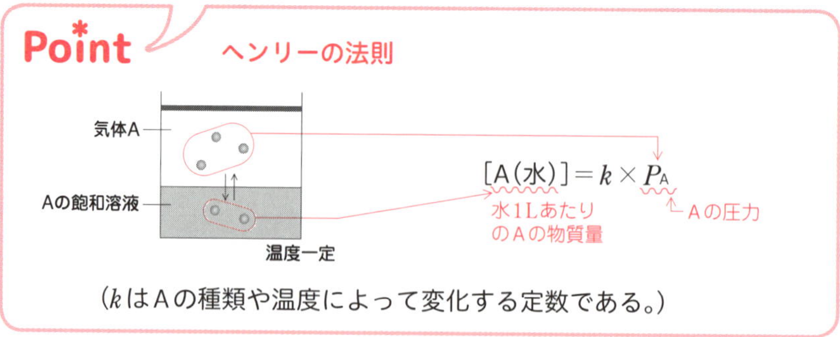

Point
ヘンリーの法則
気体A
Aの飽和溶液
温度一定
[A(水)] = k × PA
水1LあたりのAの物質量
Aの圧力

（kはAの種類や温度によって変化する定数である。）

(2) ヘンリーの法則は，比較的水への溶解度の小さな気体の場合に成立する。極性分子で水に非常によく溶けるⓒのアンモニアNH_3では成立しない。よって，ⓐ，ⓑ，ⓓとなる。

(3) 問題文を図で表すと次のようになる。図中のn'とV'をnとVで表せばよい。

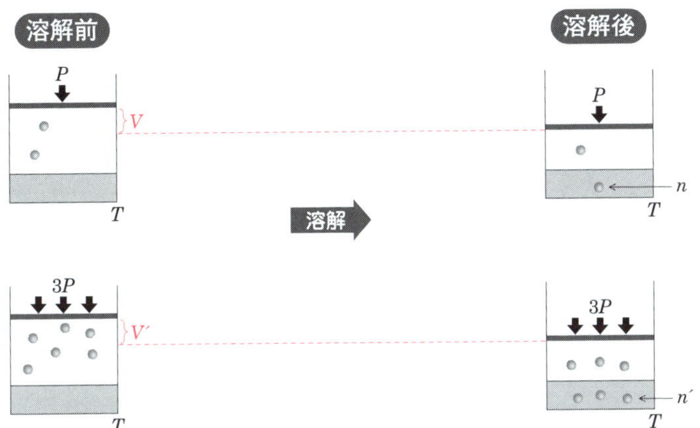

まず，ヘンリーの法則より，圧力が3倍になると，水に溶解する気体の物質量は，水の量が一定の場合3倍となる。よって，$n' = 3n$である。

次に理想気体の状態方程式$(PV = nRT)$より，

上図では，$V = \dfrac{nRT}{P}$となるから

$$V' = \frac{(3n)RT}{3P} = V$$

となる。すなわち，3倍に圧縮された気体が同じ体積Vだけ溶解するので，3倍の物質量$3n$が溶解している。

(1) ア：小さく　　イ：圧力(分圧)
(2) ⓐ，ⓑ，ⓓ
(3) 物質量：$3n$〔mol〕　　体積：V〔L〕

希薄溶液の性質(1)

1回目 月 日
2回目 月 日

次の文章を読み，文中の[　]にもっとも適する語句を入れよ。

純水と砂糖水を同条件で放置すると，[ア]のほうが速く蒸発する。すなわち砂糖のような不揮発性物質が溶けている水溶液の蒸気圧は，同じ温度の水の蒸気圧よりも[イ]い。この現象を[ウ]という。大気圧が1013 hPaのとき，水の沸点は100℃であるが，砂糖水の沸点はそれよりも[エ]い。この現象を[オ]という。水は0℃で凝固するが，食塩水は0℃よりも[カ]い温度で凝固する。この現象を[キ]という。非電解質の希薄溶液の場合，溶媒と溶液の凝固点の差は，溶質の種類に関係せず，一定量の溶媒に溶けている溶質の[ク]に比例する。

（岡山理科大）

溶液は純溶媒（純粋な溶媒）と比べると，ほかの相（物質の状態のこと）へと移動する溶媒分子数が減少し，蒸発しにくくなり，**同温での蒸気圧が**[低]イ**くなる**。これを[蒸気圧降下]ウという。

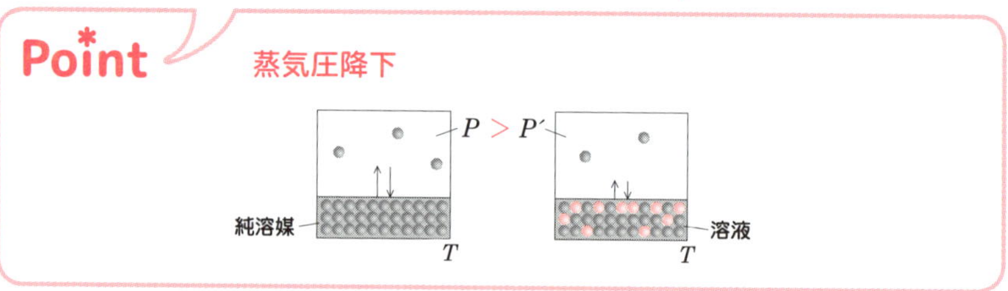

液体を加熱し，**液体内部から蒸気を含む気泡が生じる現象**を**沸騰**といい，**このときの温度**を**沸点**という。このとき，気泡の蒸気圧は外圧に等しい。

溶液は純溶媒より蒸気圧が減少し，**より**[高]エ**い温度で沸騰する**。これを[沸点上昇]オという。

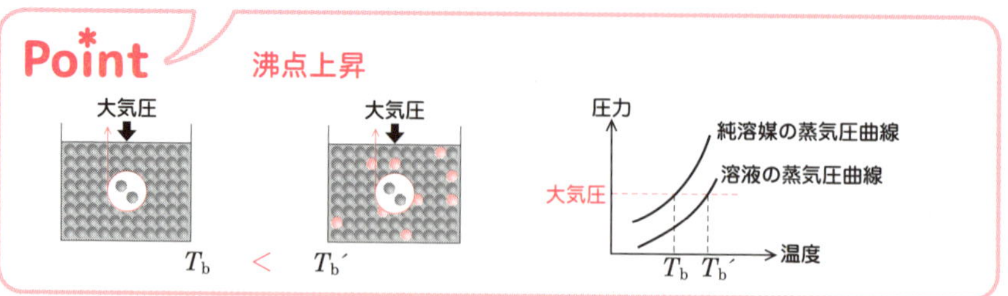

$T_b{}'-T_b$を沸点上昇度ΔT_bと定義する。すると，希薄溶液では，沸点上昇度ΔT_bは，溶質の種類に関係なく，全溶質粒子の質量モル濃度m〔mol/kg〕に比例する。なお，質量モル濃度とは，**1kgの溶媒に溶けている溶質の物質量**（ク）である。

Point 沸点上昇とその関係式

$\Delta T_b = K_b \times m$（$K_b$はモル沸点上昇といい，溶媒によって異なる値である。）

溶液は純溶媒に比べ凝固しにくく，より低（カ）**い温度にしないと凝固しない。**これを凝固点降下（キ）という。

Point 冷却曲線

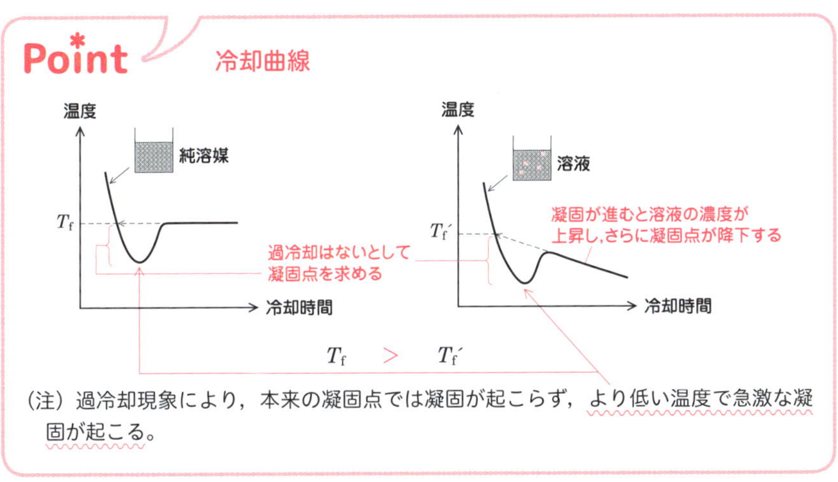

（注）過冷却現象により，本来の凝固点では凝固が起こらず，より低い温度で急激な凝固が起こる。

$T_f-T_f{}'$を凝固点降下度ΔT_fと定義する。すると，希薄溶液では，凝固点降下度ΔT_fは，全溶質粒子の質量モル濃度m〔mol/kg〕との間に沸点上昇度ΔT_bと同じような次のPointの式が成立する。

Point 凝固点降下とその関係式

$\Delta T_f = K_f \times m$（$K_f$はモル凝固点降下といい，溶媒によって異なる値である。）

第5章 物質の状態

答

ア：純水　イ：低　ウ：蒸気圧降下　エ：高
オ：沸点上昇　カ：低　キ：凝固点降下　ク：物質量

希薄溶液の性質(2)

☑ 1回目 月 日
☑ 2回目 月 日

凝固点降下に関する次の(1), (2)に答えよ。ただし，水のモル凝固点降下は1.86℃·kg/molとし，有効数字2桁で記せ。

(1) 水1000gにグルコース$C_6H_{12}O_6$(分子量180)を溶かしたところ，凝固点は－0.52℃であった。何gのグルコースを溶かしたか。

(2) 水1000gに塩化ナトリウム(式量58.5)0.35gを溶かした水溶液の凝固点は何℃か。ただし，塩化ナトリウムは水溶液中で完全に電離しているものとする。

(星薬科大)

グルコース(ブドウ糖)のように**電離せずそのまま溶解するもの**を**非電解質**(ひでんかいしつ)，塩化ナトリウムのように**イオンに電離するもの**を**電解質**という。

$\Delta T_f = K_f \times m$ の式を利用する場合，溶質粒子の溶液中での状態に注意して，mは溶液中で独立して運動している全溶質粒子の質量モル濃度〔mol/kg〕を代入しなくてはならない。

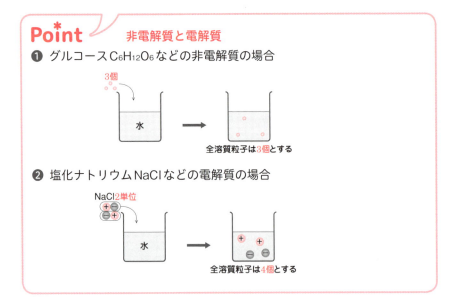

Point 非電解質と電解質

❶ グルコース$C_6H_{12}O_6$などの非電解質の場合

3個

水

全溶質粒子は3個とする

❷ 塩化ナトリウムNaClなどの電解質の場合

NaCl2単位

水

全溶質粒子は4個とする

(1) 通常の大気圧下では純水の凝固点は0℃なので,

$$凝固点降下度\ \Delta T_f = 0-(-0.52) = 0.52〔℃〕$$

となる。グルコースをx〔g〕とすると，$\Delta T_f = K_f \times m$より,

$$\underbrace{0.52}_{\Delta T_f} = \underbrace{1.86}_{K_f} \times \underbrace{\left(\frac{x〔g〕}{180〔g/mol〕} \div \frac{1000}{1000}〔kg〕\right)}_{質量モル濃度mは，溶媒1kgあたりの物質量である}$$

よって，$x = 50.3\cdots$〔g〕

(2) NaClは電解質なので完全に電離すると，全溶質粒子(Na^+とCl^-)の数はNaClの数の2倍となる。

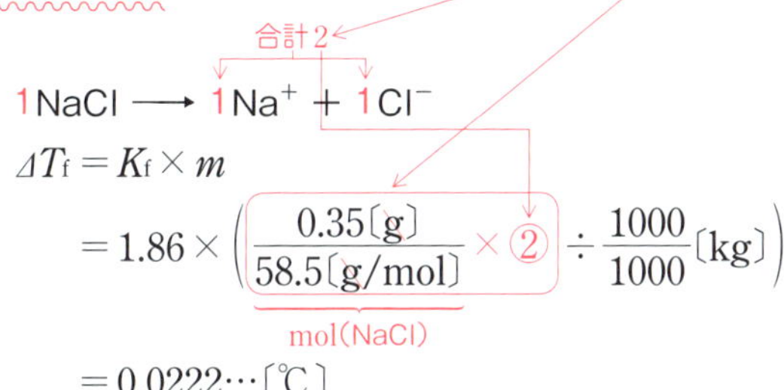

合計2
1NaCl ⟶ 1Na⁺ + 1Cl⁻
ΔTf = Kf × m
= 1.86 × (0.35〔g〕/58.5〔g/mol〕 × ② ÷ 1000/1000〔kg〕)
mol(NaCl)

$$= 0.0222\cdots〔℃〕$$

純水の凝固点は0℃なので，この水溶液の凝固点は

$$0-0.0222\cdots \fallingdotseq -0.022〔℃〕$$

となる。

答 (1) 50g (2) −0.022℃

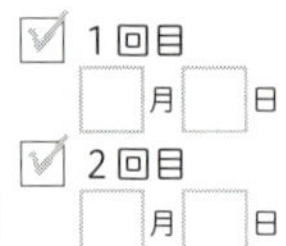

浸透圧(1)

37℃におけるヒトの血液(血漿)の浸透圧は7.4×10^5 Paである。ヒトの血液と同じ浸透圧のグルコース$C_6H_{12}O_6$(分子量180)水溶液を1.0Lつくるには，グルコースが何g必要か。溶液は希薄溶液とし，気体定数$R = 8.3 \times 10^3$〔Pa・L/(K・mol)〕とする。有効数字2桁で記せ。

（兵庫医科大）

解説 **溶媒分子は通すが，溶質粒子は通さない**ような**半透膜**(はんとうまく)で純溶媒と溶液を仕切ると，溶媒分子の移動量に差が生じる。これをつり合わせるために**溶液側から余分に加える圧力**を**浸透圧**(しんとうあつ)といい，希薄溶液では次のPointのような関係式が成立する。これは**ファントホッフの法則**という。

Point ファントホッフの法則

$$\pi = CRT$$

（R：気体定数，C：溶液のモル濃度）

ただし，ここでのモル濃度C〔mol/L〕は，溶質の種類，分子，イオンの区別をせず，独立して運動している全溶質粒子の溶液1Lあたりの物質量をさしている。

グルコース(ブドウ糖)は電離せず，分子のまま溶解する非電解質なので，この量をx〔g〕とすると，ファントホッフの法則より，

$$\underbrace{7.4 \times 10^5}_{\pi〔Pa〕} = \underbrace{\left(\frac{x〔g〕}{180〔g/mol〕} \div 1.0〔L〕\right)}_{C〔mol/L〕} \times \underbrace{8.3 \times 10^3}_{R} \times \underbrace{(37 + 273)}_{T〔K〕}$$

よって，$x = 51.7\cdots$〔g〕（51.7→52）

答 52g

浸透圧(2)

次のⓐ～ⓓの4種類の水溶液について，浸透圧の大きいものから順に記号で答えよ。ただし，温度は一定とし，NaCl と $CaCl_2$ は完全に電離するものとする。また，グルコースの分子量は180，NaClの式量は58.5，$CaCl_2$ の式量は111である。

ⓐ　グルコース $C_6H_{12}O_6$ 225 mg を溶かした100 mLの水溶液

ⓑ　NaCl 23.4 mg を溶かした100 mLの水溶液

ⓒ　分子量 1.00×10^4 のタンパク質500 mgを溶かした100 mLの水溶液

ⓓ　$CaCl_2$ 55.5 mgを溶かした100 mLの水溶液

（千葉大）

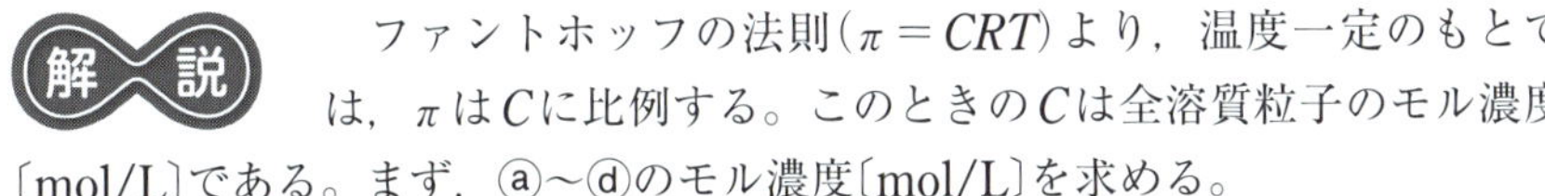

解説　ファントホッフの法則($\pi = CRT$)より，温度一定のもとでは，π は C に比例する。このときの C は全溶質粒子のモル濃度〔mol/L〕である。まず，ⓐ～ⓓのモル濃度〔mol/L〕を求める。

ⓐ $$\frac{225\times10^{-3}\,[\text{g}]}{180\,[\text{g/mol}]}\div\frac{100}{1000}\,[\text{L}] = 1.25\times10^{-2}\,[\text{mol/L}]$$

ⓑ $$\frac{23.4\times10^{-3}\,[\text{g}]}{58.5\,[\text{g/mol}]}\div\frac{100}{1000}\,[\text{L}] = 4.00\times10^{-3}\,[\text{mol/L}]$$

ⓒ $$\frac{500\times10^{-3}\,[\text{g}]}{1.00\times10^{4}\,[\text{g/mol}]}\div\frac{100}{1000}\,[\text{L}] = 5.00\times10^{-4}\,[\text{mol/L}]$$

ⓓ $$\frac{55.5\times10^{-3}\,[\text{g}]}{111\,[\text{g/mol}]}\div\frac{100}{1000}\,[\text{L}] = 5.00\times10^{-3}\,[\text{mol/L}]$$

NaCl と $CaCl_2$ は電離するので全溶質粒子の濃度は，ⓑとⓓでは，

$NaCl \longrightarrow Na^+ + Cl^-$

ⓑ $4.00\times10^{-3}\times 2 = 8.00\times10^{-3}$〔mol/L〕

$CaCl_2 \longrightarrow Ca^{2+} + Cl^- + Cl^-$

ⓓ $5.00\times10^{-3}\times 3 = 1.50\times10^{-2}$〔mol/L〕

C が大きいほど π が大きくなるので，ⓓ＞ⓐ＞ⓑ＞ⓒ　となる。

答　ⓓ＞ⓐ＞ⓑ＞ⓒ

第5章 物質の状態

問題063 コロイド

☑ 1回目　□月□日
☑ 2回目　□月□日

次の文章を読み，文中の□にもっとも適切な語句を記せ。

沸騰水中に塩化鉄(Ⅲ)の飽和水溶液を加えると，水酸化鉄(Ⅲ)のコロイド溶液が生じる。この溶液をセロハンの袋に入れて流水中に浸しておくと，コロイドが精製される。この操作を[ア]という。

このコロイド溶液に，少量の塩を加えるとコロイドが凝集して沈殿する。この現象を凝析という。水酸化鉄(Ⅲ)が疎水コロイドであるのに対して，デンプンや卵白の水溶液は親水コロイドである。親水コロイドの水溶液は，少量の塩を加えても沈殿を生じないが，多量の塩を加えると沈殿を生じる。この現象を[イ]という。

コロイド粒子は，正または負に帯電しており，水酸化鉄(Ⅲ)のコロイド溶液に直流電圧をかけると，コロイド粒子が陰極のほうへ移動する。この現象を[ウ]という。

（松山大）

直径が10^{-7}〜10^{-5}cm程度の粒子をコロイド粒子という。沸騰水中に塩化鉄(Ⅲ)$FeCl_3$水溶液を加えると，表面に正の電荷をもつ水酸化鉄(Ⅲ)の赤褐色(せきかっしょく)のコロイド粒子が生じる。

実際は複雑な組成をもつが便宜的にこう表す

$$FeCl_3 + 3H_2O \longrightarrow Fe(OH)_3 + 3HCl$$

これは**水中で不安定**で疎水(そすい)コロイドという。これに対し，タンパク質やデンプンのような**水中で安定なコロイド**は親水(しんすい)コロイドという。前者は無機物，後者は有機物が多い。

Point コロイドの性質

❶ 透析(とうせき)（ア）

コロイド粒子がセロハン膜のような半透膜を通過できないことを利用して，コロイド粒子と低分子を分離することでコロイド溶液を精製すること。

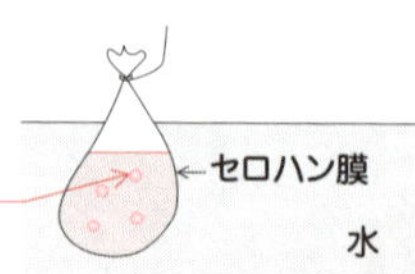

❷ **チンダル現象**

強い光線をあてると，コロイド粒子が光を散乱し，光の通路が輝いて見える現象。

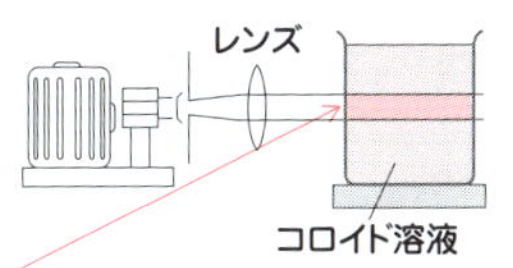

❸ **ブラウン運動**

周囲の溶媒分子などがコロイド粒子に衝突するために起こるコロイド粒子の不規則な運動のこと。限外顕微鏡で観察できる。

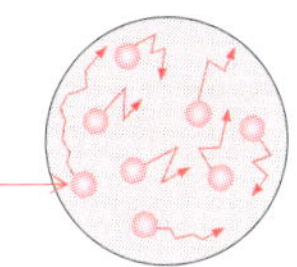

❹ **電気泳動**

ウ

コロイド粒子の表面電荷と反対符号の極に向かって移動する。

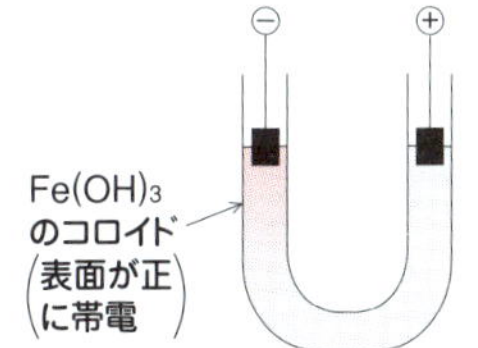

❺ **凝析と塩析**

イ

コロイド溶液に塩を適当量加えると沈殿が生じる。

疎水コロイドを含む水溶液に塩を少量加えて沈殿させることを凝析，親水コロイドを含む水溶液に多量の塩を加えて沈殿させることを塩析という。

名称	コロイド	加える塩の量	沈殿する理由
凝析	疎水コロイド	少	表面電荷による反発を小さくする
塩析	親水コロイド	多	表面の水和水の除去

答　ア：透析　　イ：塩析　　ウ：電気泳動

第6章　化学反応とエネルギー

熱化学方程式

1回目　月　日
2回目　月　日

次の(1)～(3)にあてはまる熱化学方程式を書け。ただし，水が生じるときは液体として扱う。

(1)　炭素(固)と酸素(気)から二酸化炭素(気)が1molを生じるときの発熱量は394kJである。

(2)　水素(気)と酸素(気)から水が1mol生じるときの発熱量は286kJである。

(3)　メタン(気)1molが完全に燃えるときの発熱量は892kJである。

(岩手大)

化学反応式に出入りする熱量を書きこんだものを**熱化学方程式**(ねつかがくほうていしき)という。熱化学方程式を書くときは，次のPointのような手順にしたがうとよい。

Point　熱化学方程式の書き方

❶ 化学反応式を書く。ただし，係数は各物質の物質量〔mol〕を表すようにする。

❷ 化学式には(固)，(液)，(気)などの状態をならべて書く。

❸ 熱量を，発熱反応は「＋」，吸熱反応は「－」の符号をつけて，「kJ」(キロジュール)などの単位とともに，右辺(生成物側)に書く。

❹ 化学反応式の「矢印 ⟶ 」を「等号 ＝」に置き換える。

熱化学方程式は，左辺のエネルギーと右辺のエネルギーが等しいことを表している。

(1)　Pointの手順にしたがって書くと，次のようになる。1molのときは係数の1は省略してよい。

C(固) + O_2(気) = CO_2(気) + 394kJ

この式は，

「C(固)1molのもつエネルギーとO_2(気)1molのもつエネルギーの和は，CO_2(気)1molのもつエネルギーと394kJの熱量の和に等しい」

ということを表している。

(2) 化学反応式で表すと，次のようになる。

$$2H_2 + O_2 \longrightarrow 2H_2O$$

今回は，水が1mol生じるので，右辺のH_2Oの係数が1になるように両辺を$\frac{1}{2}$倍して，(1)と同様に書けばよい。

H_2(気) + $\frac{1}{2}O_2$(気) = H_2O(液) + 286kJ

(3) 完全に燃(も)える(完全燃焼(かんぜんねんしょう))とは，とくに指示がなければ，酸素O_2と反応し，反応物中の「炭素原子は二酸化炭素CO_2の中に」，「水素原子は水H_2Oの中に」反応後は含まれるとしてよい。

化学反応式で表すと，次のようになる。

$$CH_4 + 2O_2 \longrightarrow CO_2 + 2H_2O$$

$C \longrightarrow CO_2$

$4H \longrightarrow H_2O \times 2$

(1)，(2)同様，**Point**の手順にしたがって書くと，次のようになる。

CH_4(気) + $2O_2$(気) = CO_2(気) + $2H_2O$(液) + 892kJ

(1) C(固) + O_2(気) = CO_2(気) + 394kJ

(2) H_2(気) + $\frac{1}{2}O_2$(気) = H_2O(液) + 286kJ

(3) CH_4(気) + $2O_2$(気) = CO_2(気) + $2H_2O$(液) + 892kJ

反応熱

☑ 1回目 月 日
☑ 2回目 月 日

次の(1)〜(5)に示す熱化学方程式は，反応の熱的関係を示している。それぞれの熱化学方程式が表す反応熱の種類を，下のⓐ〜ⓓから選び記号で答えよ。

(1) CH_4(気) ＋ $2O_2$(気) ＝ CO_2(気) ＋ $2H_2O$(液) ＋ 891.5 kJ

(2) NaCl(固) ＋ aq ＝ NaClaq － 3.88 kJ

(3) $2H_2$(気) ＋ C(黒鉛) ＝ CH_4(気) ＋ 74.5 kJ

(4) HClaq ＋ NaOHaq ＝ NaClaq ＋ H_2O(液) ＋ 56.5 kJ

(5) 2C(黒鉛) ＋ H_2(気) ＝ C_2H_2(気) － 228 kJ

ⓐ 生成熱　ⓑ 中和熱　ⓒ 燃焼熱　ⓓ 溶解熱

（福岡工業大）

反応熱には，反応の種類によって分類され決まった名称をもつものがある。

Point 反応熱

名称	定義内容
生成熱	化合物1 molが構成成分の元素の単体から生成するときに生じる熱。吸熱のときは「－（マイナス）」をつける
燃焼熱	物質1 molが完全に燃焼するときに生じる熱
溶解熱	物質1 molが多量の溶媒(水の場合はaqと記す)に溶けて，溶液(水溶液の場合は化学式にaqをそえる)になるときに生じる熱。吸熱のときは「－（マイナス）」をつける
中和熱	酸と塩基が反応(p.52参照)して，水1 molが生成するときに生じる熱

(1) メタン CH_4(気)の燃焼熱：891.5 kJ/mol

CH_4(気) ＋ $2O_2$(気) ＝ CO_2(気) ＋ $2H_2O$(液) ＋ 891.5 kJ

(2) 塩化ナトリウムNaCl(固)の溶解熱：－3.88 kJ/mol

NaCl(固) ＋ aq ＝ NaClaq － 3.88 kJ

「大量の水」を表す　「水溶液」を表す　マイナスの発熱＝吸熱

(3) メタン CH_4(気)の生成熱：74.5kJ/mol

$$2H_2(気) + C(黒鉛) = 1CH_4(気) + 74.5kJ$$

成分元素の単体
C ⟶ C(黒鉛)
H × 4 → H_2(気) × 2

(4) 中和熱：56.5kJ/mol

$$HClaq + NaOHaq = NaClaq + 1H_2O(液) + 56.5kJ$$

「aq」は水溶液を表す

(5) アセチレン C_2H_2(H−C≡C−H)の生成熱：−228kJ/mol

$$2C(黒鉛) + H_2(気) = 1C_2H_2(気) - 228kJ$$

成分元素の単体
C × 2 → 2C(黒鉛)
H × 2 → H_2(気)

マイナスの発熱
＝吸熱

答 (1) ⓒ (2) ⓓ (3) ⓐ (4) ⓑ (5) ⓐ

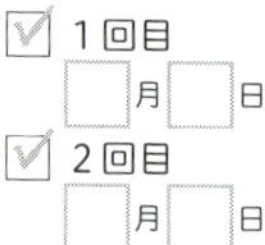

結合エネルギー

共有結合を切るために必要なエネルギーを結合エネルギーといい，気体分子内の結合1molあたりの値で示す。例えば，水素分子のH−Hの結合エネルギーは436kJ/molである。したがって，水素分子1molを水素原子2molに解離するには436kJが必要となる。

次表の結合エネルギーの値を用いて，HCl(気)の生成熱A〔kJ/mol〕を求めよ。

結　合	結合エネルギー〔kJ/mol〕
H−H	436
Cl−Cl	243
H−Cl	432

（九州産業大）

HCl(気)の生成熱A〔kJ/mol〕とは，HCl(気)1molを，その成分元素の単体，すなわち0.5molのH_2(気)と0.5molのCl_2(気)から合成したときに生じる熱がA〔kJ〕であることを表している。

$$\frac{1}{2}H_2(気) + \frac{1}{2}Cl_2(気) = HCl(気) + A〔kJ〕 \quad \cdots①$$

表に与えられている**結合エネルギー**とは，問題文にあるとおり，**気体分子内の共有結合1molを均等に切断するのに必要なエネルギー**を意味し，吸熱量を表している。

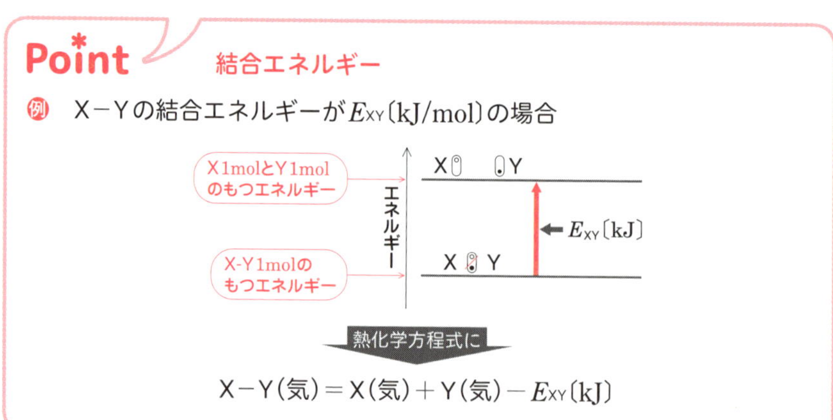

一般に，

反応熱は，反応の経路（けいろ）によらず，反応のはじめの状態と終わりの状態で決まる。

これをヘスの法則という。これを利用してAの値を求める。

①式をエネルギー図で表すと，(左辺)＝(右辺)＋A〔kJ〕なので，

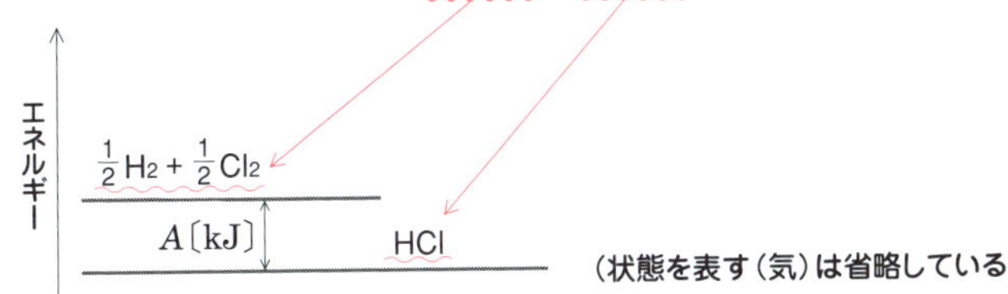

となり，はじめと終わりのエネルギー差を求めるために，適当な反応経路を設定する。

表に，結合エネルギーの値が与えられているので，1molのH(気)と1molのCl(気)のもつエネルギーを上図に書き加える。このとき，結合エネルギーを吸収したあとの高いエネルギー状態なので，図の上のほうに書くとよい。

エネルギー
H ＋ Cl
$\frac{1}{2}$H-H ＋ $\frac{1}{2}$Cl-Cl
$E_{左}$〔kJ〕
$E_{右}$〔kJ〕
A〔kJ〕
H-Cl

上図の$E_{左}$〔kJ〕は$\frac{1}{2}$molのH−H結合と$\frac{1}{2}$molのCl−Cl結合を切断するのに必要なエネルギーを表しているので，表の値より，

$$E_{左} = 436〔\text{kJ/mol}〕\times\frac{1}{2}〔\text{mol}〕+243〔\text{kJ/mol}〕\times\frac{1}{2}〔\text{mol}〕=339.5〔\text{kJ}〕$$

また，上図の$E_{右}$〔kJ〕は1molのH−Cl結合を切断するのに必要なエネルギーを表しているので，表の値より，

$$E_{右} = 432〔\text{kJ/mol}〕\times 1〔\text{mol}〕=432〔\text{kJ}〕$$

ヘスの法則より，

A〔kJ〕＋$E_{左}$〔kJ〕＝$E_{右}$〔kJ〕 なので，

$A = E_{右} - E_{左} = 432$〔kJ〕-339.5〔kJ〕$=92.5$〔kJ〕 となる。

92.5kJ/mol

ダニエル電池

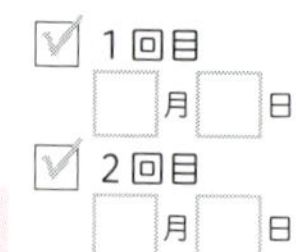

右図のように，硫酸銅(Ⅱ)水溶液に銅板を入れ，また硫酸亜鉛水溶液に亜鉛板を入れ，両方の水溶液を素焼き板で隔てた電池をダニエル電池という。(1)～(5)に答えよ。

A
素焼き板
亜鉛板
銅板
硫酸亜鉛水溶液
硫酸銅(II)水溶液

(1)　どちらの金属が正極か。電極の金属名で答えよ。

(2)　電極の放電によって，亜鉛板および銅板の重さはどうなるか。

(3)　両極の溶液の濃度が，次の(a)，(b)の場合，電流の流れが大きいのはどちらか。記号で答えよ。

　(a)　1.0 mol/L硫酸亜鉛水溶液と0.1 mol/L硫酸銅(Ⅱ)水溶液

　(b)　0.1 mol/L硫酸亜鉛水溶液と1.0 mol/L硫酸銅(Ⅱ)水溶液

(4)　銅板で起こる反応をイオン反応式で示せ。

(5)　亜鉛板で起こる反応をイオン反応式で示せ。

（大阪歯科大）

酸化還元反応によって放出されるエネルギーを電気エネルギーの形で取り出す装置を電池(でんち)という。電池では，還元剤として作用する負極活物質が電子を放出し，酸化剤として作用する正極活物質が電子を吸収することによって，放電する。

代表的な電池であるダニエル電池は，**亜鉛Zn板を浸した硫酸亜鉛$ZnSO_4$水溶液と銅Cu板を浸した硫酸銅(Ⅱ)$CuSO_4$水溶液が素焼き板(すやきばん)などで仕切られた構造**をもつ。

亜鉛Znは銅Cuよりもイオン化傾向が大きい(陽イオンになりやすい)ので，還元剤であるZnがZn^{2+}になるとともに，亜鉛板から銅板に向かって電子e^-が流れる。この流れてくるe^-を銅板の表面上で酸化剤であるCu^{2+}が受けとって銅Cuが析出する。

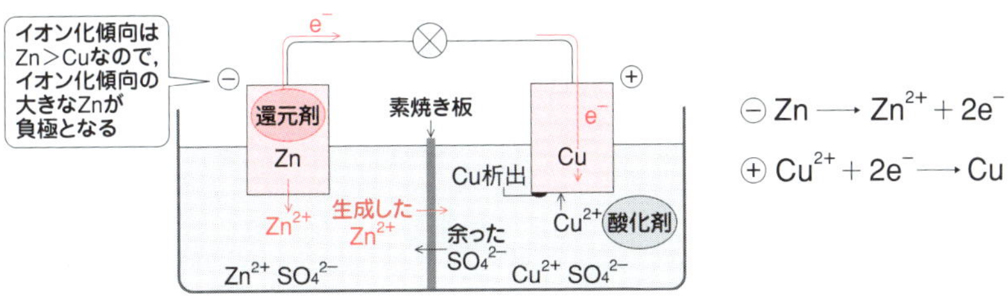

(1)　e^- は負極から正極に移動するので，銅板が正極となる。

(2)　亜鉛板は Zn^{2+} となり溶解して軽くなる。銅板はCuが析出するために重くなる。

(3)　硫酸亜鉛水溶液の濃度を小さくするとZnが Zn^{2+} になりやすくなり，硫酸銅(II)水溶液の濃度を大きくすると Cu^{2+} がCuになりやすくなるため，電流の流れが大きくなる。

よって，(a)よりも硫酸亜鉛水溶液の濃度が小さく，硫酸銅(II)水溶液の濃度が大きな(b)が答えとなる。

(4)　Cu^{2+} が e^- を受けとりCuが析出する。

(5)　Znが e^- を放出し，Zn^{2+} となって溶け出す。

Point　電池

電池とは，還元剤と酸化剤を空間的に分離して導線で接続した装置。

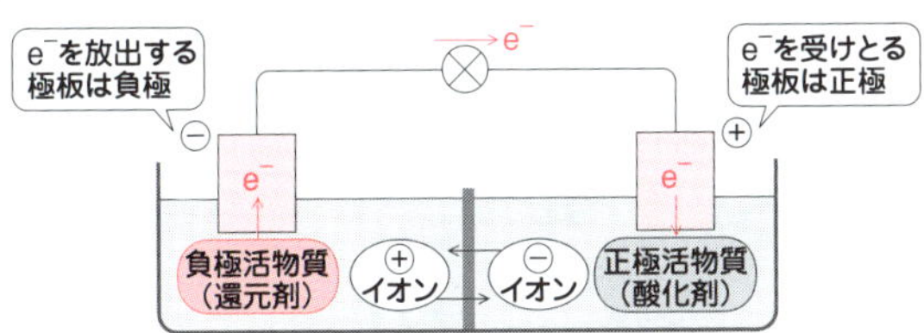

放電時は

⊖極：還元剤（イオン化傾向の大きな金属など）が e^- を放出する
⊕極：酸化剤が e^- を受けとる

の反応が起こっている。

素焼き板は，2つの水溶液が混合することを防ぎながら，⊕イオンや⊖イオンを通すことで電気的に接続している。

(1)　銅　(2)　亜鉛板：軽くなる　銅板：重くなる　(3)　(b)
(4)　$Cu^{2+} + 2e^- \longrightarrow Cu$　(5)　$Zn \longrightarrow Zn^{2+} + 2e^-$

鉛蓄電池

1回目 月 日
2回目 月 日

次の文章を読み，文中の□にあてはまる適当な語句または化学式を答えよ。

鉛蓄電池は，希硫酸に負極として ア ，正極として イ を浸した電池である。放電することにより，両極とも水に溶けにくい白色の ウ で覆われる。放電後の鉛蓄電池に放電のときとは逆向きに電流を流すと，負極を覆っている ウ は ア に，正極を覆っている ウ は イ になる。この操作は エ とよばれ，放電と エ を繰り返して使える電池を蓄電池あるいは オ とよぶ。

（東京学芸大）

鉛蓄電池（なまりちくでんち）とは，**鉛 Pb と酸化鉛(Ⅳ) PbO_2 の極板を希硫酸に浸して導線で結んだ電池**のこと。

鉛蓄電池は，還元剤である鉛 Pb（ア）が負極，酸化剤である酸化鉛(Ⅳ) PbO_2（イ）が正極となる。放電させe^-が流れると，Pb や PbO_2 がともに Pb^{2+} に変化する。ここで生成した Pb^{2+} は希硫酸中の $SO_4{}^{2-}$ と結びつき，

$$Pb^{2+} + SO_4{}^{2-} \longrightarrow PbSO_4$$

の反応により，水に溶けにくい白色の硫酸鉛(Ⅱ) $PbSO_4$（ウ）が生成し，極板の表面が $PbSO_4$ で覆われる。

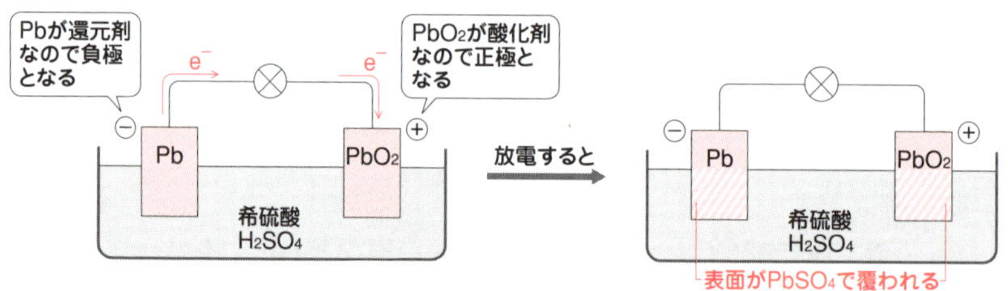

⊖極では，Pb が Pb^{2+} に変化し，希硫酸中の $SO_4{}^{2-}$ と結びつくので，

$$
\begin{array}{lll}
 & Pb & \longrightarrow Pb^{2+} + 2e^- \quad \leftarrow Pb\text{は}Pb^{2+}\text{へ} \\
+) & Pb^{2+} + SO_4{}^{2-} & \longrightarrow PbSO_4 \quad \leftarrow Pb^{2+}\text{は}SO_4{}^{2-}\text{と結びつく} \\
\hline
\ominus\text{極} & Pb + SO_4{}^{2-} & \longrightarrow PbSO_4 + 2e^-
\end{array}
$$

⊕極では，PbO_2 も Pb^{2+} に変化し，希硫酸中の SO_4^{2-} と結びつくので，

$$
\begin{array}{llcl}
 & PbO_2 + 4H^+ + 2e^- & \longrightarrow & \cancel{Pb^{2+}} + 2H_2O \quad \leftarrow PbO_2 \text{ も } Pb^{2+} \text{ へ} \\
+) & \cancel{Pb^{2+}} + SO_4^{2-} & \longrightarrow & PbSO_4 \quad \leftarrow Pb^{2+} \text{ は } SO_4^{2-} \text{ と結びつく} \\
\hline
\oplus\text{極} & PbO_2 + 4H^+ + SO_4^{2-} + 2e^- & \longrightarrow & PbSO_4 + 2H_2O
\end{array}
$$

放電後の鉛蓄電池に放電のときとは逆向きに電流を流す(充電(じゅうでん) エ)と，放電時の逆反応が起こるため，

$$Pb + SO_4^{2-} \underset{\text{充電}}{\overset{\text{放電}}{\rightleftarrows}} PbSO_4 + 2e^-$$

$$PbO_2 + 4H^+ + SO_4^{2-} + 2e^- \underset{\text{充電}}{\overset{\text{放電}}{\rightleftarrows}} PbSO_4 + 2H_2O$$

負極を覆っている $PbSO_4$ は Pb に，正極を覆っている $PbSO_4$ は PbO_2 になる。放電と充電を繰り返して使える電池を蓄(ちく)電池あるいは 二次電池 オ とよぶ。

Point **鉛蓄電池**

鉛蓄電池　⊖Pb｜H_2SO_4aq｜PbO_2⊕　を放電すると，

$$
\begin{cases}
\ominus \quad Pb + SO_4^{2-} \longrightarrow PbSO_4 + 2e^- \\
\oplus \quad PbO_2 + 4H^+ + SO_4^{2-} + 2e^- \longrightarrow PbSO_4 + 2H_2O
\end{cases}
$$

となり，充電すればもとに戻る。

答　ア：鉛　または　Pb　　イ：酸化鉛(IV)　または　PbO_2
ウ：硫酸鉛(II)　または　$PbSO_4$　　エ：充電　　オ：二次電池

☑ 1回目 月 日
☑ 2回目 月 日

燃料電池

リン酸型の水素–酸素燃料電池で電流をとり出すとき，負極では水素が消費され，正極では酸素が消費される。この電池を回路につないで電流を流したところ，負極では水素が標準状態(0℃，1.01×10^5 Pa)に換算して465mL消費された。このとき，回路を流れた電気量〔C〕はいくらか。次の①～⑧のうちからもっとも近いものを1つ選べ。ただし，標準状態の気体のモル体積は22.4L/mol，ファラデー定数は9.65×10^4C/molとする。

① 1.0×10^3　② 2.0×10^3　③ 3.0×10^3
④ 4.0×10^3　⑤ 5.0×10^3　⑥ 6.0×10^3
⑦ 7.0×10^3　⑧ 8.0×10^3

(東京都市大)

還元剤として水素などの燃料(ねんりょう)と酸素などの酸化剤を外から連続的に供給し，反応によって生じるエネルギーを電気エネルギーとしてとり出す装置を**燃料電池**という。

Point 水素–酸素燃料電池(リン酸型)の模式図と反応

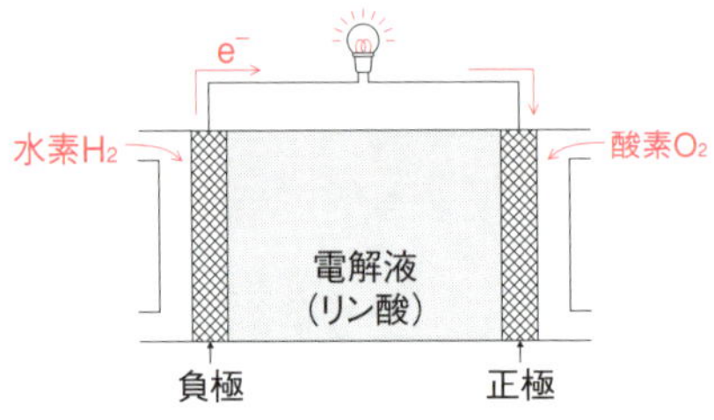

負極：$H_2 \longrightarrow 2H^+ + 2e^-$ …(i)
正極：$O_2 + 4H^+ + 4e^- \longrightarrow 2H_2O$ …(ii)
全体：(i)×2＋(ii)より，
$2H_2 + O_2 \longrightarrow 2H_2O$

負極ではPointの(i)の反応によってH_2が消費される。この反応によって負極から流れた電子の物質量n_{e^-}は次のように求められる。

$$n_{e^-} = \frac{465 \times 10^{-3}〔L〕}{22.4〔L/mol〕} \times \frac{2〔mol(e^-)〕}{1〔mol(H_2)〕} = 4.15\cdots \times 10^{-2}〔mol(e^-)〕$$

負極で消費したmol(H_2)

(i)よりH_2 1mol からe^- 2mol が生じる

ファラデー定数は，e^- 1molのもつ電気量で，問題文より9.65×10^4Cだから，

$$4.15 \times 10^{-2} \times \frac{9.65 \times 10^4〔C〕}{1〔mol(e^-)〕} = 4.00\cdots \times 10^3〔C〕$$

mol(e^-)

よって，④が正しい。

答 ④

電気分解と反応

1回目 月 日
2回目 月 日

次の文章を読み，文中の□に適切な電子を含むイオン反応式を書け。

濃度が0.01 mol/Lの硫酸水溶液の電気分解を，両極ともに白金電極を用いて行った。このとき，それぞれの電極で起こる化学反応は，

陽極：［ ア ］　　陰極：［ イ ］

（埼玉大）

電気エネルギーを用いて酸化還元反応を起こすことを電気分解（でんきぶんかい）という。水溶液の電気分解は，❶～❻の流れ作業で考える。

❶ **陽極と陰極を決定し，溶質（電解質）の電離と水H_2Oの電離を考える。**

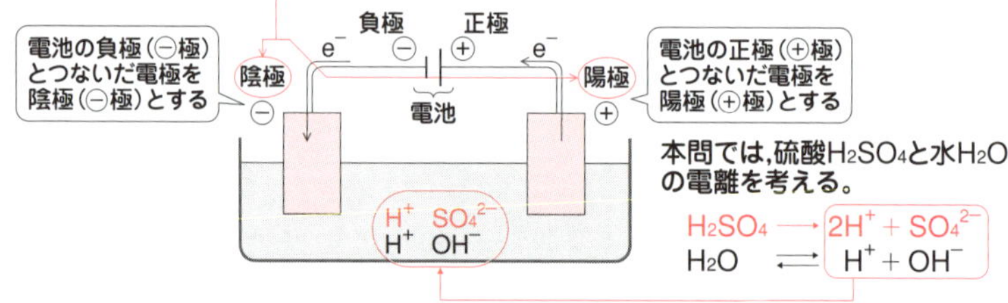
負極
正極
e^-
e^-
電池
電池の負極（⊖極）とつないだ電極を陰極（⊖極）とする
陰極
陽極
電池の正極（⊕極）とつないだ電極を陽極（⊕極）とする
H^+ SO_4^{2-}
H^+ OH^-
本問では，硫酸H_2SO_4と水H_2Oの電離を考える。
$H_2SO_4 \longrightarrow 2H^+ + SO_4^{2-}$
$H_2O \rightleftarrows H^+ + OH^-$

❷ **水溶液の液性（酸性・中性・塩基性）を調べる。**

本問の場合，硫酸水溶液を使っているので酸性とわかる。

陽極における反応式

❸ **陽極に使われている極板の種類をチェックする。**

❸₁ **陽極の極板がC，Pt，Au以外のときは，極板自身が溶ける。**

例 陽極にCu板を使っているとき ➡ $Cu \longrightarrow Cu^{2+} + 2e^-$

❸₂ **陽極の極板がC，Pt，Auの場合，水溶液中の陰イオンを探す。**

(a) Cl^-を見つけたら ➡ $2Cl^- \longrightarrow Cl_2 + 2e^-$ と書く。

(b) Cl^-が見つからなければ ➡ $4OH^- \longrightarrow O_2 + 2H_2O + 4e^-$ と書く。

→本問の場合はコレ!!

$4OH^-$の変化先は$O_2 + 2H_2O$と覚えよう!!

❹ **陽極でOH^-が反応しているとき，❷で調べた水溶液の液性（酸性・中性・塩基性）に合わせて反応式を調整する。**

(a) 塩基性の水溶液の場合 ➡ $4OH^- \longrightarrow O_2 + 2H_2O + 4e^-$ のままでOK。

(b) 酸性や中性の水溶液の場合 ➡ 両辺にH^+を加えてOH^-をH_2Oにする。

→本問の場合はコレ!!

OH⁻をH₂Oにするために，両辺に4H⁺を加える

$$4OH^- \longrightarrow O_2 + 2H_2O + 4e^-$$
$$4H^+ \qquad\qquad 4H^+ \quad (+$$

まとめると…

$$4H_2O \longrightarrow O_2 + 2H_2O + 4H^+ + 4e^-$$ 答

$2H_2O$

H_2Oは左辺に2個余る

陰極における反応式

❺ 水溶液中の陽イオンを探し，ふつうイオン化傾向の小さな陽イオンを反応させる。

小　イオン化傾向　大

$$Ag^+ > Cu^{2+} > H^+ > \cdots > Zn^{2+} > \cdots > Li^+$$

本問の場合，H^+のみが存在しているため，

$2H^+ + 2e^- \longrightarrow H_2$　となる。

❻ 陰極でH^+が反応しているとき，❷で調べた水溶液の液性（酸性・中性・塩基性）に合わせて反応式を調整する。

(a) 酸性の水溶液の場合 ➡ $2H^+ + 2e^- \longrightarrow H_2$ 答　のままでOK。

→本問の場合はコレ!!

(b) 中性や塩基性の水溶液の場合 ➡ 両辺にOH^-を加えてH^+をH_2Oにする。

H^+をH_2Oにするために，両辺に$2OH^-$を加える

$$2H^+ + 2e^- \longrightarrow H_2$$
$$2OH^- \qquad\qquad 2OH^- \quad (+$$

まとめると…

$$2H_2O + 2e^- \longrightarrow H_2 + 2OH^-$$

完成!!

Point　電気分解

水溶液の電気分解は，❶～❻の流れ作業でマスターしよう。陽極は，極板の種類をチェックすることを忘れない!!

注 水溶液でなく，塩を融解し液体状態にして行う溶融塩電解（ようゆうえんでんかい）（融解塩電解（ゆうかいえん））の場合も，ふつう陰極でイオン化傾向の小さな陽イオンから還元されると考えるとよい。

ア：$2H_2O \longrightarrow O_2 + 4H^+ + 4e^-$　イ：$2H^+ + 2e^- \longrightarrow H_2$

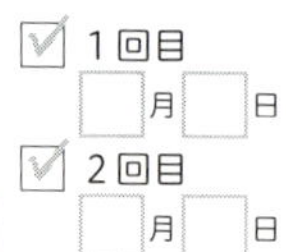

問題071 電気分解の計算(1)

白金板を電極として，水酸化ナトリウム水溶液を電気分解すると，以下の反応が起こる。次の(1)～(3)の答えを下の①～⑩から選べ。

陽極　$4OH^- \longrightarrow 2H_2O + O_2 + 4e^-$
陰極　$2H_2O + 2e^- \longrightarrow H_2 + 2OH^-$

(1)　電子を4mol流すと，発生する酸素は何molか。

(2)　陽極に酸素が0.2mol発生した場合，流れた電子は何molか。

(3)　(2)のときに，陰極で発生した水素は何molか。

① 0.1　② 0.2　③ 0.3　④ 0.4　⑤ 0.5
⑥ 0.6　⑦ 0.7　⑧ 0.8　⑨ 0.9　⑩ 1

(神奈川工科大)

(1)　酸素O_2は陽極で発生する。陽極の反応式から，電子e^- 4molが流れるとO_2 1 molが発生する。

(2)　陽極の反応式から，O_2 1molが発生した場合，電子e^- 4molが流れることがわかり，0.2molのO_2が発生したので，

$$\underset{O_2\text{[mol]}}{0.2} \times \frac{4}{1} = 0.8\text{[mol]}$$

e⁻[mol]

のe^-が流れたことがわかる。

(3)　陰極の反応式から，e^- 2molが流れるとH_2 1molが発生することがわかり，(2)よりe^-が0.8mol流れたので，

$$\underset{e^-\text{[mol]}}{0.8} \times \frac{1}{2} = 0.4\text{[mol]}$$

H₂[mol]

のH_2が発生したことがわかる。

(1)　⑩　　(2)　⑧　　(3)　④

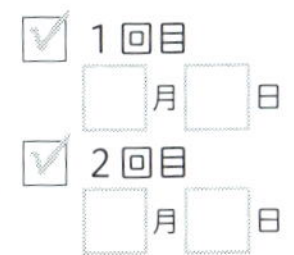

電気分解の計算(2)

次の(1)，(2)の文章を読み，文中の［ア］，［イ］に適する反応式を書き，［ウ］～［カ］には数値を入れよ。ただし，ファラデー定数は96500C/molとする。

(1) 硝酸銀水溶液に，2本の白金電極を用いて電流を流した。陽極では［ア］，陰極では［イ］の反応が起こる。

(2) 2.00アンペアの電流を32分10秒流したとき，発生した気体の量は標準状態で［ウ］.［エ］［オ］［カ］Lである。 (川崎医科大)

(1) 各極で次の反応が起こる。

$Ag^+NO_3^-$
(H^+OH^-)
AgNO₃水溶液は塩基性ではない

⊕(Pt) $4OH^- \longrightarrow O_2 + 2H_2O + 4e^-$ ←Cl⁻は見つからないので
↑極板チェック　$4H^+$　　$4H^+$ ←塩基性ではないので
$2H_2O \longrightarrow O_2 + 4H^+ + 4e^-$

⊖(Pt) $Ag^+ + e^- \longrightarrow Ag$ ←イオン化傾向が小さな陽イオンが反応する

(2)

Point ファラデー定数96500C/mol，アンペア〔A〕は（mol：e^- 1molあたりを表している）

$A = \dfrac{C}{秒}$ と表せるので，

一定量の電流I〔A〕を一定時間t〔秒〕間流したときに流れた電子e^-の物質量〔mol〕は，

$$\frac{I〔C〕}{1〔秒〕} \times t〔秒〕 \times \frac{1〔mol〕}{96500〔C〕}$$

気体は陽極のみで発生し，e^- 4molあたりO_2が1mol発生することがわかり，**Point**から，

$$2.00 \times 1930 \times \frac{1}{96500} \times \frac{1}{4} \times 22.4 = 0.224〔L〕$$ となる。

（2.00：〔A〕，1930：〔C〕… 32分10秒＝1930秒より，$\frac{1}{96500}$：e^-〔mol〕，$\frac{1}{4}$：O_2〔mol〕，22.4：O_2〔L〕… 標準状態で1mol＝22.4Lより）

ア：$2H_2O \longrightarrow O_2 + 4H^+ + 4e^-$　イ：$Ag^+ + e^- \longrightarrow Ag$
ウ：0　エ：2　オ：2　カ：4

第7章 反応速度と化学平衡

問題073 反応速度

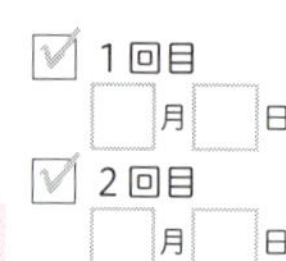

ある反応について，反応速度に与える濃度，温度の効果を調べた。得られた結果を次のⓐ，ⓑに示す。下の(1)，(2)に答えよ。

ⓐ　反応物の濃度を低くすると反応は遅くなった。

ⓑ　温度を変えると反応の速さは変化した。

(1)　ⓐの理由を説明せよ。

(2)　ⓑで温度を低くすると，この反応の速さはどう変化するか。

（琉球大）

解説　反応速度は，**単位時間あたりの物質の濃度の変化量**である。

Point　反応速度の定義

$$反応速度 = \frac{反応時間内での物質の濃度の変化量}{反応時間}$$

(1)　反応物の濃度を大きくし，粒子の衝突回数が増えると，反応する確率が上がり，反応速度は大きくなる。

(2)　一般に，反応は，**エネルギー的に高い不安定な状態**(活性化状態（かっせいか）または遷移状態（せんい）)を経て起こるため，**反応が起こるには一定のエネルギー**(活性化エネルギー)が必要となる。温度を上げると，このエネルギーより大きな運動エネルギーをもつ分子の割合が増えるので，反応速度は大きくなる。

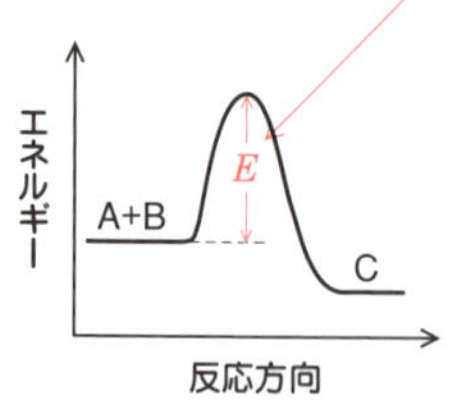

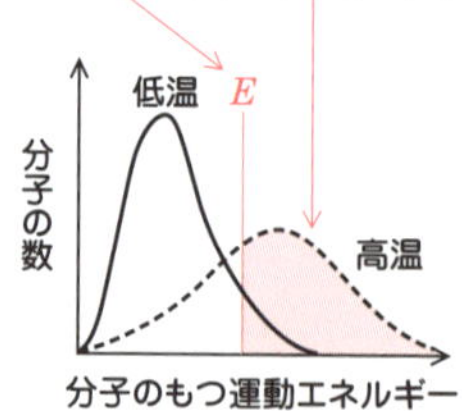

答　(1)　反応物粒子の衝突回数が減少するから。　(2)　遅くなる。

反応速度式(1)

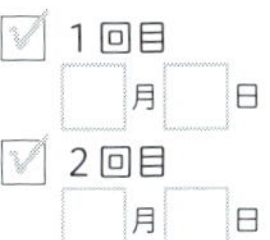

水溶液中の過酸化水素は，常温では非常にゆっくり分解するが，少量の Fe^{3+} や酸化マンガン(Ⅳ)が存在すると，激しく分解する。この反応で Fe^{3+} や酸化マンガン(Ⅳ)は触媒としてはたらく。

過酸化水素の分解反応では，反応の速さ v は過酸化水素濃度に比例し，$v=k[H_2O_2]$ と表される。この式は反応速度式，比例定数 k は反応速度定数といわれる。一般に k は温度が上がるとともに値が大きくなる。

H_2O_2 水溶液中に少量の塩化鉄(Ⅲ)を加え，常温で H_2O_2 の濃度変化を測定したところ，右表の結果が得られた。1分ごとの反応の速さを mol/(L·min) 単位で，H_2O_2 の平均濃度を mol/L 単位で，また1分ごとの k の値を 1/min 単位で求め，有効数字2桁で答えよ。

時間〔min〕	H_2O_2 濃度〔mol/L〕
0	0.650
1	0.596
2	0.546
3	0.502

（日本女子大）

化学反応

$$aA + bB \xrightarrow{v} cC \quad (a,\ b,\ c \text{は係数})$$

では，反応速度 v は次の Point のように表せる。

Point 反応速度式

$$v=k[A]^x[B]^y \quad （[\quad]は各物質のmol/L単位で表される量）$$

k は反応速度定数といい，温度によって変化する。（x や y についてはp.123 問題075 参照。）

今回の過酸化水素 H_2O_2 の分解は，次の反応式で表される。

$$2H_2O_2 \longrightarrow O_2 + 2H_2O$$

反応速度 v は問題文より，$v=k[H_2O_2]$ と表される。そこで，平均の濃度 $\overline{[H_2O_2]}$ と平均の反応速度 $\bar{v}$ を用いても，$\bar{v}=k\overline{[H_2O_2]}$ と表すことができ，k は，

$k = \dfrac{\overline{v}}{\overline{[H_2O_2]}}$ によって求められる。また，$\overline{[H_2O_2]}$ と $\overline{v}$ は次のPointのように求められる。

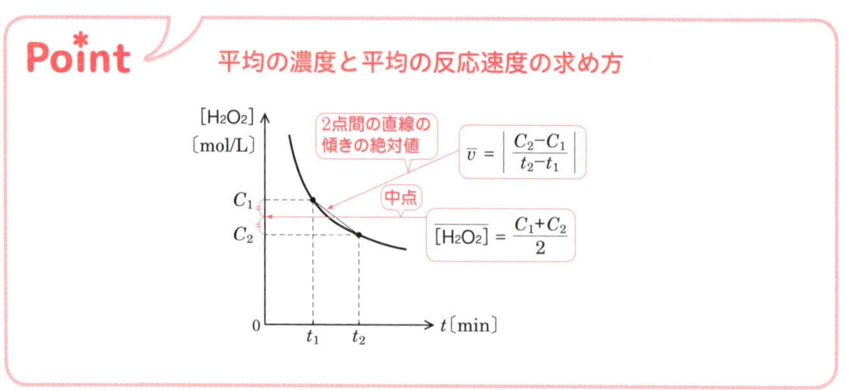

そこで，表の値より，

t〔min〕	$\overline{v}$〔mol/(L·min)〕	$\overline{[H_2O_2]}$〔mol/L〕	k〔1/min〕
0～1	$\left\vert \dfrac{0.596 - 0.650}{1 - 0} \right\vert$ $= 0.054$	$\dfrac{0.596 + 0.650}{2}$ $= 0.623$	$\dfrac{0.054}{0.623}$ 7 $= 0.0866\cdots$
1～2	$\left\vert \dfrac{0.546 - 0.596}{2 - 1} \right\vert$ $= 0.050$	$\dfrac{0.546 + 0.596}{2}$ $= 0.571$	$\dfrac{0.050}{0.571}$ 8 $= 0.0875\cdots$
2～3	$\left\vert \dfrac{0.502 - 0.546}{3 - 2} \right\vert$ $= 0.044$	$\dfrac{0.502 + 0.546}{2}$ $= 0.524$	$\dfrac{0.044}{0.524}$ 4 $= 0.0839\cdots$

多少の誤差はあるが，k の値は0.08程度となり，ほぼ一定である。

答　上記の表中の値参照。

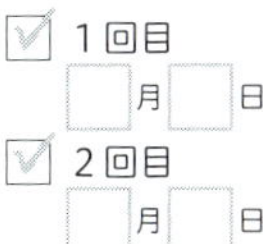

反応速度式(2)

AとBを反応物とする反応がある。実験の結果，この反応の一定温度での反応速度vは，AおよびBの濃度を[A]，[B]，反応速度定数をkとすると次のように表された。

$$v = k[A]^a[B]^b$$

ここで，Aの濃度をもとの2倍にすると，反応速度はもとの4倍になり，Bの濃度をもとの2倍にすると，反応速度はもとの2倍となった。AおよびBの濃度をもとの3倍にすると，反応速度はもとの何倍になるか。

（産業医科大）

Point 反応速度式の次数

$$A + B \xrightarrow{v} C$$

$v = k[A]^x[B]^y$ の次数xやyは，実験で求める。

$v = k[A]^a[B]^b$で，[A]が2倍になると，vが4倍$=2^2$倍となるので，$a=2$であり，[B]が2倍になると，vが2倍$=2^1$倍となるので，$b=1$である。

そこで反応速度式は，$v = k[A]^2[B]$ と表される。

Aの濃度を[A]から3[A]，Bの濃度を[B]から3[B]としたときの反応速度をv'とすると，

$$\begin{aligned} v' &= k(3[A])^2(3[B]) \\ &= 27k[A]^2[B] \\ &= 27v \end{aligned}$$

となる。

27倍

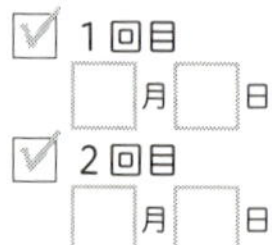

半減期

炭素の同位体 ${}^{14}_{6}\mathrm{C}$ は，β線を出しながら壊変し約5700年で半減する放射性同位体である。ある地層から出土した木片の中の ${}^{14}_{6}\mathrm{C}$ の存在比が現在の12.5%であるとき，この木片の木が生存していたのは約何年前だと推定できるか。

（南山大）

放射性同位体は，半減期(T)が経つごとに半分の量になる。${}^{14}_{6}\mathrm{C}$ では，T＝約5700年 である。

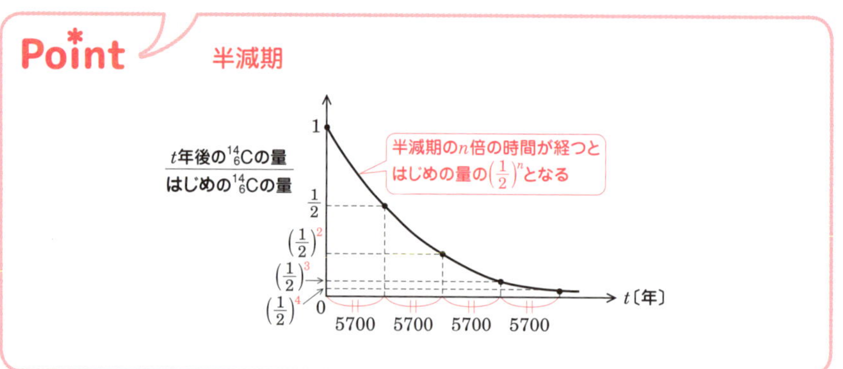

${}^{14}_{6}\mathrm{C}$ は，一般には宇宙線などによって再生産され，大気中で一定の割合となっている。また，光合成を通して植物中でも ${}^{14}_{6}\mathrm{C}$ は一定の割合を保っている。しかし，死んで光合成が止まると植物に含まれる ${}^{14}_{6}\mathrm{C}$ はβ線を出しながら壊変する。

そこで，${}^{14}_{6}\mathrm{C}$ の量が12.5%，すなわち，$\dfrac{12.5}{100}=\dfrac{1}{8}=\left(\dfrac{1}{2}\right)^3$ まで減少している木片は，約$5700\times3=17100$年前に死んだ木のものと考えられる。

答　約17100年前

1回目 月 日
2回目 月 日

触媒

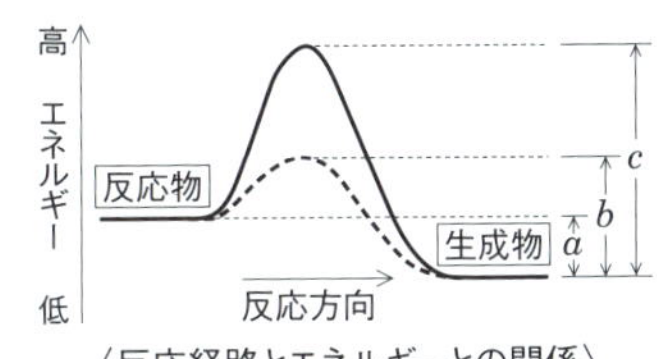

〈反応経路とエネルギーとの関係〉

触媒を用いると，活性化エネルギーがより小さい経路で反応が進むため，反応速度は大きくなる。

右図は，ある反応について，触媒がある場合とない場合の反応経路とエネルギーの関係を示している。次の(1)～(4)を図中のa～cを用いて表せ。

(1) 触媒がない場合の活性化エネルギー
(2) 触媒がある場合の活性化エネルギー
(3) 触媒がない場合の反応熱
(4) 触媒がある場合の反応熱

（鳥取大）

触媒（しょくばい）とは，**反応の前後でそれ自体は変化しないが，反応速度を上げる物質**のことである。触媒がある場合，ない場合と比べて，より活性化エネルギーの小さな経路で反応が進むので，反応できる分子の割合が増える。そのため，反応速度が大きくなるのである。

なお，触媒を加えても，反応物と生成物のエネルギーの差は変化しないので，反応熱の大きさは変わらない。

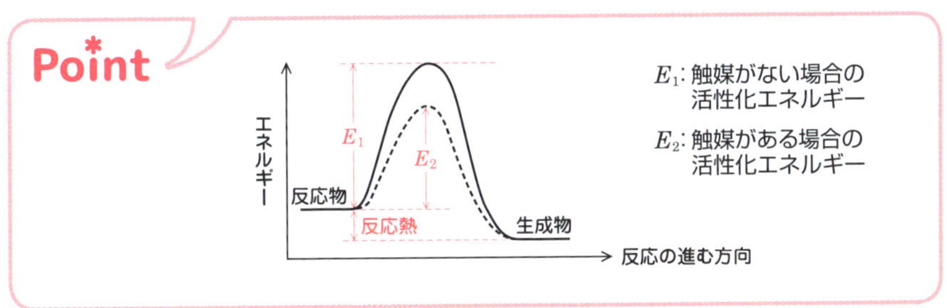

そこで，(1) 触媒がない場合の活性化エネルギー＝$c-a$
(2) 触媒がある場合の活性化エネルギー＝$b-a$
(3) 触媒がない場合の反応熱＝a
(4) 触媒がある場合の反応熱＝a

(1) $c-a$　(2) $b-a$　(3) a　(4) a

☑ 1回目　月　日
☑ 2回目　月　日

問題078 反応速度と化学平衡

次の文章を読み，下の(1)，(2)に答えよ。

密閉した容器にN_2O_4を入れて温度を一定に保ったとき，図1に示すように時間とともにN_2O_4は減少し，NO_2は増加する。時間t_e以後は各濃度は変化していない。この状態を［ア］という。この反応は，①式に示すように右向き(⟶)にも左向き(⟵)にも起こっているので，［イ］反応という。

$N_2O_4 \rightleftarrows 2NO_2$　…①

この反応の速さの時間変化を図2に示す。右向き(⟶)の反応の速さを正反応の速さ(v_1)，左向き(⟵)の反応の速さを逆反応の速さ(v_2)とすると，v_2は図2中の曲線［ウ］で表される。

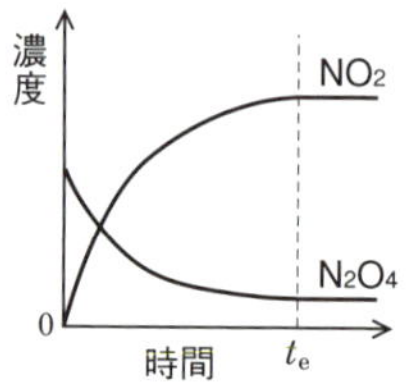

〈図1 N_2O_4とNO_2の濃度の時間変化〉

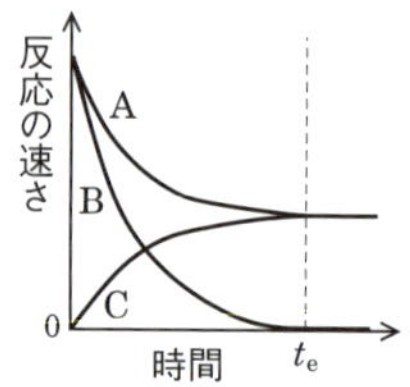

〈図2 反応の速さの時間変化〉

(1) 文中の［　］に適切な語句または記号を入れよ。

(2) 時間t_e以後，速度の差($v_1 - v_2$)はどうなるか。次のⓐ～ⓒから1つ選び記号で答えよ。

ⓐ $v_1 - v_2 > 0$　ⓑ $v_1 - v_2 = 0$　ⓒ $v_1 - v_2 < 0$

（九州産業大）

四酸化二窒素(しさんかにちっそ)N_2O_4は常温，常圧で無色の気体であり，時間とともに次のように分解し，赤褐色の二酸化窒素(にさんかちっそ)NO_2の気体が生じる。

$N_2O_4 \longrightarrow 2NO_2$

ただし，密閉容器中ではふたたびNO_2がN_2O_4となる逆(ぎゃく)向きの反応が起こる。

$2NO_2 \longrightarrow N_2O_4$

これを両矢印を用いて①式のように表し，［可逆(かぎゃく)］(イ)反応という。

$N_2O_4 \rightleftarrows 2NO_2$　…①

そして，**右向き**(⟶)を**正反応**(せい)，**左向き**(⟵)を**逆反応**という。

右向き(正反応)の反応速度 v_1 と左向き(逆反応)の反応速度 v_2 は次のようになる。

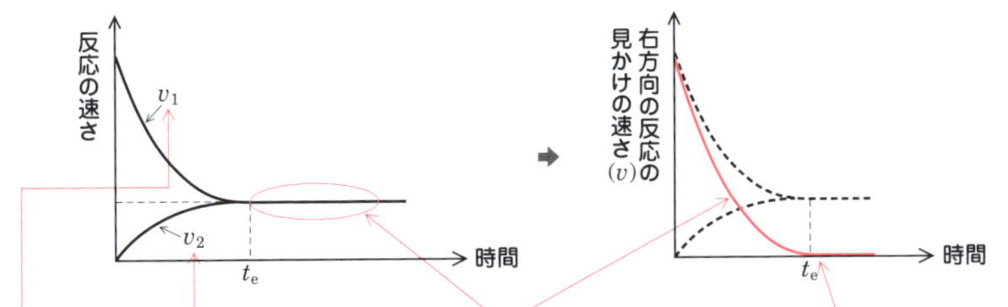

v_1(曲線A)は最初 N_2O_4 の濃度が高いので大きいが，N_2O_4 が減少するにつれて小さくなる。

v_2(曲線C)は最初 NO_2 が存在しないので0(ゼロ)であるが，N_2O_4 が NO_2 へと分解し NO_2 の濃度が高くなるので，大きくなる。

また，**見かけ上の右向きの速度 v は，正反応と逆反応の速度の差となり，$v=v_1-v_2$(曲線B)** と表される。**t_e 以後は，$v=0$ すなわち $v_1=v_2$($v_1-v_2=0$)となり，止まって見える**。これを化学平衡の状態(かがくへいこう)$_ア$という。

Point 化学平衡の状態

化学平衡の状態とは，正反応と逆反応の速度がつり合い，見かけ上反応は止まって見える状態である。

(1)　ア：化学平衡の状態(平衡状態)　　イ：可逆　　ウ：C

(2)　ⓑ

1回目 月 日
2回目 月 日

平衡定数

$$H_2(気) + I_2(気) \rightleftarrows 2HI(気)$$

で表される反応の平衡状態における平衡定数Kは，次式のように表される。

$$K = \frac{[HI]^2}{[H_2][I_2]}$$

容積3.0Lの容器に，水素とヨウ素を2.0molずつ入れて密閉し，一定温度に保って平衡状態に到達させたところ，ヨウ化水素が3.0mol生成した。このときの平衡定数Kの値を有効数字2桁で求めよ。

（東京理科大）

初期量からx〔mol〕のH_2が反応して，平衡状態になったとすると，H_2とI_2 1molずつ反応し，HIが2mol生じるので，x〔mol〕のH_2とI_2が減少すると$2x$〔mol〕のHIが生じ，平衡状態での各成分の物質量は次のように表せる。

	H_2(気)	$+ I_2$(気)	$\rightleftarrows$ 2HI(気)	
初期量	2.0	2.0	0	〔mol〕
変化量	$-x$	$-x$	$+2x$	〔mol〕
平衡量	$2.0-x$	$2.0-x$	$2x$	〔mol〕

平衡状態でHIは3.0mol生成しているので，

$$2x = 3.0$$

よって，$x = 1.5$

となり，H_2，I_2は平衡状態では，

$$\begin{cases} H_2 : 2.0 - x = 2.0 - 1.5 = 0.50〔mol〕 \\ I_2 : 2.0 - x = 2.0 - 1.5 = 0.50〔mol〕 \end{cases}$$

存在する。

そこで，平衡状態での単位体積あたりの物質量〔mol/L〕は次のようになる。

$$\left.\begin{aligned} [H_2] &= \frac{0.50〔mol〕}{3.0〔L〕} \\ [I_2] &= \frac{0.50〔mol〕}{3.0〔L〕} \\ [HI] &= \frac{3.00〔mol〕}{3.00〔L〕} \end{aligned}\right\} \cdots ①$$

Point　**化学平衡の法則（質量作用の法則）**

$$xA + yB + \cdots \rightleftarrows zC + wD + \cdots$$

（x，y，z，wは係数，A，B，C，Dは化学式）

の可逆反応が平衡状態にあるとき，

$$\frac{[C]^z[D]^w\cdots}{[A]^x[B]^y\cdots} = K$$

（[　　]は単位体積あたりの物質量やモル濃度を表す）

Kは**平衡定数**といい，温度が一定ならば一定の値となる。

したがって，①の値を代入すると，

$$K = \frac{[HI]^2}{[H_2][I_2]}$$

$$= \frac{\left(\frac{3.0}{3.0}\right)^2}{\left(\frac{0.50}{3.0}\right) \times \left(\frac{0.50}{3.0}\right)}$$

$$= \frac{3.0^2}{0.50 \times 0.50}$$

$$= 36$$

答　36

1回目　月　日
2回目　月　日

平衡移動とルシャトリエの原理

無色の四酸化二窒素N_2O_4が分解して，赤褐色の二酸化窒素NO_2になる気体反応は可逆反応であり，①式で表すことができる。

$$N_2O_4(気) \rightleftarrows 2NO_2(気) - 57.2\,kJ \quad \cdots ①$$

①式の反応が平衡状態にあるとき，次の(1)～(3)の操作を行った。このとき，平衡はどのように移動するか。下のⓐ～ⓒから1つ選び記号で答えよ。

〔操作〕
(1)　温度を一定に保ち，圧力を加える。
(2)　圧力を一定に保ち，加熱する。
(3)　温度と圧力を一定に保ち，触媒を加える。

〔平衡の移動〕
ⓐ　N_2O_4(気)の分解の方向に移動する。
ⓑ　N_2O_4(気)の生成の方向に移動する。
ⓒ　どちらにも移動しない。

（九州大）

可逆反応が平衡状態にあるときに，平衡状態をくずすような条件の変更を外から行うと，その影響をやわらげる方向に変化が進み，新しい平衡状態になる。これをルシャトリエの原理という。

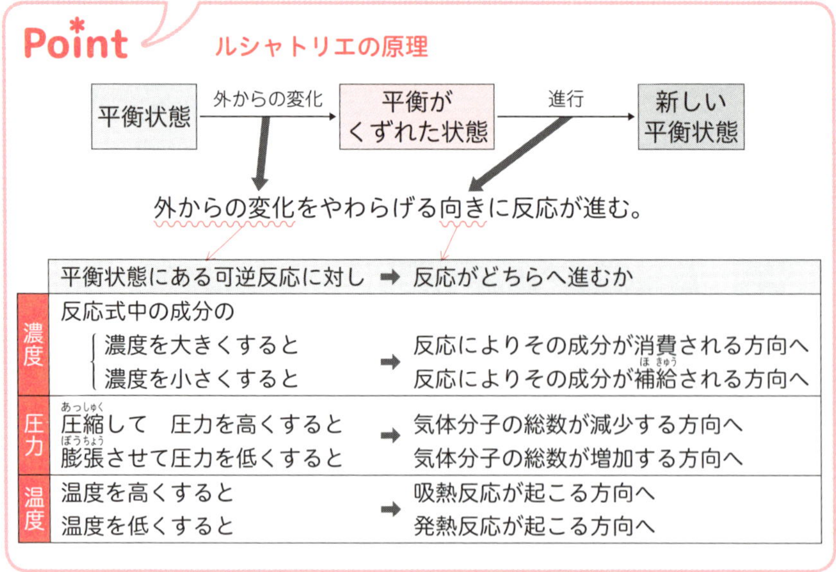

	平衡状態にある可逆反応に対し	➡	反応がどちらへ進むか
濃度	反応式中の成分の 濃度を大きくすると 濃度を小さくすると	➡	 反応によりその成分が消費される方向へ 反応によりその成分が補給（ほきゅう）される方向へ
圧力	圧縮（あっしゅく）して　圧力を高くすると 膨張（ぼうちょう）させて圧力を低くすると	➡	気体分子の総数が減少する方向へ 気体分子の総数が増加する方向へ
温度	温度を高くすると 温度を低くすると	➡	吸熱反応が起こる方向へ 発熱反応が起こる方向へ

(1) 温度を一定に保ち，圧力を加えて気体を圧縮すると，ルシャトリエの原理より，気体の分子数が減少する方向へ進み，新たな平衡状態となる。

右へ進むと N_2O_4 1分子が NO_2 2分子になり，逆に左に進むと NO_2 2分子が N_2O_4 1分子となるので，気体分子数が減少するのは左方向である。すなわちⓑの N_2O_4 が生成する方向に進む。

(2) 圧力を一定に保ち加熱すると，ルシャトリエの原理より，吸熱方向へ進み，新たな平衡状態となる。

今回は，右方向，すなわちⓐの N_2O_4 が分解する方向に進む。

(3) 触媒は反応速度を大きくし，平衡状態に達するまでの時間を短くするが，平衡状態での量は変化しない。よって，平衡状態で触媒を加えても，どちらにも平衡は移動しない。したがって，ⓒである。

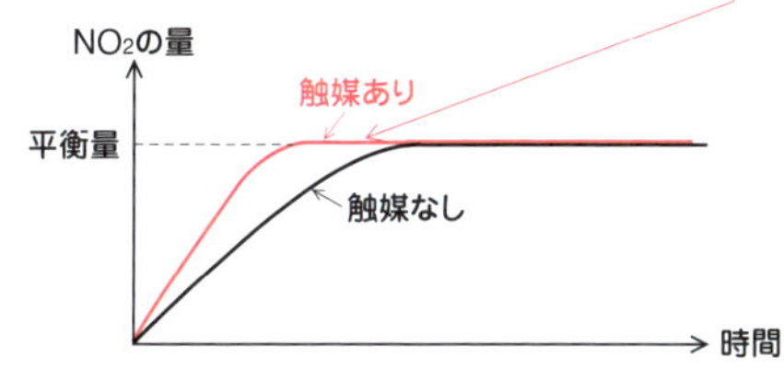

Point ルシャトリエの原理と触媒

触媒を加えても，平衡に達する時間が短くなるだけで，平衡状態での量は変化しない。

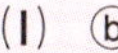

(1) ⓑ　(2) ⓐ　(3) ⓒ

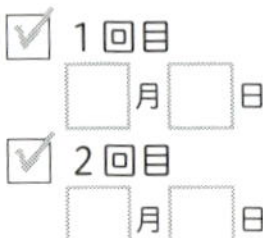

問題081 水のイオン積

次の文章を読み，文中の(　　)に適当な数値(有効数字2桁)，語句，式などを記入せよ。[　]は物質のモル濃度を表すものとする。原子量はH＝1.0，O＝16とする。

水分子H_2Oはごくわずかに電離しており，水素イオンH^+と水酸化物イオンOH^-を生じ，次のような電離平衡が成立している。

$$H_2O \rightleftarrows H^+ + OH^- \quad \cdots(ア)$$

(ア)式の電離定数Kは次のように表される。

$$K = \frac{(\ 1\ )}{[H_2O]} \quad \cdots(イ)$$

ここで，$[H_2O]$は一定とみなされるので，$K[H_2O]$は一定値となり，次の式が成り立つ。

$$K[H_2O] = (\ 1\ ) = K_w \quad \cdots(ウ)$$

K_wは，水の(　2　)とよばれ，25℃での値は，$1.0\times10^{-14}(mol/L)^2$であり，純水においては，$[H^+]$と$[OH^-]$が等しく，(　3　)mol/Lとなり，このときのpHは(　4　)である。また，水の密度を1.0g/mLとすると，純水1.0L中の水の物質量は(　5　)molである。

(富山県立大)

水は，ごくわずかに電離している。

$$H_2O \rightleftarrows H^+ + OH^- \quad \cdots(ア)$$

このとき，それぞれの分子やイオンのモル濃度〔mol/L〕を$[H_2O]$，$[H^+]$，$[OH^-]$とすると，水の電離における平衡定数(電離定数)は，

$$K = \frac{\boxed{[H^+][OH^-]}^{\,1}}{[H_2O]} \quad \cdots(イ)$$

温度一定でKは一定の値となる

と表せる。ここで，水の濃度$[H_2O]$は一定とみなされるので，$K[H_2O]$は一定値となり，$K[H_2O]=K_w$とおくと，次の式が成り立つ。

$$\underset{一定}{K}\,\underset{一定}{[H_2O]} = [H^+][OH^-] = \underset{一定}{K_w} \quad \cdots(ウ)$$

ここで，K_wは水の イオン積(せき) [2] とよばれ，一定温度では一定の値になる。例えば，25℃では，

$K_w = 1.0 \times 10^{-14}$〔$(mol/L)^2$〕

である。

Point 水のイオン積

$K_w = [H^+][OH^-]$

$K_w = 1.0 \times 10^{-14}$〔$(mol/L)^2$〕　(25℃)

K_wは，純水だけでなく，薄い水溶液中も成り立つ。

第7章 反応速度と化学平衡

純水中のH^+をx〔mol/L〕とすると，

$H_2O \rightleftarrows 1H^+ + 1OH^-$

x〔mol/L〕　x〔mol/L〕←H^+とOH^-は同じ x〔mol/L〕ずつ存在している

$[H^+]=[OH^-]=x$〔mol/L〕となり，上の**Point**より25℃の純水中で次の式が成り立つ。

$[H^+][OH^-]=K_w$より，

$x \times x = 1.0 \times 10^{-14}$〔$(mol/L)^2$〕

よって，$[H^+]=[OH^-]=x=$ $\boxed{1.0 \times 10^{-7}}$ 〔mol/L〕　となる。
3

Point 水素イオン指数pH

$[H^+]=10^{-n}$〔mol/L〕　のとき，

$pH = n$

となる。

Pointより，$[H^+]=1.0\times10^{-7}$〔mol/L〕なので，このときのpHは $\boxed{7.0}$ となる。
4

水の密度を1.0g/mLとすると，$H_2O = 18$なので純水1.0L中には，

$$1.0〔L〕\times \frac{10^3〔mL〕}{1〔L〕} \times \frac{1.0〔g〕}{1〔mL〕} \times \frac{1〔mol〕}{18〔g〕} = \boxed{55.5}〔mol〕$$

H_2O〔mL〕　H_2O〔g〕　H_2O〔mol〕　(6)　5

の水が存在する。

1：$[H^+][OH^-]$　2：イオン積　3：1.0×10^{-7}　4：7.0
5：56

強酸・強塩基のpH

☑ 1回目　月　日
☑ 2回目　月　日

次の(1)，(2)の文中の□に該当する適切な答えを①～⑩から1つずつ選べ。ただし，塩酸および水酸化ナトリウムの電離度を1.0，水のイオン積を1.0×10^{-14}(mol/L)^{2}とする。

(1)　0.10mol/Lの塩酸のpHは□である。

(2)　0.010mol/Lの水酸化ナトリウム水溶液のpHは□である。

①　0.10　②　0.52　③　1.0　④　1.48　⑤　1.52
⑥　2.0　⑦　2.48　⑧　11　⑨　12　⑩　13

（東洋大）

(1)　0.10〔mol/L〕＝10^{-1}〔mol/L〕の塩酸HClは，強酸であり水溶液中で完全に電離している。←電離度が1.0つまり100%電離しているため

	HCl	⟶	①H^+	＋	①Cl^-
電離前	10^{-1}mol/L				
電離後	0		10^{-1}×①mol/L		10^{-1}×①mol/L

↑強酸なので完全に電離する

よって，$[H^+]=10^{-1}\times1=10^{-1}$〔mol/L〕　となり，pH＝1.0とわかる。

(2)　0.010〔mol/L〕＝10^{-2}〔mol/L〕の水酸化ナトリウムNaOHは，強塩基であり水溶液中で完全に電離している。

	NaOH	⟶	①Na^+	＋	①OH^-
電離前	10^{-2}mol/L				
電離後	0		10^{-2}×①mol/L		10^{-2}×①mol/L

よって，$[OH^-]=10^{-2}\times1=10^{-2}$〔mol/L〕　となる。

ここで，$K_w=[H^+][OH^-]=1.0\times10^{-14}$〔(mol/L)^2〕　より，

$$[H^+]\times10^{-2}=1.0\times10^{-14}$$

$$[H^+]=1.0\times10^{-12}$$

となり，pH＝12とわかる。

(1)　③　(2)　⑨

1回目 月 日
2回目 月 日

弱酸・弱塩基のpH

次の文章を読み，文中の□にあてはまる数値を①～⑤から1つ選べ。

0.10mol/Lの酢酸水溶液がある。この溶液の電離度が，25℃で0.010であるとき，pHは□である。

① 1　② 2　③ 3　④ 4　⑤ 5

（湘南工科大）

第7章 反応速度と化学平衡

Point　弱酸の[H$^+$]と電離度

C〔mol/L〕の酢酸CH_3COOH（電離度α）の[H$^+$]を求めてみる。

電離したCH_3COOHは，電離度がαなので$C\alpha$〔mol/L〕となり，反応式の係数から，CH_3COOH 1molが電離するとCH_3COO^-とH^+が1molずつ生成するため，CH_3COO^-は$C\alpha$〔mol/L〕，H^+も$C\alpha$〔mol/L〕生成する。

	CH_3COOH	$\rightleftarrows$	CH_3COO^-	＋	H^+
電離前	C〔mol/L〕				
電離後	$C-C\alpha$〔mol/L〕		$C\alpha$〔mol/L〕		$C\alpha$〔mol/L〕

↑電離せずに残っているのは，Cから電離した$C\alpha$を引いたもの

よって，[H$^+$]＝$C\alpha$〔mol/L〕となる。

$C=0.10$〔mol/L〕，$\alpha=0.010$なので，上の**Point**より，

$$[H^+]=C\alpha=0.10\times0.010=10^{-3}\text{〔mol/L〕}$$

となり，pH＝3 とわかる。

なお，問題とは関係ないが，弱塩基の場合も次の**Point**にまとめておく。

Point　C〔mol/L〕のアンモニアNH_3（電離度α）の場合は，

	NH_3	＋ H_2O $\rightleftarrows$	NH_4^+	＋	OH^-
電離前	C〔mol/L〕				
電離後	$C-C\alpha$〔mol/L〕		$C\alpha$〔mol/L〕		$C\alpha$〔mol/L〕

よって，[OH$^-$]＝$C\alpha$〔mol/L〕となる。

③

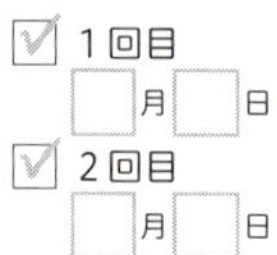

弱酸のpH

次の文章を読み，下の(1)，(2)に答えよ。

濃度c〔mol/L〕の弱酸HAの水溶液が25℃で電離平衡にある。電離度をαとすると各物質のモル濃度は，

	HA	⇄	H^+	＋	A^-	…(1)
（電離後のモル濃度）	$c-c\alpha$		ア		ア	

のようになる。したがって，(1)式で示される電離平衡の電離定数K_aは，cとαを用いて(2)式のように表される。

$$K_a = \frac{\boxed{イ}}{\boxed{ウ}} \quad \cdots(2)$$

ここで，弱酸の濃度cが大きいときは，αは1に比べて著しく小さいので，ウ≒1とみなすことができ，K_aは(3)式のようになる。

$$K_a = \boxed{イ} \quad \cdots(3)$$

よって，(3)式をαについて解くと，

$$\alpha = \sqrt{\frac{\boxed{エ}}{\boxed{オ}}} \quad \cdots(4)$$

また，水素イオンH^+のモル濃度を$[H^+]$とすると$[H^+]$＝ア なので，(4)式を代入すると，(5)式のようになる。

$$[H^+] = \sqrt{\boxed{カ}} \quad \cdots(5)$$

(1)　文中の□を適切に埋めよ。

(2)　0.10mol/Lの酢酸水溶液のpHを計算せよ。ただし，25℃における酢酸のK_aを1.8×10^{-5}mol/L，$\log_{10}1.8=0.26$とする。もっとも近い数値は次の①～⑩のうちどれか。

①　2.9　②　3.0　③　3.2　④　3.4　⑤　3.6
⑥　3.8　⑦　4.0　⑧　4.2　⑨　4.4　⑩　4.6

（愛知工業大）

(1)　c〔mol/L〕の弱酸HA（電離度α）の各物質のモル濃度は，

	HA	⇄	H^+	＋	A^-	…(1)
電離前	c					
電離後	$c-c\alpha$		$c\alpha$ ア		$c\alpha$	

となり，(1)式における電離定数K_aは(2)式のようになる。

└酸（acid）を意味する

$$K_a = \frac{[H^+][A^-]}{[HA]} = \frac{c\alpha \cdot c\alpha}{c - c\alpha} = \frac{c^2\alpha^2}{c(1-\alpha)} = \frac{\boxed{c\alpha^2}^{\text{イ}}}{\boxed{1-\alpha}_{\text{ウ}}} \quad \cdots(2)$$

ここで，αが1に比べて著(いちじる)しく小さいときには$1-\alpha \fallingdotseq 1$とみなすことができるので，

$$K_a = \frac{c\alpha^2}{1-\alpha} \fallingdotseq c\alpha^2 \quad \cdots(3)$$

となり，(3)式をαについて解くと，

$$K_a = c\alpha^2 \quad より，\quad \alpha^2 = \frac{K_a}{c} \qquad \alpha > 0 だから，\quad \alpha = \sqrt{\frac{\boxed{K_a}^{\text{エ}}}{\boxed{c}_{\text{オ}}}} \quad \cdots(4)$$

ここで，$[H^+] = c\alpha$なので(4)式を代入すると，(5)式のようになる。

$$[H^+] = c\alpha = c \cdot \sqrt{\frac{K_a}{c}} = \sqrt{c^2 \cdot \frac{K_a}{c}} = \sqrt{\boxed{cK_a}_{\text{カ}}} \quad \cdots(5)$$

Point $[H^+]$と電離定数

c〔mol/L〕の弱酸HAの$[H^+]$は，$[H^+] = c\alpha = \sqrt{cK_a}$

(2) $pH = -\log_{10}[H^+]$から，pHは次の(6)式のようになる。

$$pH = -\log_{10}\sqrt{cK_a} = -\log_{10}(cK_a)^{\frac{1}{2}} = -\frac{1}{2}\log_{10}cK_a$$
$$= -\frac{1}{2}(\log_{10}c + \log_{10}K_a) \quad \cdots(6)$$

ここで，$c = 0.10 = 10^{-1}$〔mol/L〕，$K_a = 1.8 \times 10^{-5}$〔mol/L〕を(6)式に代入すると，

$$pH = -\frac{1}{2}\{\log_{10}10^{-1} + \log_{10}(1.8 \times 10^{-5})\}$$
$$= -\frac{1}{2}(\log_{10}10^{-1} + \log_{10}1.8 + \log_{10}10^{-5})$$
$$= -\frac{1}{2}(-1 + 0.26 - 5) \quad \leftarrow \log_{10}10^{-a} = -a\log_{10}10 = -a,\ \log_{10}1.8 = 0.26$$
$$= 2.87 \fallingdotseq 2.9$$

(1) ア：$c\alpha$　イ：$c\alpha^2$　ウ：$1-\alpha$　エ：K_a　オ：c　カ：cK_a
(2) ①

緩衝液

□ 1回目 月 日
□ 2回目 月 日

酢酸は，水溶液中で式(1)のように電離して平衡状態になる。酢酸は弱酸であり，電離度は小さい。

$$CH_3COOH \rightleftarrows CH_3COO^- + H^+ \quad \cdots(1)$$

一方，酢酸ナトリウムは，電離度がほぼ1の塩であり，水溶液中で式(2)のように電離する。

$$CH_3COONa \longrightarrow CH_3COO^- + Na^+ \quad \cdots(2)$$

これらの酢酸と酢酸ナトリウムを溶解した混合水溶液に少量の酸や塩基を加えてもpHはほとんど変化しない。これを緩衝作用という。

問1　0.10 molの酢酸と0.10 molの酢酸ナトリウムを溶解した1.0 Lの混合水溶液のpHとして適切な値をⓐ～ⓕの中から1つ選べ。ただし，酢酸の電離定数K_aは2.0×10^{-5} mol/Lとし，$\log_{10} 2.0 = 0.3$とする。

ⓐ 3.3　ⓑ 3.7　ⓒ 4.3　ⓓ 4.7　ⓔ 5.3　ⓕ 5.7

問2　緩衝作用を示す物質の組み合わせをⓐ～ⓔの中から1つ選べ。

ⓐ 塩酸と塩化ナトリウム　ⓑ 硝酸と硝酸ナトリウム
ⓒ 水酸化カリウムと塩化カリウム　ⓓ アンモニアと塩化アンモニウム
ⓔ 水酸化ナトリウムと塩化ナトリウム

（東海大（医））

解説　弱酸とその弱酸の塩（もしくは，弱塩基とその弱塩基の塩）の混合水溶液は，**少量の酸や塩基を加えてもpHが変化しにくい性質**をもつ。これを緩衝(かんしょう)作用といい，**このような性質をもつ溶液**を緩衝液という。

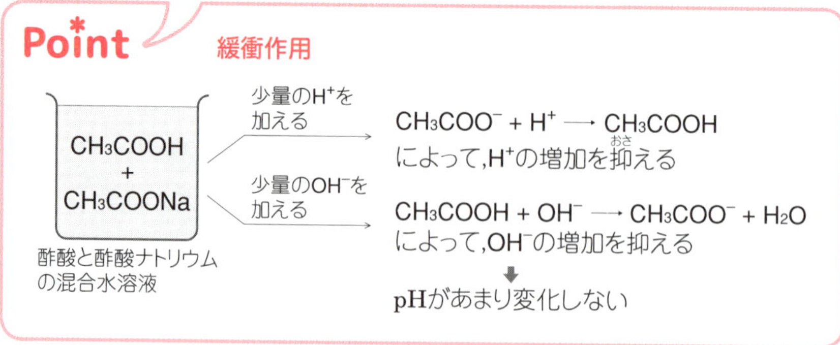

問1

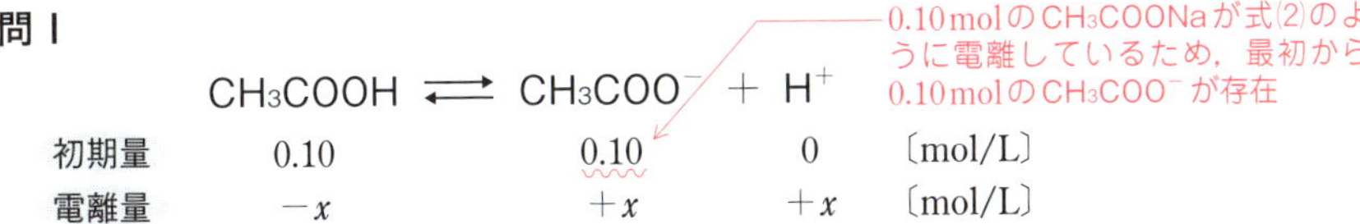

$CH_3COOH \rightleftarrows CH_3COO^- + H^+$
0.10 molのCH₃COONaが式(2)のように電離しているため，最初から0.10 molのCH₃COO⁻が存在

	CH_3COOH	CH_3COO^-	H^+	
初期量	0.10	0.10	0	〔mol/L〕
電離量	$-x$	$+x$	$+x$	〔mol/L〕
平衡量	$0.10-x$	$0.10+x$	x	〔mol/L〕

CH_3COO^-が存在するため，CH_3COO^-がないときよりさらにCH_3COOHの電離量は非常に小さいので，xは0.10より極めて小さい。

よって，$0.10-x \fallingdotseq 0.10$ ，$0.10+x \fallingdotseq 0.10$ と近似してよい。

$$K_a = \frac{[CH_3COO^-][H^+]}{[CH_3COOH]} = \frac{(0.10+x) \times x}{0.10-x} \fallingdotseq \frac{0.10 \times x}{0.10} = x$$
$$= 2.0 \times 10^{-5}$$

$[H^+] = x = 2.0 \times 10^{-5}$なので，この溶液のpHは，

$$pH = -\log_{10}[H^+] = 5 - \log_{10}2.0 = 4.7$$ となる。

よって，ⓓが正しい。

問2 弱塩基とその弱塩基の塩であるⓓの $NH_3 + NH_4Cl$ の混合溶液も緩衝作用を示す。

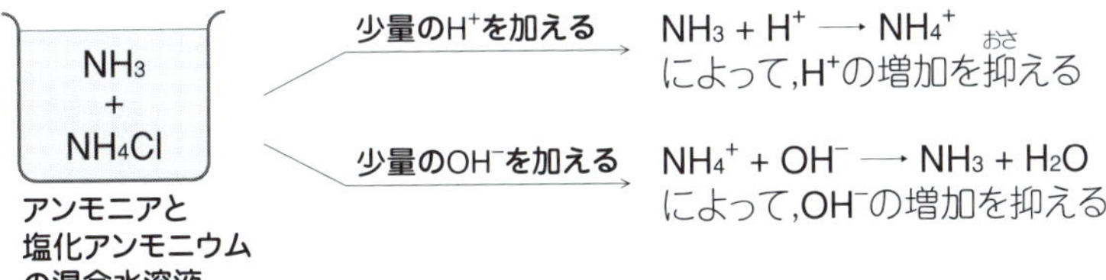

NH₃
+
NH₄Cl
アンモニアと
塩化アンモニウム
の混合水溶液
少量のH⁺を加える
NH₃ + H⁺ ⟶ NH₄⁺
によって,H⁺の増加を抑える
少量のOH⁻を加える
NH₄⁺ + OH⁻ ⟶ NH₃ + H₂O
によって,OH⁻の増加を抑える

答

問1 ⓓ　**問2** ⓓ

溶解度積

1回目 月 日
2回目 月 日

次の文章を読み，下の(1)，(2)に答えよ。

固体の塩化銀は水に溶けにくいが，次式の溶解平衡式のように，ごくわずかが溶けている。

$$AgCl(固) \rightleftarrows Ag^+ + Cl^-$$

そのため，塩化銀の飽和水溶液では，温度が一定であれば水溶液中の銀イオン濃度$[Ag^+]$と塩化物イオン濃度$[Cl^-]$の積は次式のように一定になる。

$$[Ag^+][Cl^-] = K_{AgCl}(一定)$$

このK_{AgCl}を塩化銀の溶解度積という。

(1) 塩化銀の飽和水溶液中の塩化物イオンの濃度を有効数字1桁で求めよ。なお，$K_{AgCl} = 1 \times 10^{-10}$〔$(mol/L)^2$〕とする。

(2) 塩化銀は，水よりも塩化ナトリウム水溶液に溶けにくい。この理由を説明せよ。

（島根大）

塩化銀AgClは塩化ナトリウムNaClに比べて水に溶けにくいが，ごくわずかに水に溶けて，次のような溶解平衡（ようかいへいこう）の状態になる。

$$AgCl(固) \rightleftarrows Ag^+ + Cl^-$$

化学平衡の法則より，平衡定数をKとすると，

$$\frac{[Ag^+][Cl^-]}{[AgCl(固)]} = K$$

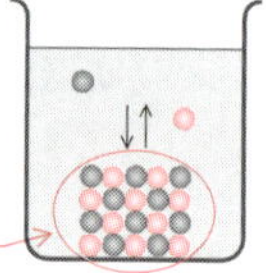

となる。分母の$[AgCl(固)]$は，固体の単位体積あたりの物質量であり，一定と見なせる。そこで，

$$[Ag^+][Cl^-] = K[AgCl(固)]$$

と変形し，右辺をK_{AgCl}とすると，

$$[Ag^+][Cl^-] = K_{AgCl}$$

となり，K_{AgCl}を**溶解度積**（ようかいどせき）という。

Point 溶解度積

一般に，M^{a+}とN^{b-}からなるイオン結晶M_xN_yが，次のような溶解平衡にあるとき，

M_xN_y(固) $\rightleftarrows xM^{a+} + yN^{b-}$

溶液中での各イオンの濃度により，溶解度積K_{sp}は次のように表せる。

$[M^{a+}]^x[N^{b-}]^y = K_{sp}$

K_{sp}は，温度一定の場合は一定となる。

(1) AgClが水に溶解するとAg^+とCl^-に電離するので，飽和溶液中のAg^+のモル濃度とCl^-のモル濃度は等しく，$[Cl^-] = x$〔mol/L〕とすると，$[Ag^+] = x$〔mol/L〕となる。

$[Ag^+][Cl^-] = K_{AgCl} = 1 \times 10^{-10}$〔$(mol/L)^2$〕 より，

x〔mol/L〕$\times x$〔mol/L〕$= 1 \times 10^{-10}$〔$(mol/L)^2$〕

$x^2 = 1 \times 10^{-10}$

$x > 0$なので，

$x = 1 \times 10^{-5}$〔mol/L〕

(2) 塩化ナトリウムは水によく溶ける。

$NaCl \longrightarrow Na^+ + Cl^-$

塩化銀が溶解平衡を形成しているとし，上ずみ液にNaClを加えると，飽和溶液中の$[Cl^-]$が大きくなる。

するとルシャトリエの原理より，次の溶解平衡は$[Cl^-]$を小さくする方向，すなわち左向きに平衡移動し，AgClの電離がおさえられ，溶解量が減少する。

AgCl(固) $\rightleftarrows Ag^+ + Cl^-$

このように，AgClは塩化ナトリウム水溶液には純水より溶けにくく，溶解度が小さくなる。これは**共通イオン効果**とよばれている。

(1) 1×10^{-5}mol/L

(2) 塩化ナトリウムの電離によって，塩化物イオン濃度が大きくなり，ルシャトリエの原理より，塩化銀の溶解平衡が電離をおさえる方向に移動するから。

第8章　無機物質

ハロゲン(17族)

☑ 1回目　月　日
☑ 2回目　月　日

フッ素，塩素，臭素およびヨウ素に関する次の記述(a)～(e)のうち，正しいものの組み合わせはどれか。下の①～⑨から選び，番号で答えよ。

(a)　単体は，いずれも水によく溶ける。
(b)　単体は，いずれも常温・常圧において有色である。
(c)　水素化物のうち，沸点のもっとも高いものはヨウ化水素である。
(d)　水素化物の水溶液は，いずれも強酸となる。
(e)　水素化物の水溶液のうち，ガラス容器で保存できないものがある。

①　(a)と(b)　②　(a)と(c)　③　(a)と(d)　④　(b)と(c)
⑤　(b)と(d)　⑥　(b)と(e)　⑦　(c)と(d)　⑧　(c)と(e)
⑨　(d)と(e)

(福岡大)

周期表17族に属する元素をハロゲンといい，ハロゲン原子は価電子を7個もち，電子を1個受け入れ1価の陰イオンになりやすい。

例　$_{9}F$ K(2)L(7)　は，$_{9}F^-$ K(2)L(8)　になりやすい。

Point　ハロゲンの単体と化合物の性質

単体

	状態(室温)	色	酸化力	水との反応
F_2	気体	淡黄	大	$2F_2 + 2H_2O \longrightarrow O_2 + 4HF$
Cl_2	気体	黄緑	↑	$Cl_2 + H_2O \rightleftarrows HCl + HClO$
Br_2	液体	赤褐	↑	$Br_2 + H_2O \rightleftarrows HBr + HBrO$
I_2	固体	黒紫	小	水には溶けにくく，反応しにくい

化合物

ハロゲン化水素	水溶液	沸点
HF	弱酸	大 ← 分子間の水素結合(→p.69)により沸点大
HCl	強酸	小
HBr	強酸	↓
HI	強酸	大

(a)　フッ素は水と激しく反応し，H_2Oを酸化しO_2が発生する。

$$\underset{0}{2F_2} + 2H_2\underset{-2}{O} \longrightarrow 4H\underset{-1}{F} + \underset{0}{O_2}$$ ←酸化数

塩素は水に少し溶け，その一部が反応して塩化水素と次亜塩素酸（じあえんそさん）を生じる。

$$\underset{0}{Cl_2} + H_2O \rightleftarrows H\underset{-1}{Cl} + H\underset{+1}{Cl}O$$ ←構造式ではCl−O−Hであり，HOCl のように書くこともある

次亜塩素酸は強い酸化作用をもち，塩素水は漂白剤や殺菌剤などに用いられる。

臭素は塩素より水に溶けにくく，塩素と同様の反応をする。ヨウ素はほとんど水に溶けず，水とは反応しにくい。誤り。

(b)　フッ素は淡黄色，塩素は黄緑色の気体である。臭素は赤褐色の液体，ヨウ素は黒紫色の固体である。正しい。

(c)　ハロゲン化水素の沸点は，分子間で水素結合を形成するフッ化水素がもっとも高い。誤り。

(d)　フッ化水素の水溶液（フッ化水素酸）は弱酸である。誤り。

(e)　フッ化水素酸は，ガラスの主成分である二酸化ケイ素SiO_2と反応し，これを溶かす。

$$SiO_2 + 6HF \longrightarrow \underset{\text{ヘキサフルオロケイ酸}}{H_2SiF_6} + 2H_2O$$

このため，フッ化水素酸はガラス容器ではなく，ポリエチレン製の容器で保存する。正しい。

以上より，(b)と(e)が正しい。

答　⑥

1回目 月 日
2回目 月 日

硫黄(16族)

硫黄は化学的に活性で，多くの元素と化合して硫化物をつくる。空気中で点火すると，青色の炎を上げて燃焼して，二酸化硫黄を生じる。

硫黄の化合物である硫酸は，以下の方法で工業的に製造される。まず，硫黄を燃焼させ，二酸化硫黄をつくる。次に酸化バナジウム(V)を触媒として用いて二酸化硫黄を空気中の酸素と反応させて，三酸化硫黄とする。生成した三酸化硫黄を[a]に吸収させて発煙硫酸を得る。これを[b]で薄めて濃硫酸にする。この硫酸の工業的製法を[c]という。

問1 文中の[a]，[b]にあてはまるもっとも適切なものを，次の㋐～㋔の中からそれぞれ1つずつ選べ。

㋐ 王水　㋑ 希硫酸　㋒ 混酸　㋓ 水酸化ナトリウム水溶液
㋔ 濃硫酸

問2 文中の[c]にあてはまるもっとも適切なものを，次の㋐～㋔の中から1つ選べ。

㋐ オストワルト法　㋑ 接触法　㋒ ソルベー法　㋓ 電解精錬
㋔ ハーバー・ボッシュ法

問3 硫酸の工業的製法により硫黄が完全に硫酸に変えられるとすると，硫黄16.0kgから理論上，質量パーセント濃度98.0%の濃硫酸は何kg得られるか。原子量はH＝1.0，O＝16，S＝32とし，もっとも近い値を，次の㋐～㋔の中から1つ選べ。

㋐ 49.0　㋑ 50.0　㋒ 96.0　㋓ 196　㋔ 200

（千葉工業大）

問1，2 Sの同素体には，斜方硫黄(しゃほういおう)，単斜硫黄(たんしゃ)，ゴム状硫黄などがある。斜方硫黄を加熱し液体とし，冷水で急冷するとゴム状硫黄(無定形硫黄)が得られる。

同素体	斜方硫黄	単斜硫黄	ゴム状硫黄(無定形硫黄)
外観	黄色，塊状(かいじょう)結晶	淡黄色，針状(しんじょう)結晶	褐色(純度が高いと黄色)，ゴム状固体
分子の構成	環状分子S_8	環状分子S_8	鎖状分子S_x

Sを空気中で燃やすと，SO_2を発生する。

$$S + O_2 \longrightarrow SO_2$$

酸化バナジウム(V)V_2O_5を触媒とし，SO_2を空気中のO_2と反応させるとSO_3が得られる。

$$2SO_2 + O_2 \longrightarrow 2SO_3$$

生じたSO_3を濃硫酸(a)に吸収させて得られる発煙(はつえん)硫酸を希硫酸(b)で薄めて濃硫酸をつくる。

$$SO_3 + H_2O \longrightarrow H_2SO_4$$

この**硫酸の製造法**を**接触法**(せっしょくほう)(c)という。

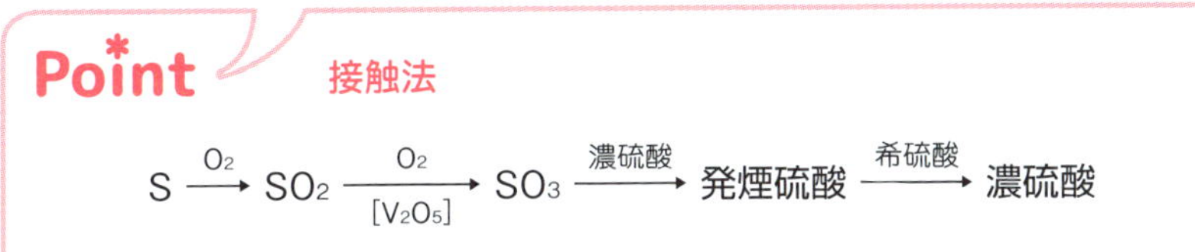

Point
接触法
S →(O₂) SO₂ →(O₂)[V₂O₅] SO₃ →(濃硫酸) 発煙硫酸 →(希硫酸) 濃硫酸

問3　S原子に注目すれば，Sが最終的にH_2SO_4に変化したことから，S 1 molからH_2SO_4が1 mol得られることがわかる。濃度98.0％の濃硫酸がx〔kg〕生じたとする。

H_2SO_4の分子量 $= 1.0\times2+32+16\times4 = 98$ なので，次式が成立する。

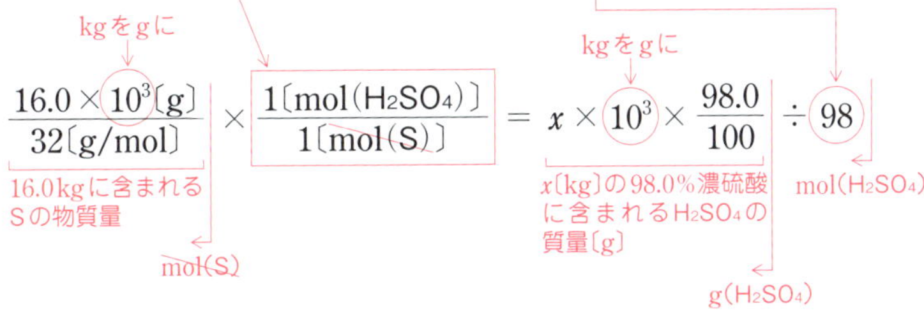

kgをgに
16.0×10³〔g〕/32〔g/mol〕 × 1〔mol(H₂SO₄)〕/1〔mol(S)〕 = x×10³×98.0/100÷98
16.0kgに含まれるSの物質量
mol(S)
kgをgに
x〔kg〕の98.0％濃硫酸に含まれるH₂SO₄の質量〔g〕
g(H₂SO₄)
mol(H₂SO₄)

よって，$x = 50.0$〔kg〕

したがって，㋑が正解である。

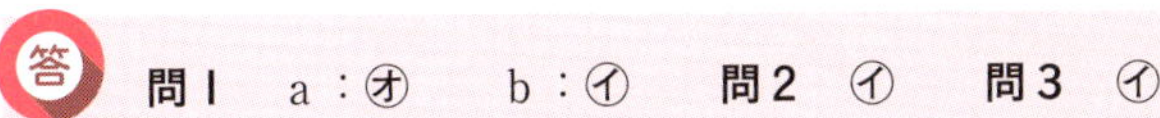

問題089 窒素(15族)

☑ 1回目　□月□日
☑ 2回目　□月□日

次の文章を読み，文中の［　　］にあてはまる物質名を1つずつ答えよ。

窒素の水素化合物であるアンモニアは，アンモニウム塩と強塩基との反応でつくられる。工業的には［ア］を主成分とする触媒を用いて，窒素と水素から高圧下においてつくられる。この製法は，ハーバー・ボッシュ法とよばれている。窒素の酸化物の1つである［イ］は，銅と希硝酸との反応によって発生する気体で，水にほとんど溶けず，空気中では酸化される。工業的には白金を触媒として，アンモニアを酸化することによってつくられる。［イ］を空気酸化し，生成物である［ウ］を温水と反応させると硝酸が得られる。このアンモニアから硝酸をつくる製法は，オストワルト法とよばれている。

（埼玉大）

工業的には［鉄］(ア)を主成分とする触媒を用いて，**ハーバー・ボッシュ法**によりN_2とH_2からアンモニアNH_3がつくられる。

$$N_2 + 3H_2 \rightleftarrows 2NH_3$$

窒素の酸化物である［一酸化窒素］(イ) NOはCuと希硝酸，二酸化窒素NO_2はCuと濃硝酸から発生させることができる。

$$3Cu + 8HNO_3 \longrightarrow 3Cu(NO_3)_2 + 2NO + 4H_2O$$
$$Cu + 4HNO_3 \longrightarrow Cu(NO_3)_2 + 2NO_2 + 2H_2O$$

Point　オストワルト法

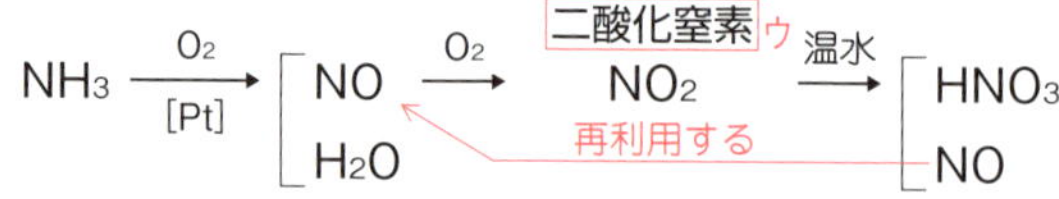

答　ア：鉄　　イ：一酸化窒素　　ウ：二酸化窒素

リン(15族)

次の文章を読み，文中の□にあてはまる語句を下の①〜⑧から選べ。

リンの[ア]には，黄リンと赤リンがある。このうち，黄リンは淡黄色の固体で，空気中では自然発火するため[イ]に保存する。また，黄リンは毒性が[ウ]が，赤リンは毒性が[エ]。

① 強い　② ほとんどない　③ 石油(灯油)中　④ 水中
⑤ 空気中　⑥ 同位体　⑦ 同素体　⑧ 化合物

(東北工業大)

リンの[同素体]ア には，黄(おう)リン(もしくは白(はく)リン)と赤(せき)リンがある。黄リンは淡黄色の固体で，空気中で自然発火(はっか)するために[水中]イ に保存する。また，黄リンは毒性が[強い]ウ が，赤リンは毒性が[ほとんどない]エ。

Point　リン

黄リンP_4(分子式)は淡黄色・有毒な固体で，空気中で自然発火することがあるので水中に保存する。

赤リンP(組成式)は赤褐色・毒性の少ない粉末で，マッチの摩擦(まさつ)面に使われている。

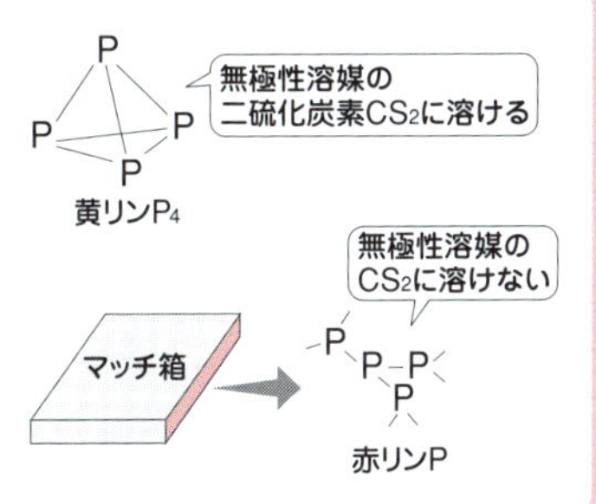

同素体	黄リンP_4(分子式)	赤リンP(組成式)
外観	淡黄色，ろう状固体	赤褐色，粉末
発火点〔℃〕	34	260
二硫化炭素CS_2への溶解	溶ける	溶けない
特徴	空気中で自然発火する ➡水中に保存する	マッチ箱の発火剤に使用
毒性	有毒	毒性少ない
におい	悪臭	無臭

ア：⑦　イ：④　ウ：①　エ：②

1回目 □月□日
2回目 □月□日

ケイ素(14族)

次の文章を読み，下の(1)〜(3)に答えよ。

ケイ素は周期表[ア]族に属する典型元素で価電子を[イ]個もっている。単体は天然には存在しないが，①二酸化ケイ素を電気炉中で融解し，コークスを用いて還元すると，一酸化炭素を発生して単体が人工的に得られる。ケイ素の単体は，多数の原子が[ウ]結合で結ばれた②ダイヤモンドの炭素の結合構造と同じ三次元構造をしていて融点も高い。

二酸化ケイ素は[エ]，[オ]などとしてほぼ純粋な形で天然に存在する。また，③二酸化ケイ素は，水酸化ナトリウムと反応してケイ酸ナトリウムになる。ケイ酸ナトリウムに水を加えて加熱すると，粘性の大きな[カ]ができる。

[カ]の水溶液に塩酸を加えると[キ]が沈殿する。この沈殿を水で洗ったのち，乾燥させたものを[ク]という。これは表面に親水性の[ケ]基をもち，また小さなすきまが多数あるので水分を吸収しやすく乾燥剤や脱臭剤として使われる。

(1) 文中の[　]に適切な語または数字を入れよ。

(2) 下線①，③を化学反応式で示せ。

(3) 下線②の構造とはどのような構造か，その基本となる立体の名称を示せ。

(弘前大)

Siは[14]族元素で，その電子配置は $_{14}$Si K(2)L(8)M(4)となるために，価電子は[4]個となる。単体のSiは天然には存在せず，SiO_2をコークスCで還元してつくる。
(ア: 14，イ: 4)

$$SiO_2 + 2C \longrightarrow Si + 2CO$$ ←(2)下線①

Siの単体は，多数のSi原子が[共有]結合で結ばれたダイヤモンドと同じ正四面体構造をしている。(ウ: 共有) ←(3)

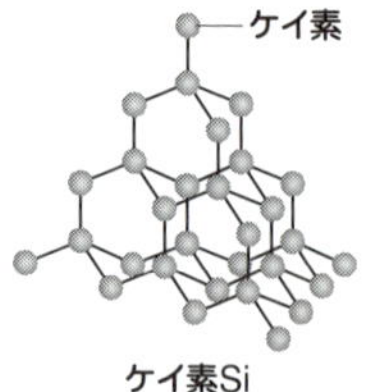

ケイ素Si

SiO_2は天然には，[石英(せきえい)]，[水晶(すいしょう)]などとして存在する。
(エまたはオ，オまたはエ)
また，SiO_2はNaOHと反応してケイ酸ナトリウムNa_2SiO_3となる。

$$SiO_2 + 2NaOH \longrightarrow Na_2SiO_3 + H_2O$$ ←(2)下線③

Point　ケイ酸ナトリウムからシリカゲルをつくる

ケイ酸ナトリウムNa_2SiO_3に水を加えて加熱し，粘性(ねんせい)の大きな水(みず)ガラス(カ)をつくり，これにHClを加えるとケイ酸(キ)H_2SiO_3が沈殿する。

$$Na_2SiO_3 + 2HCl \longrightarrow H_2SiO_3 + 2NaCl$$

このケイ酸を水で洗い，乾燥させたものをシリカゲル(ク)という。シリカゲルは表面にヒドロキシ(ケ)基をもち，小さなすきまがあるので乾燥剤として利用される。

```
  O⁻Na⁺ O⁻Na⁺                      OH    OH
  |     |                          |     |
—O-Si—O—Si-O—       HCl         —O-Si—O—Si-O—
  |     |        ─────────→        |     |
  O⁻Na⁺ O⁻Na⁺     弱酸遊離          OH    OH
  O⁻Na⁺ O⁻Na⁺                      OH    OH
  |     |                          |     |
—O-Si—O—Si-O—                   —O-Si—O—Si-O—
  |     |                          |     |
  O⁻Na⁺ O⁻Na⁺                      OH    OH
   水ガラス                          ケイ酸

                                         |
                                   OH    O
                                   |     |
                                —O-Si—O—Si-O—
                                   |     |
                  加熱・脱水         |     OH
                 ─────────→        O
                                   |     OH
                                   |     |
                                —O-Si—O—Si-O—
                                   |     |
                                   OH    O
                                         |
                                   シリカゲル
```

(1) ア：14　イ：4　ウ：共有　エ：石英　オ：水晶
カ：水ガラス　キ：ケイ酸　ク：シリカゲル
ケ：ヒドロキシ　（エとオは順不同）

(2) ①　$SiO_2 + 2C \longrightarrow Si + 2CO$
③　$SiO_2 + 2NaOH \longrightarrow Na_2SiO_3 + H_2O$

(3) 正四面体

問題
092

気体の性質と製法

1回目　月　日
2回目　月　日

次の気体発生反応①～⑤から，有色の気体が発生するものを1つ選べ。

① 硫化鉄(II)に希塩酸を加える。

② 塩化アンモニウムと水酸化カルシウムの混合物を加熱する。

③ 塩化ナトリウムに濃硫酸を加えて加熱する。

④ 酸化マンガン(IV)に濃塩酸を加えて加熱する。

⑤ 銅に希硝酸を加える。

（獨協医科大）

解説

気体発生のパターン1～3を覚えよう。

パターン1 酸・塩基反応を使って，弱酸性や弱塩基性の気体を発生させる。

（弱酸性 → H_2Sなど，弱塩基性 → NH_3）

① FeSのイオンS^{2-}とHClのH^+が結びつき，H_2Sが発生する。

$$S^{2-} + 2H^+ \longrightarrow H_2S$$

両辺にFe^{2+}と$2Cl^-$を加えると

$$FeS + 2HCl \longrightarrow H_2S + FeCl_2$$ ←①の反応式

② NH_4ClのイオンNH_4^+と$Ca(OH)_2$のOH^-が結びつき，NH_3が発生する。

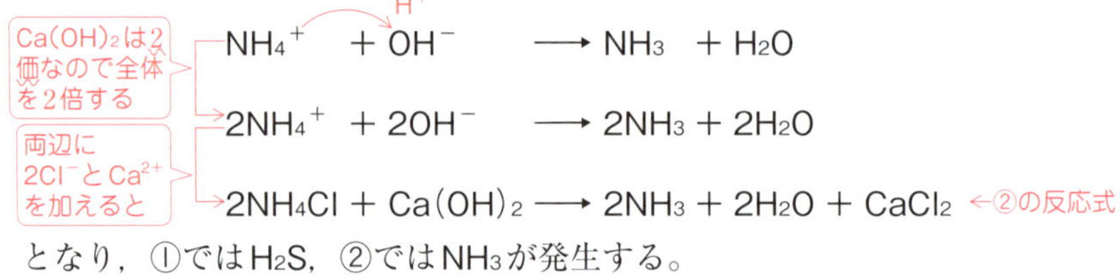

H^+
$NH_4^+ + OH^- \longrightarrow NH_3 + H_2O$
$Ca(OH)_2$は2価なので全体を2倍する
$2NH_4^+ + 2OH^- \longrightarrow 2NH_3 + 2H_2O$
両辺に$2Cl^-$とCa^{2+}を加えると
$2NH_4Cl + Ca(OH)_2 \longrightarrow 2NH_3 + 2H_2O + CaCl_2$
←②の反応式

となり，①ではH_2S，②ではNH_3が発生する。

パターン2 濃硫酸の不揮発性（ふきはつせい）を使って，気体を発生させる。

③ 濃硫酸の沸点が高いことを使って，沸点の低いHClを発生させる。

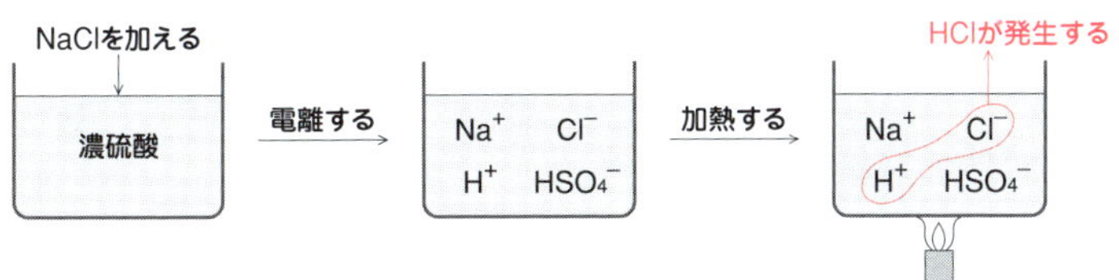

$$NaCl + H_2SO_4 \longrightarrow HCl + NaHSO_4$$ ←③の反応式

となり，③ではHClが発生する。

パターン 3 酸化・還元反応を使って，気体を発生させる。

④ Cl^-とMnO_2の酸化・還元反応により，Cl_2が発生する。
（Cl^- → 還元剤，MnO_2 → 酸化剤）

$$\begin{cases} 2Cl^- \longrightarrow Cl_2 + 2e^- & \cdots(\text{i}) \\ MnO_2 + 4H^+ + 2e^- \longrightarrow Mn^{2+} + 2H_2O & \cdots(\text{ii}) \end{cases}$$

←Cl^-はCl_2へ
←MnO_2はMn^{2+}へ

(i)式+(ii)式より，

$$MnO_2 + 4H^+ + 2Cl^- \longrightarrow Mn^{2+} + Cl_2 + 2H_2O$$

両辺に$2Cl^-$を加えると

$$MnO_2 + 4HCl \longrightarrow MnCl_2 + Cl_2 + 2H_2O$$ ←④の反応式

⑤ CuやAgと，熱濃硫酸が反応してSO_2，濃硝酸が反応してNO_2，希硝酸が反応してNOが発生する。

$$\begin{cases} Cu \longrightarrow Cu^{2+} + 2e^- & \cdots(\text{i}) \\ HNO_3 + 3H^+ + 3e^- \longrightarrow NO + 2H_2O & \cdots(\text{ii}) \end{cases}$$

←CuはCu^{2+}へ
←HNO_3(希)はNOへ

(i)式×3+(ii)式×2より，

$$3Cu + 2HNO_3 + 6H^+ \longrightarrow 3Cu^{2+} + 2NO + 4H_2O$$

両辺に$6NO_3^-$を加えると

$$3Cu + 8HNO_3 \longrightarrow 3Cu(NO_3)_2 + 2NO + 4H_2O$$ ←⑤の反応式

となり，④ではCl_2，⑤ではNOが発生する。

Point 常温・常圧で，有色(ゆうしょく)の気体はこの4つを覚えよう!!

F_2(淡黄色(たんおうしょく))　Cl_2(黄緑色(おうりょくしょく))　NO_2(赤褐色)　O_3(淡青色(たんせいしょく))

Pointより，有色のCl_2が発生する④が答え。

 ④

気体の捕集法

1回目 月 日
2回目 月 日

実験室で塩素を発生させるために，図に示す装置を用いフラスコに酸化マンガン(Ⅳ)を入れ，濃塩酸を滴下して加熱した。下の(1)〜(4)に答えよ。

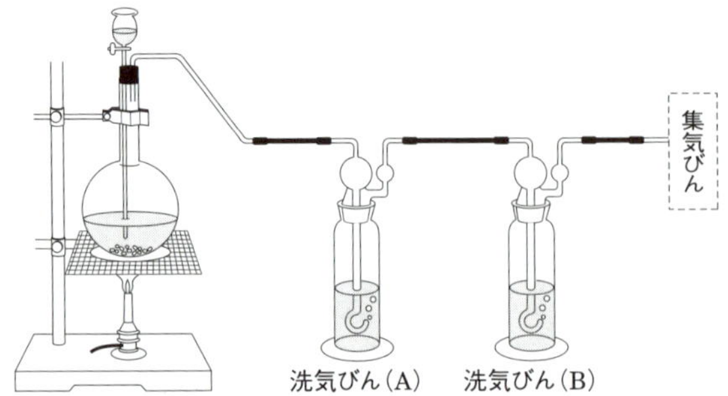

(1) 塩素発生時に反応容器中で進行する反応の化学反応式を書け。

(2) 洗気びん(A)には水が入れてあり，発生した気体は水を通る。この水の役割を具体的に述べよ。

(3) 洗気びん(B)に入れるべき試薬として正しいものを，次のⓐ〜ⓔから選び記号で答えよ。

ⓐ 濃硝酸　ⓑ 濃塩酸　ⓒ 水酸化ナトリウム水溶液
ⓓ 濃硫酸　ⓔ 蒸留水

(4) 塩素の捕集方法として適切なものを，次のⓐ〜ⓒから選び記号で答えよ。

ⓐ 上方置換　ⓑ 下方置換　ⓒ 水上置換

(大阪薬科大)

(1) p.150  でつくった反応式を書く。

$$MnO_2 + 4HCl \longrightarrow MnCl_2 + Cl_2 + 2H_2O$$ 答

(2)〜(4) 発生するCl_2に未反応のHClや水蒸気が混ざってしまうため，次のようにHClやH_2Oを除き，下方置換(かほうちかん)でCl_2を捕集(ほしゅう)する。

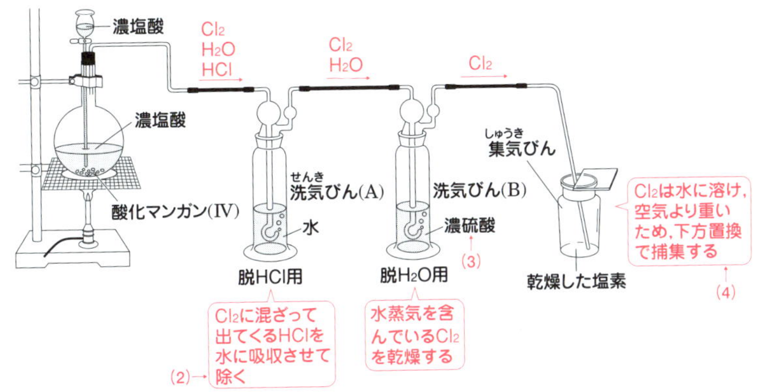

Point 気体の水への溶解性と捕集法

水への溶解性と水溶液の液性	水に溶けにくい気体(中性気体)	NO, CO, H_2, O_2, N_2, CH_4, C_2H_4, C_2H_2
	水に溶け塩基性を示す気体	NH_3 ←塩基性はこれだけ
	水に溶け酸性を示す気体	Cl_2, HF, HCl, H_2S, CO_2, SO_2, NO_2

気体の捕集法もあわせて覚えると効果的!

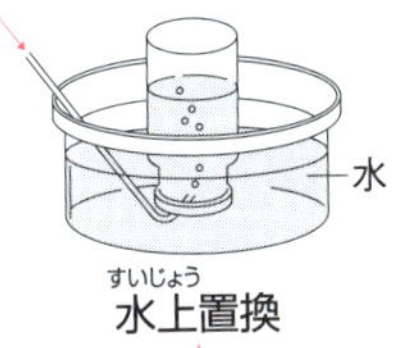

水上置換(すいじょう)

水に溶けにくい気体
➡中性気体を集める

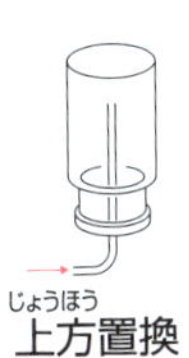

上方置換(じょうほう)

水に溶け,空気より軽い気体
➡NH_3を集める

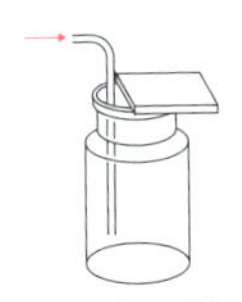

下方置換

水に溶け,空気より重い気体
➡酸性気体を集める

(1) $MnO_2 + 4HCl \longrightarrow MnCl_2 + Cl_2 + 2H_2O$

(2) 塩素に混ざって出てくる塩化水素を吸収して除く役割がある。

(3) ⓓ

(4) ⓑ

1回目 月 日
2回目 月 日

気体の検出

(ア)～(オ)の気体それぞれにあてはまる現象を，ⓐ～ⓔから1つだけ選べ。

(ア) アンモニア　(イ) 酸素　(ウ) 二酸化硫黄　(エ) 硫化水素
(オ) 一酸化窒素

ⓐ 草花の色を漂白する。
ⓑ 火のついた線香を近づけると，線香は炎を上げて燃える。
ⓒ 酢酸鉛(Ⅱ)水溶液をしみこませたろ紙を黒変させる。
ⓓ 湿った赤色リトマス紙を青変させる。
ⓔ 空気に触れさせると，酸化されて着色する。

(上智大)

検出できる気体	検出法
(ア) NH_3	(1) HClと空気中で反応させると白煙(はくえん)を生じる。 $NH_3 + HCl \longrightarrow NH_4Cl$(白煙) (2) 湿った赤色リトマス紙を青変させる。→ⓓ ↑NH_3水は弱塩基性を示すため
(イ) O_2	火のついた線香(せんこう)が炎(ほのお)を上げて燃える →ⓑ ↑O_2には物質が燃えるのを助ける(助燃性)がある
(ウ) SO_2	(1) H_2S水溶液と反応させると，白濁(はくだく)する。 $2H_2S + SO_2 \longrightarrow 3S\downarrow$(白濁)$+ 2H_2O$ (2) 繊維(せんい)などを漂白(ひょうはく)する。→ⓐ
(エ) H_2S	(1) SO_2水溶液と反応させると，白濁する。 $2H_2S + SO_2 \longrightarrow 3S\downarrow$(白濁)$+ 2H_2O$ (2) 酢酸鉛(Ⅱ)$(CH_3COO)_2Pb$水溶液をしみこませたろ紙を黒変させる。→ⓒ $Pb^{2+} + S^{2-} \longrightarrow PbS\downarrow$(黒色)
(オ) NO	空気に触(ふ)れると赤褐色になる。→ⓔ $2NO$(無色)$+ O_2 \longrightarrow 2NO_2$(赤褐色)

 (ア) ⓓ　(イ) ⓑ　(ウ) ⓐ　(エ) ⓒ　(オ) ⓔ

問題 095 イオンの反応と沈殿(1)

水溶液中でイオンAとイオンB，およびイオンAとイオンCをそれぞれ反応させる。いずれか一方のみに沈殿が生じるA～Cの組み合わせを，次の①～⑤から1つ選べ。

	A	B	C
①	Ca^{2+}	Cl^-	CO_3^{2-}
②	Fe^{3+}	NO_3^-	SO_4^{2-}
③	Zn^{2+}	Cl^-	SO_4^{2-}
④	Ag^+	OH^-	CrO_4^{2-}
⑤	Mg^{2+}	Cl^-	SO_4^{2-}

（センター試験）

陽イオンと陰イオンの組み合わせが，水に溶けにくい組み合わせのときに沈殿する。 →組み合わせ❶～❻を暗記しよう!!

組み合わせ❶ NO_3^- ➡ **沈殿しにくい。**

組み合わせ❷ Cl^- ➡ **Ag^+，Pb^{2+}などと沈殿する。**

→ゴロ 現(Ag^+)ナマ(Pb^{2+})で苦労(Cl^-)する

$Ag^+ + Cl^- \longrightarrow AgCl\downarrow$（白色） ←AgClは，光があたると分解しやすい(感光性)

$Pb^{2+} + 2Cl^- \longrightarrow PbCl_2\downarrow$（白色） ←$PbCl_2$は熱湯に溶ける

組み合わせ❸ SO_4^{2-} ➡ **Ba^{2+}，Ca^{2+}，Pb^{2+}などと沈殿する。**

→ゴロ バ(Ba^{2+})カ(Ca^{2+})な(Pb^{2+})硫酸(SO_4^{2-})

$Ba^{2+} + SO_4^{2-} \longrightarrow BaSO_4\downarrow$（白色）

$Ca^{2+} + SO_4^{2-} \longrightarrow CaSO_4\downarrow$（白色）

$Pb^{2+} + SO_4^{2-} \longrightarrow PbSO_4\downarrow$（白色）

組み合わせ❹ CO_3^{2-} ➡ **Ba^{2+}，Ca^{2+}などと沈殿する。**

→ゴロ バ(Ba^{2+})カ(Ca^{2+})炭酸(CO_3^{2-})

$Ba^{2+} + CO_3^{2-} \longrightarrow BaCO_3\downarrow$（白色）

$Ca^{2+} + CO_3^{2-} \longrightarrow CaCO_3\downarrow$（白色）

Point Cl^-，SO_4^{2-}，CO_3^{2-}の沈殿は，白色。

① 組み合わせ❷と❹より，Ca^{2+}はCl^-と沈殿を生じないが，CO_3^{2-}と$CaCO_3$の白色沈殿を生じる。 答

② 組み合わせ❶と❸より，Fe^{3+}はNO_3^-やSO_4^{2-}のいずれとも沈殿を生じない。

③ 組み合わせ❷と❸より，Zn^{2+}はCl^-やSO_4^{2-}のいずれとも沈殿を生じない。

組み合わせ❺ CrO_4^{2-} ➡ Ba^{2+}，Pb^{2+}，Ag^+などと沈殿する。

ゴロ バ(Ba^{2+})ナナ(Pb^{2+})を銀(Ag^+)貨でかったら苦労(CrO_4^{2-})した
バナナと同じ黄色の沈殿を生じる
赤かっ色の沈殿を生じる

$Ba^{2+} + CrO_4^{2-} \longrightarrow BaCrO_4 \downarrow$（黄色）

$Pb^{2+} + CrO_4^{2-} \longrightarrow PbCrO_4 \downarrow$（黄色）

$2Ag^+ + CrO_4^{2-} \longrightarrow Ag_2CrO_4 \downarrow$（赤褐色）

組み合わせ❻ OH^- ➡ アルカリ金属イオン・アルカリ土類金属イオン以外と沈殿する。

Li^+，Na^+，K^+，…
Ca^{2+}，Sr^{2+}，Ba^{2+}，…

④ 組み合わせ❻と❺より，Ag^+はOH^-とAg_2Oの褐色（かっしょく）沈殿を生じ，CrO_4^{2-}ともAg_2CrO_4の赤褐色沈殿を生じる。

⑤ 組み合わせ❷と❸より，Mg^{2+}はCl^-やSO_4^{2-}のいずれとも沈殿を生じない。

よって，①～⑤の中でいずれか一方のみに沈殿が生じるのは，①となる。

Point　OH^-と沈殿する陽イオン

組み合わせ❻のOH^-は，ふつう$NaOH$やNH_3を使う。
また，イオン化傾向と対応させて覚えるとよい。

Li^+ K^+ Ba^{2+} Ca^{2+} Na^+	Mg^{2+} Al^{3+} Zn^{2+} Fe^{3+} Fe^{2+} Ni^{2+} Sn^{2+} Pb^{2+} Cu^{2+}	Hg^{2+} Ag^+
沈殿しない	水酸化物が沈殿	酸化物が沈殿

↑ アルカリ金属やアルカリ土類金属のイオン

↓ $Mg(OH)_2 \downarrow$（白色），$Al(OH)_3 \downarrow$（白色），$Zn(OH)_2 \downarrow$（白色），$Fe(OH)_3 \downarrow$（赤褐色），$Fe(OH)_2 \downarrow$（緑白色（りょくはくしょく）），$Ni(OH)_2 \downarrow$（緑色），$Sn(OH)_2 \downarrow$（白色），$Pb(OH)_2 \downarrow$（白色），$Cu(OH)_2 \downarrow$（青白色（せいはくしょく））

↓ $HgO \downarrow$（黄色），$Ag_2O \downarrow$（褐色）

①

☑ 1回目　月　日
☑ 2回目　月　日

イオンの反応と沈殿(2)

次の文中の[　　]にもっとも適するものを，下の①～④から1つ選べ。

Zn^{2+} と Cu^{2+} を含む酸性水溶液に硫化水素を通じた場合，[　　]。

① 白色の沈殿が生成する
② 黒色の沈殿が生成する
③ 濃青色の沈殿が生成する
④ 血赤色の溶液になる

（獨協医科大）

第8章 無機物質

H_2Sを通じるときは，その水溶液の液性（酸性・中性・塩基性）によって，沈殿の生成するようすが異なる。

$H_2S(S^{2-})$ ➡ イオン化傾向で
Zn^{2+}～Ni^{2+}は中・塩基性下で，
Sn^{2+}～は液性に関係なく
硫化物の沈殿が生成する。

よって，酸性の条件の下，Zn^{2+}はH_2Sを通じても沈殿が生成しないが，Cu^{2+}はCuSの黒色沈殿が生成するので，②が答えとなる。

Point H_2Sとの沈殿は，イオン化傾向と対応させて覚える！

Li^+ K^+ Ca^{2+} Na^+ Mg^{2+} Al^{3+}	Zn^{2+} Fe^{3+} Fe^{2+} Ni^{2+}	Sn^{2+} Pb^{2+} Cu^{2+} Hg^{2+} Ag^+
硫化物の沈殿は生じない	酸性では沈殿しない	液性に関係なく沈殿

中性～塩基性でH_2Sを加えると硫化物の沈殿が生成する
ZnS↓（白色），FeS↓（黒色），NiS↓（黒色）
注 Fe^{3+}，Fe^{2+}ともにFeS↓（黒色）となる。
Mn^{2+}はMnS↓（淡赤色）となる。

pHに関係なく，H_2Sを加えると硫化物の沈殿が生成する
SnS↓（灰黒色），PbS↓（黒色），CuS↓（黒色），
HgS↓（黒色），Ag_2S↓（黒色）
昇華させると，赤色になる

②

錯イオン

☑ 1回目 月 日
☑ 2回目 月 日

次のA～Dの文章のうち，正しいものの組み合わせはどれか。下の㋐～㋔から選べ。

A：金属イオンに陰イオンや分子が配位結合で結合したイオンを錯イオンという。

B：$[Zn(NH_3)_4]^{2+}$は正方形をした錯イオンである。

C：水中に溶けている金属イオンは水和イオンを形成している。

D：$[Fe(CN)_6]^{3-}$では，配位数は-3である。

㋐ AとB　㋑ AとC　㋒ BとC　㋓ BとD　㋔ CとD

（自治医科大）

A　アンモニアNH_3や水H_2O分子，水酸化物イオンOH^-やシアン化物イオンCN^-のような配位子（はいいし）とよばれる**非共有電子対をもった分子や陰イオン**が，Cu^{2+}やAg^+のような金属イオンに**配位結合することでできる複雑なイオン**を錯（さく）イオンという。正しい。

$^-$:C≡N:

B　$[Zn(NH_3)_4]^{2+}$は，正方形ではなく正四面体形の錯イオンである。誤り。

C　例えばCu^{2+}を含む水溶液では，ふつうはCu^{2+}と簡略しているが，実際は$[Cu(H_2O)_4]^{2+}$と表されるH_2O分子が配位結合した青色の水和イオンが存在する。正しい。

配位子の数が2のときはジ，4のときはテトラ，6のときはヘキサ

D　ヘキサシアニド鉄(Ⅲ)酸イオン$[Fe(CN)_6]^{3-}$は，鉄(Ⅲ)イオンFe^{3+}に6つのシアン化物イオンCN^-が配位結合し，全体の価数は-3となっている。配位数（はいすう）は**配位子の数**であり6である。誤り。

$(+3)+(-1)\times 6=-3$ で，錯イオン全体の価数が負のときは，「～酸イオン」という語尾にする

Point 錯イオンの例

名称と化学式	ジアンミン（NH_3のこと）銀(Ⅰ)イオン $[Ag(NH_3)_2]^+$	テトラアンミン銅(Ⅱ)イオン $[Cu(NH_3)_4]^{2+}$	テトラアンミン亜鉛(Ⅱ)イオン $[Zn(NH_3)_4]^{2+}$	ヘキサシアニド（CN^-のこと）鉄(Ⅲ)酸イオン $[Fe(CN)_6]^{3-}$
配位数	2	4	4	6
形	直線 $H_3N \rightarrow Ag^+ \leftarrow NH_3$ （←は配位結合）	正方形 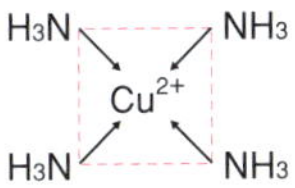 H_3N, NH_3, Cu^{2+}, H_3N, NH_3	正四面体 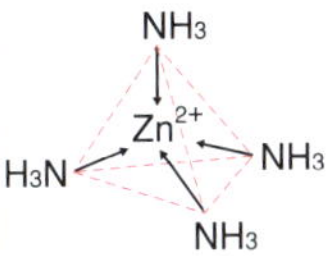 NH_3, Zn^{2+}, H_3N, NH_3, NH_3	正八面体 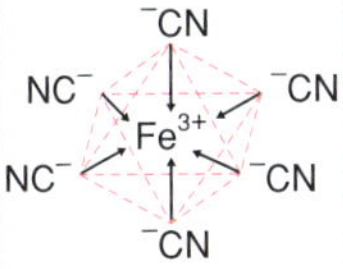 ^-CN, NC^-, ^-CN, Fe^{3+}, NC^-, ^-CN, ^-CN

第8章 無機物質

答 ㋑

錯イオンの形成による沈殿の溶解

☑ 1回目　　月　　日
☑ 2回目　　月　　日

金属イオンAを含む水溶液に，水溶液Bを少量加えると沈殿が生じた。これにさらにBを過剰に加えても沈殿は溶けなかった。AとBの組み合わせとしてもっとも適当なものを，右の①～⑤から1つ選べ。

	A	B
①	Zn^{2+}	水酸化ナトリウム水溶液
②	Pb^{2+}	水酸化ナトリウム水溶液
③	Al^{3+}	アンモニア水
④	Cu^{2+}	アンモニア水
⑤	Ag^{+}	アンモニア水

（センター試験）

NaOH水溶液を過剰に加えたとき，OH^-と錯イオンを形成し，一度できた沈殿が溶けるもの

→ ゴロ あ(Al^{3+})あ(Zn^{2+})すん(Sn^{2+})なり(Pb^{2+})と溶ける

$Al^{3+} \xrightarrow{NaOH} Al(OH)_3\downarrow$ (白色) $\xrightarrow{NaOH} [Al(OH)_4]^-$ (無色)

テトラヒドロキシドアルミン酸イオン

$Zn^{2+} \xrightarrow{NaOH} Zn(OH)_2\downarrow$ (白色) $\xrightarrow{NaOH} [Zn(OH)_4]^{2-}$ (無色)

テトラヒドロキシド亜鉛(Ⅱ)酸イオン

$Sn^{2+} \xrightarrow{NaOH} Sn(OH)_2\downarrow$ (白色) $\xrightarrow{NaOH} [Sn(OH)_4]^{2-}$ (無色)

$Pb^{2+} \xrightarrow{NaOH} Pb(OH)_2\downarrow$ (白色) $\xrightarrow{NaOH} [Pb(OH)_4]^{2-}$ (無色)

よって，①Zn^{2+}と②Pb^{2+}は沈殿が溶ける。

NH_3水を過剰に加えたとき，NH_3と錯イオンを形成し，一度できた沈殿が溶けるもの

→ ゴロ 安(NH_3)どう(Cu^{2+})のあ(Zn^{2+})に(Ni^{2+})は銀(Ag^+)行員

Cu^{2+}(青色) $\xrightarrow{NH_3} Cu(OH)_2\downarrow$ (青白色) $\xrightarrow{NH_3} [Cu(NH_3)_4]^{2+}$ (深青色)

$Zn^{2+} \xrightarrow{NH_3} Zn(OH)_2\downarrow$ (白色) $\xrightarrow{NH_3} [Zn(NH_3)_4]^{2+}$ (無色)

Ni^{2+}(緑色) $\xrightarrow{NH_3} Ni(OH)_2\downarrow$ (緑色) $\xrightarrow{NH_3} [Ni(NH_3)_6]^{2+}$ (青紫色)

$Ag^{+} \xrightarrow{NH_3} Ag_2O\downarrow$ (暗褐色) $\xrightarrow{NH_3} [Ag(NH_3)_2]^{+}$ (無色)

よって，④Cu^{2+}と⑤Ag^+は沈殿が溶ける。③Al^{3+}は弱塩基であるNH_3水を過剰に加えても$Al(OH)_3$のままで溶けない。

$Al^{3+} \xrightarrow{NH_3} Al(OH)_3\downarrow$ (白色) $\xrightarrow{NH_3} Al(OH)_3\downarrow$ のまま

③

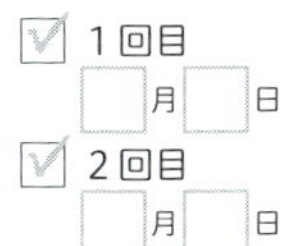

アルカリ金属(1族)

ナトリウム単体に関する記述で，正しいものを次の①～④から1つ選べ。

① ナトリウムの塩やその水溶液は炎色反応を示さない。

② ナトリウムの単体金属は室温で液体として存在する。

③ ナトリウムの単体金属は硬く，工具の材料になっている。

④ ナトリウムの単体金属は電気の良導体である。

（湘南工科大）

Point　アルカリ金属

アルカリ金属は，Naを中心に性質をおさえよう。

❶ 価電子を1個もち，1価の陽イオンになりやすい。

例 $_{11}$Na　K(2)L(8)M(1) —価電子1個を失って→ Na^+になりやすい。
（M(1)：価電子1個）

❷ 空気中で酸化され，水と激しく反応して水素H_2を発生するので，石油（灯油）中に保存する。

例 酸素との反応：$4Na + O_2 \longrightarrow 2Na_2O$

水との反応：$2Na + 2H_2O \longrightarrow 2NaOH + H_2$

❸ 炎色反応を示し，Liは赤色，Naは黄色，Kは赤紫色　となる。

①（誤り）　Naは炎色反応を示す。Point参照。

②（誤り）　Naは室温で固体として存在する。

③（誤り）　Naはやわらかい。

④（正しい）　金属は自由電子が電気や熱を伝えるため，電気や熱の良導体である。

④

アンモニアソーダ法

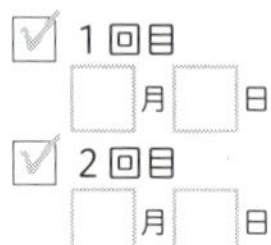

次の文章を読み，文中の［　］にあてはまるもっとも適当な化学式を記せ。

炭酸ナトリウムは化学工業上，重要な物質である。炭酸ナトリウムの工業的製法では，原材料の1つである［ア］の飽和水溶液に，気体である［イ］を充分に溶解させたあと，さらに気体である［ウ］を吹きこんで，炭酸水素ナトリウムを沈殿させる。その後，沈殿した炭酸水素ナトリウムをろ過し，熱分解することにより炭酸ナトリウムを製造する。

（京都薬科大）

炭酸ナトリウムNa_2CO_3の工業的製法をアンモニアソーダ法（ソルベー法）という。

アンモニアソーダ法では，［$NaCl$］（ア）の飽和水溶液に，［NH_3］（イ）を充分に溶かしたあと，さらに［CO_2］（ウ）を吹きこむと，比較的溶解度の小さな$NaHCO_3$が沈殿する。

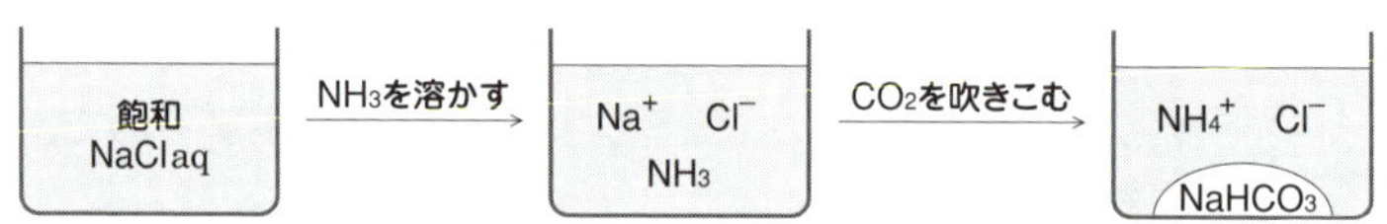

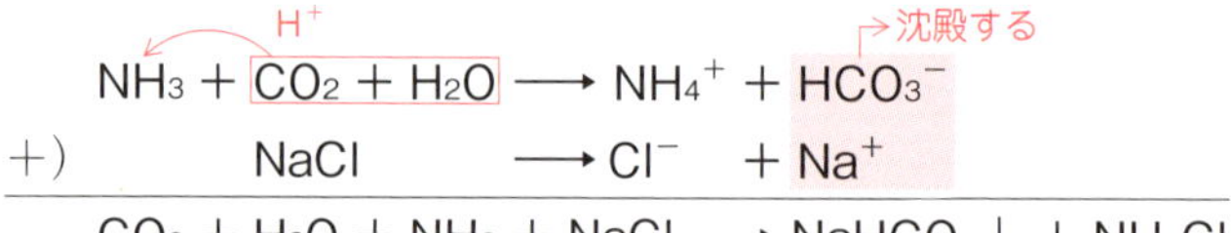

$$
\begin{array}{lll}
 & NH_3 + CO_2 + H_2O & \longrightarrow NH_4^+ + HCO_3^- \\
+) & NaCl & \longrightarrow Cl^- + Na^+ \\
\hline
 & CO_2 + H_2O + NH_3 + NaCl & \longrightarrow NaHCO_3\downarrow + NH_4Cl
\end{array}
$$

その後，$NaHCO_3$をろ過し，熱分解するとNa_2CO_3が生成する。

$$2NaHCO_3 \longrightarrow Na_2CO_3 + CO_2 + H_2O$$

Point　Na_2CO_3はガラスなどの原料に用いる。

ア：$NaCl$　イ：NH_3　ウ：CO_2

アルカリ土類金属(2族)

1回目 月 日
2回目 月 日

次の文章を読み，文中の[ア]～[ウ]にあてはまる語句，[エ]と[オ]にあてはまる化学式を答えよ。

2族元素の中で化学的性質がとくに似ているカルシウムCa，ストロンチウムSr，バリウムBa，ラジウムRaの4つの元素を[ア]という。[ア]に属するそれぞれの元素は，特有の[イ]を示すため，[イ]はそれらの検出と確認に利用される。さらに，[ア]のイオンを含む水溶液に[ウ]イオンを含む水溶液を加えると白色の[ウ]塩を生じ，この塩は中性水溶液には溶けず，強酸性水溶液にもほとんど溶けない。カルシウムの[ウ]塩は天然に産出する。また，石灰水に二酸化炭素を通じると[エ]の白色沈殿を生じるが，さらに二酸化炭素を通じると[オ]になって溶ける。

(大阪市立大)

アルカリ土類(どるい)金属(ア)は特有の炎色反応(イ)を示し，

Caは橙赤色(とうせきしょく)，Srは紅色(べにいろ)，Baは黄緑色

となる。

アルカリ土類金属のイオン(Ca^{2+}，Ba^{2+}など)の水溶液に，CO_3^{2-}やSO_4^{2-}を加えると，

$CaCO_3$↓(白色)，$BaCO_3$↓(白色)，
$CaSO_4$↓(白色)，$BaSO_4$↓(白色)など

の白色沈殿を生じる。強酸を加えるとCO_3^{2-}との沈殿は溶けるがSO_4^{2-}との沈殿はほとんど溶けない。よって，硫酸(ウ)イオン，硫酸塩となる。

カルシウムの硫酸塩$CaSO_4$は，天然に$CaSO_4 \cdot 2H_2O$(セッコウ)として産出(さんしゅつ)し，セッコウを加熱すると$CaSO_4 \cdot \frac{1}{2}H_2O$(焼(や)きセッコウ)になる。

$Ca(OH)_2$の水溶液を石灰水(せっかいすい)という。石灰水にCO_2を通じると$CaCO_3$(エ)の白色沈殿を生じるが，さらにCO_2を通じると水に溶ける$Ca(HCO_3)_2$(オ)になるために白色沈殿が消える。

ア：アルカリ土類金属　イ：炎色反応　ウ：硫酸
エ：$CaCO_3$　オ：$Ca(HCO_3)_2$

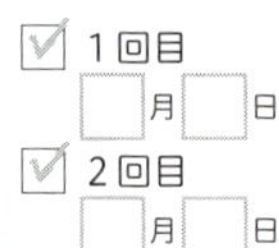

問題102 アルミニウム(13族)

次の文章を読み，下の(1)，(2)に答えよ。

アルミニウムは，[ア]族の元素で価電子を[イ]個もつ。アルミニウムには天然に[ウ]は存在しないが，ケイ素には^{28}Si，^{29}Si，^{30}Siの3種類の[ウ]が存在する。工業的にアルミニウムの単体を得るには，まず，鉱石である[エ]から酸化アルミニウムをつくったのち，これを加熱融解した[オ]に溶かし，炭素を電極に用いて[カ]を行う。

[キ]極では酸化アルミニウムの電離で生じたアルミニウムイオンが[ク]されて，アルミニウムを生じる。空気中ではアルミニウムは表面に[ケ]の被膜を生じ，[コ]が内部まで進行しにくくなる。人工的にこの被膜をつけたアルミニウム製品を[サ]という。アルミニウムは[シ]元素であるので，塩酸とも水酸化ナトリウム水溶液とも反応して溶解する。アルミニウムは建築材料や日用品に利用され，また，銅，マグネシウム，マンガンなどを含むアルミニウムの[ス]は[セ]とよばれ，航空機材料に用いられる。

(1) 文中の[　]にあてはまる適切な語句または数を記せ。

(2) アルミニウムイオンを含む水溶液の電気分解では，アルミニウムが得られない。その理由を説明せよ。 (信州大)

Alは[13]ア族の元素であり，原子番号が13なので，その電子配置はK(2)L(8)M(3)となり，価電子を[3]イ個もつ。Alは天然に[同位体]ウが存在せず，その**単体は工業的には**[**溶融塩電解**(ようゆうえんでんかい)]カ**(融解塩電解**(ゆうかいえんでんかい)**)によりつくる。**

❶ まず，鉱石(こうせき)である[ボーキサイト]エ(主成分$Al_2O_3 \cdot nH_2O$)から不純物のFe_2O_3などを除き，純粋なAl_2O_3(アルミナ)をつくる。

❷ 次に，Al_2O_3を加熱融解した[氷晶石(ひょうしょうせき)]オに溶かし，炭素を電極に用いて溶融塩電解する。氷晶石を使うことで，融点が2000℃くらいのアルミナを約1000℃で融解させることができる。

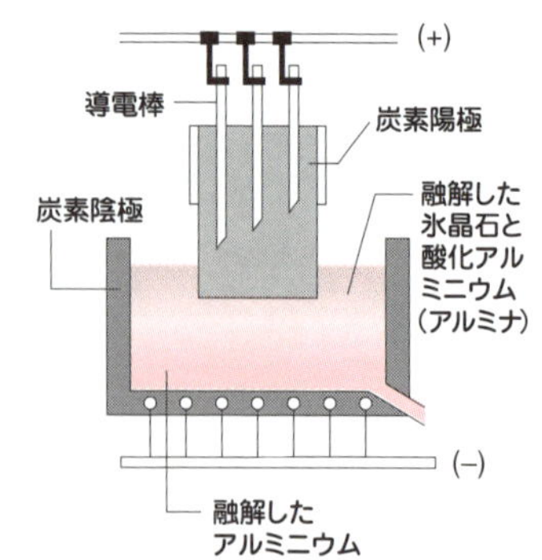

$Al_2O_3 \longrightarrow 2Al^{3+} + 3O^{2-}$
↑加熱融解により，イオンに電離している

[陰]極では，Al^{3+}が[還元]されて，Alが生じる。
キ　　　　　　ク

⊖ $Al^{3+} + 3e^- \longrightarrow Al$

陽極では，O^{2-}が酸化されて発生したO_2が極板のCと反応してCOやCO_2が発生する。

⊕ $C + O^{2-} \longrightarrow CO + 2e^-$

$C + 2O^{2-} \longrightarrow CO_2 + 4e^-$

（Al^{3+}を含む水溶液を電気分解しても，Alはイオン化傾向が大きいので陰極ではH_2OのH^+が反応してH_2が発生するだけでAlを得ることはできない。）←(2)

空気中ではAlは表面に[酸化物]の被膜を生じ，[酸化(反応)]が内部まで進みにくくなる。人工的に酸化物の被膜をつけたアルミニウム製品を[アルマイト]という。
ケ　コ　サ

Alは[両性]元素なので，酸だけでなく強塩基とも反応してH_2を発生し，溶ける。
シ

$2Al + 6HCl \longrightarrow 2AlCl_3 + 3H_2$

$2Al + 2NaOH + 6H_2O \longrightarrow 2Na[Al(OH)_4] + 3H_2$

Point アルミニウムを含む物質

- [ジュラルミン](Al＋Cu＋Mg＋Mn＋…)：Alの[合金]
  セ　ス
- ルビー(紅色)：主成分Al_2O_3にCr_2O_3(微量)
- サファイア(青色)：主成分Al_2O_3にTiO_2(微量)など
- ミョウバン$AlK(SO_4)_2 \cdot 12H_2O$：2種以上の塩からなる複塩(ふくえん)。
  無色の正八面体結晶

(1) ア：13　イ：3　ウ：同位体　エ：ボーキサイト
オ：氷晶石　カ：溶融塩電解　または　融解塩電解(電気分解も可)
キ：陰　ク：還元　ケ：酸化物　または　酸化アルミニウム
コ：酸化(反応)　サ：アルマイト　シ：両性　ス：合金
セ：ジュラルミン

(2) Al^{3+}を含む水溶液を電気分解しても，陰極では水素が発生するだけなので。

鉄(8族・遷移元素)

1回目 月 日
2回目 月 日

次の文章を読み，下の(1)〜(3)に答えよ。

元素の周期表において，第4周期以降に現れる［ア］族から［イ］族に属する元素を遷移元素という。鉄，銅，銀，金などの元素は遷移元素である。単体の鉄は天然にほとんど存在しないが，地殻中では鉄鉱石として広く存在する。単体の鉄はこの鉄鉱石を石灰石や［ウ］とともに溶鉱炉(高炉)に入れ，高温で還元して得られる。この反応は，①高温で生成した一酸化炭素による還元反応である。このとき得られる鉄は［エ］とよばれ，炭素を約4%含んでいる。高温にした［エ］を転炉に移し，酸素を吹きこみ，不純物や余分な炭素を除くと［オ］が得られる。

鉄を湿った空気中に放置すると，赤さびが生じる。このようなさびから鉄を守るため，その表面を別の金属で被覆することをめっきという。トタンは鉄板の表面を［カ］でめっきしたものである。また，②鉄にクロムとニッケルを添加した合金はさびにくい。

(1) 上の文中の［　］にあてはまる用語または数値を書け。

(2) 鉄鉱石が赤鉄鉱の場合，下線①の反応を化学反応式で示せ。

(3) 下線②の合金の名称を書け。

(岩手大)

解説

遷移元素は，［3］(ア)族から［11］(イ)族に属する。

鉄Feは，工業的には溶鉱炉(ようこうろ)の中に石灰石$CaCO_3$や［コークス］(ウ)Cを入れ，鉄鉱石(てっこうせき)(赤鉄鉱(せきてっこう)Fe_2O_3など)を還元してつくる。この反応は高温で生じたCO(還元剤)が鉄鉱石を次のように還元する。

$$Fe_2O_3 + 3CO \longrightarrow 2Fe + 3CO_2$$ ←(2)

このとき溶鉱炉で得られる鉄は［銑鉄(せんてつ)］(エ)とよばれ**炭素の含有量が多く，硬くてもろい**。高温にした銑鉄を転炉(てんろ)に移し，**炭素の含有量を減らした**［鋼(こう)］(オ)を得る。

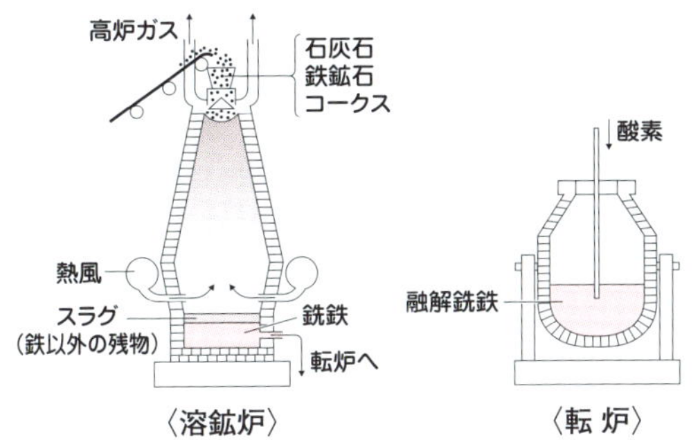

Point 鉄のめっき・合金

さびから鉄を守るために，めっきを行ったり，合金にしたりする。

- トタン ➡ Feの表面を亜鉛(カ)Znでめっきしたもの
- ブリキ ➡ Feの表面をスズSnでめっきしたもの

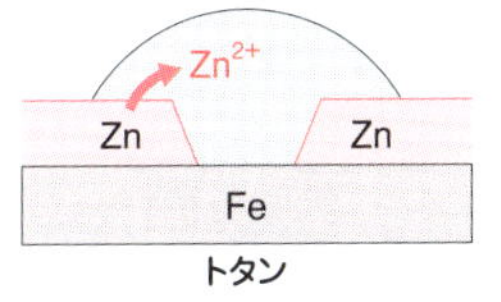

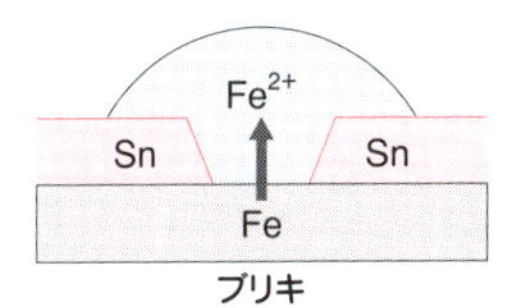

トタンでは，表面に傷(きず)がつき鉄が露出(ろしゅつ)しても，イオン化傾向は Zn＞Fe なのでZnがZn^{2+}となり，Feの腐食(ふしょく)を防止(ぼうし)することができる。しかし，ブリキでは，イオン化傾向は Fe＞Sn なのでFeがFe^{2+}となり，Feの腐食が促進(そくしん)される。

- ステンレス鋼(3) ➡ FeにCrとNiを添加(てんか)した合金

(1) ア：3　イ：11　ウ：コークス　エ：銑鉄
　オ：鋼　カ：亜鉛

(2) $Fe_2O_3 + 3CO \longrightarrow 2Fe + 3CO_2$

(3) ステンレス鋼

問題104 鉄イオンの反応

☑ 1回目 月 日
☑ 2回目 月 日

次の表の空欄に当てはまる化学式または語句を，解答群から選べ。

鉄イオン ＼ 加える試薬	NaOH水溶液	（ ③ ）水溶液	（ ④ ）水溶液	チオシアン酸カリウム KSCN水溶液
鉄(Ⅱ)イオンFe^{2+}	（ ① ）色の沈殿が生じる	白～青白色の沈殿が生じる。	濃青色の沈殿が生じる。	変化なし
鉄(Ⅲ)イオンFe^{3+}	（ ② ）色の沈殿が生じる	濃青色の沈殿が生じる。	褐色の溶液になる。	（ ⑤ ）色の溶液になる。

（解答群） 白，黒，赤褐，血赤，緑白，青，黄，$K_4[Fe(CN)_6]$，
$K_3[Fe(CN)_6]$，NH_3

① 水酸化鉄(Ⅱ)$Fe(OH)_2$の緑白色の沈殿が生じる。

② 水酸化鉄(Ⅲ)$Fe(OH)_3$の赤褐色の沈殿が生じる。

③ Fe^{3+}を含む水溶液にヘキサシアニド鉄(Ⅱ)酸カリウム$K_4[\underset{+2}{Fe}(CN)_6]$の水溶液を加えると，(注)濃青色の沈殿が生じる。

④ Fe^{2+}を含む水溶液にヘキサシアニド鉄(Ⅲ)酸カリウム$K_3[\underset{+3}{Fe}(CN)_6]$の水溶液を加えると，(注)濃青色の沈殿が生じる。

⑤ Fe^{3+}を含む水溶液にチオシアン酸カリウムKSCN水溶液を加えると，Fe^{3+}がSCN^-と錯イオンをつくり，血赤色の溶液になる。

(注) 理想的な組成式では，$Fe^{III}{}_4[Fe^{II}(CN)_6]_3$と表される。同一の化合物である。

① 緑白 ② 赤褐 ③ $K_4[Fe(CN)_6]$ ④ $K_3[Fe(CN)_6]$
⑤ 血赤

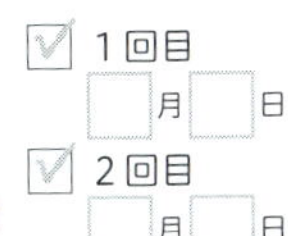

問題105 銅（11族・遷移元素）

(1) 電解精錬で得られる純銅はどちらの極に析出するか，また，使う電解液は何か，組み合わせとして適当なものを㋐～㋓から1つ選べ。

	㋐	㋑	㋒	㋓
極	陽極	陰極	陽極	陰極
電解液	$CuSO_4$	$CuSO_4$	$NaNO_3$	$NaNO_3$

(2) 銅がもつ性質についての記述㋐～㋔のうち，誤っているものを1つ選べ。

㋐ 熱・電気の伝導性に優れている。

㋑ 空気中で加熱すると，酸化されて表面が黒色の酸化銅(Ⅱ)になる。

㋒ イオン化傾向が水銀より小さい。

㋓ 湿った空気中では，緑青（ろくしょう）となってさびていく。

㋔ 銅は希硫酸に溶けない。

(3) 結晶硫酸銅($CuSO_4 \cdot 5H_2O$)を加熱して得られる無水硫酸銅($CuSO_4$)は何の検出に用いられるか，適当なものを㋐～㋔から1つ選べ。

㋐ 水　㋑ アルコール　㋒ 糖　㋓ 油　㋔ デンプン

（北海道工業大）

(1) 銅Cuは，工業的には銅の鉱石から得られる粗銅（そどう）（純度約99%）を電解精錬（でんかいせいれん）により高純度の銅に精錬してつくる。

つまり，硫酸で酸性にした$CuSO_4$水溶液を電解液とし，陽極に粗銅，陰極に純銅（じゅんどう）を使い電気分解すると，陰極上に純銅が析出する。

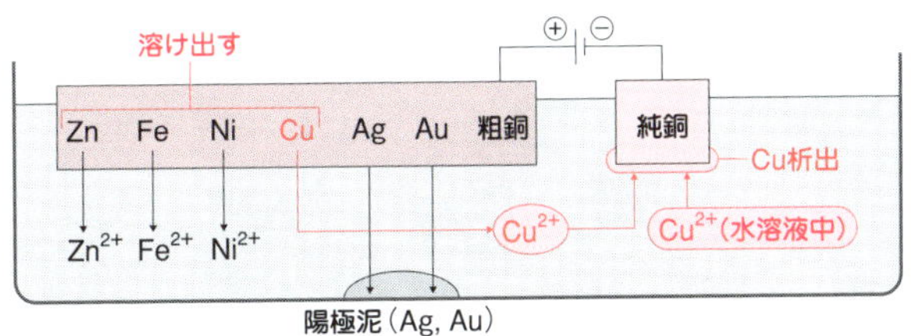

Cuよりイオン化傾向の大きなZn，Fe，Niは水溶液中にイオンとなって存在するが，Cuよりイオン化傾向の小さなAgやAuはイオンにならずに単体のまま陽極泥（ようきょくでい）に含まれる。

(2) ㋐ 一般に11族の金属(Cu, Ag, Au)は，熱・電気伝導性に優れている。ちなみに，熱・電気伝導性は，Ag＞Cu＞Au の順である。

㋑ $2Cu + O_2 \longrightarrow 2CuO$(黒)

㋒ イオン化傾向は，…＞H_2＞Cu＞Hg＞Ag… である。誤り。
(ひ ど す ぎ)

㋓ 銅は，湿った空気中で緑青(ろくしょう)(主成分は$CuCO_3 \cdot Cu(OH)_2$)とよばれる青緑色のさびが生じる。

㋔ 銅は水素よりイオン化傾向が小さく，塩酸や希硫酸には溶けない。

$Cu + 2H^+ \not\longrightarrow$
反応しない

ただし，酸化力の強い硝酸や熱濃硫酸には溶ける。

Point 銅の性質

❶ 単体の色が赤色。
❷ 熱・電気伝導性に優れている。
Ag＞Cu＞Au＞Al＞… の順
❸ 空気中で加熱 ➡ 黒色の酸化銅(Ⅱ)CuOになる。
1000℃以上で加熱 ➡ 赤色の酸化銅(Ⅰ)Cu_2Oになる。
❹ 湿った空気中で青緑色のさび(緑青)を生じる。
❺ 黄銅(おうどう)(Cu＋Zn)，青銅(せいどう)(Cu＋Sn)，白銅(はくどう)(Cu＋Ni)などの合金の材料になる。

(3) $CuSO_4$の白色粉末は，水分を吸収し$CuSO_4 \cdot nH_2O$(n＝1〜5)のような水和物に変化し，青色となる。よって，㋐。

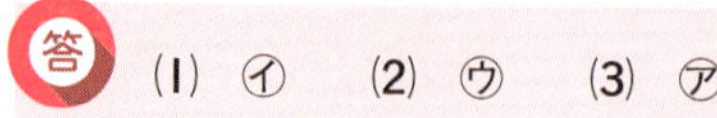
答 (1) ㋑ (2) ㋒ (3) ㋐

第9章　有機化学の基礎

有機化合物の特徴

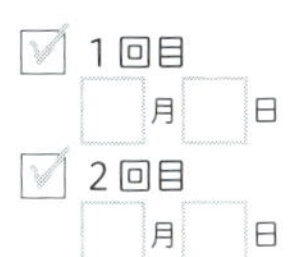

次の①～⑤から，有機化合物の特徴として正しくないものを1つ選べ。

① おもな構成元素は炭素，水素，酸素である。
② 各原子は，イオン結合により分子を形成する。
③ 融点，沸点が比較的低い。
④ 多くは，水よりも石油やアルコールなどの有機溶媒に溶けやすい。
⑤ 完全燃焼すると，多くのものは二酸化炭素と水を生じる。

（湘南工科大）

有機化合物を構成する元素は，おもに炭素Cと水素Hで，酸素O，窒素N，硫黄Sなどを含んでいることもある。

Point 有機化合物の特徴

有機化合物は，ふつうCとHの骨格に性質を示す官能基（かんのうき）が結合している。

CとHの骨格 — X
官能基

① （正しい）

② （誤り）　各原子は，共有結合で分子を形成している。

③ （正しい）　融点や沸点は比較的低いものが多い。

④ （正しい）　有機化合物は水に溶けにくいものが多い。

⑤ （正しい）　完全燃焼すると，CからはCO_2，HからはH_2Oを生じる。

②

1回目 月 日
2回目 月 日

問題107 官能基と有機化合物の分類

次の3つの有機化合物の破線で囲まれた結合や官能基a〜cの名称としてもっとも適当なものを，下の①〜⑧のうちから1つずつ選べ。

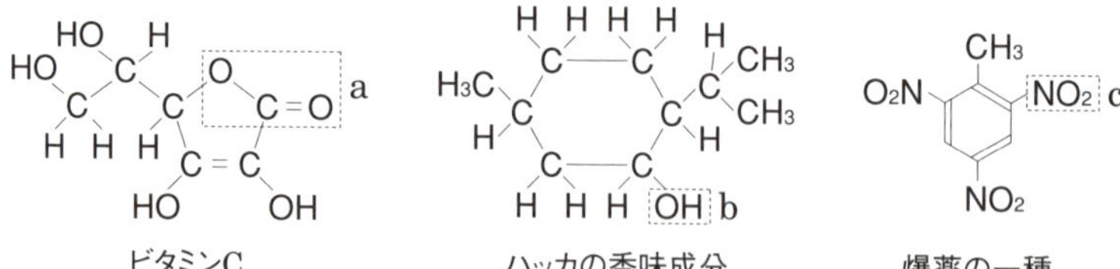

① アミノ基　② ホルミル基(アルデヒド基)　③ エステル結合
④ エーテル結合　⑤ カルボキシ基　⑥ スルホ基
⑦ ニトロ基　⑧ ヒドロキシ基

（センター試験）

官能基の種類によって有機化合物を分類することができる。次のものは記憶しよう。

Point 官能基と有機化合物の一般名

	官能基	一般名	一般式
b→	ヒドロキシ基　$-OH$	アルコール	ROH
	ホルミル基(アルデヒド基)　$-\underset{\underset{O}{\|\|}}{C}-H$	アルデヒド	RCHO
	カルボニル基(ケトン基)　$C-\underset{\underset{O}{\|\|}}{C}-C$	ケトン	RCOR′
	カルボキシ基　$-\underset{\underset{O}{\|\|}}{C}-OH$	カルボン酸	RCOOH
c→	ニトロ基　$-NO_2$	ニトロ化合物	RNO_2
	アミノ基　$-NH_2$	アミン	RNH_2
	スルホ基　$-SO_3H$	スルホン酸	RSO_3H
a→	エステル結合　$-\underset{\underset{O}{\|\|}}{C}-O-C$	エステル	RCOOR′
	エーテル結合　$C-O-C$	エーテル	ROR′
	アミド結合　$-\underset{\underset{O}{\|\|}}{C}-\underset{\underset{H}{\|}}{N}-$	アミド	RCONHR′

←Rがベンゼン環などの場合はフェノール類という

ホルミル基，カルボキシ基などの $>C=O$ をカルボニル基と呼ぶことがある

答 a ③　b ⑧　c ⑦

元素分析

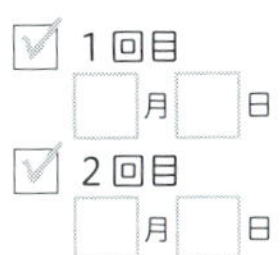

ここに炭素，水素，酸素だけからなる有機化合物が試料としてある。この試料7.4mgを次に示す装置を用いて完全燃焼させ，燃焼気体をガラス管A，次にガラス管Bの順に通した。その結果，ガラス管Aの質量は9.0mg増加し，ガラス管Bの質量は17.6mg増加した。

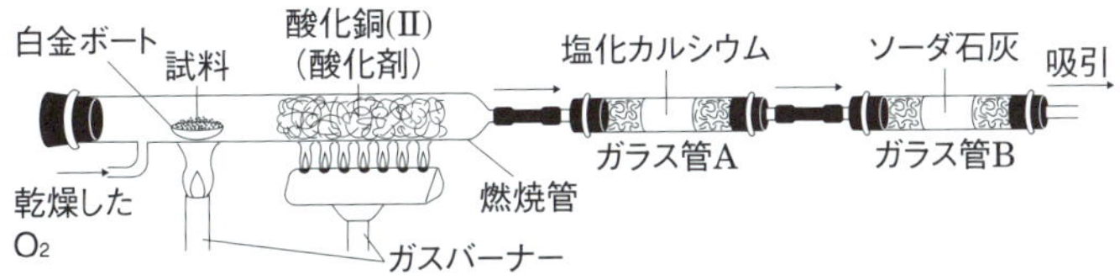

問1　ガラス管Aの塩化カルシウムに吸収されたものは何か。また，ガラス管Bのソーダ石灰に吸収されたものは何か。それぞれ化学式を書け。

問2　ガラス管Aとガラス管Bの配置する順序を逆にしてはいけない理由を述べよ。

問3　最初に試料として与えられた有機化合物の組成式を求めよ。原子量はH＝1.0，C＝12，O＝16とする。

（宮崎大）

問1　有機化合物の燃焼によって，二酸化炭素CO_2と水H_2Oが生じる。まずAの$CaCl_2$が H_2O（A）を吸収し，これが9.0mgの増加分となる。次に，Bのソーダ石灰（水酸化ナトリウムと酸化カルシウムを焼き固めたもの）が CO_2（B）を吸収し，これが17.6mgの増加分となる。

問2　ソーダ石灰は二酸化炭素だけでなく水も吸収する。Aにソーダ石灰を入れると，二酸化炭素と水の両方が吸収され，別々に質量が測定できなくなる。

問3　組成式（そせいしき）とは，**元素の組成をもっとも簡単な整数比で表した化学式**である。試料中の炭素，水素，酸素，それぞれの原子の物質量を求めて，もっとも簡単な整数比を求めればよい。

第9章 有機化学の基礎

$$(\text{試料中の炭素原子の質量})=(\text{二酸化炭素の質量})\times\frac{\text{二酸化炭素中の炭素の原子量}}{\text{二酸化炭素の分子量}}$$

$$=\underbrace{17.6\,[\text{mg}]}_{\text{Bで吸収}}\times\frac{12}{\underbrace{12+16\times 2}_{44}}$$

（44のうち12が炭素に相当）

$$=4.8\,[\text{mg}]$$

$$(\text{試料中の水素原子の質量})=(\text{水の質量})\times\frac{\text{水分子中の水素の原子量の和}}{\text{水の分子量}}$$

$$=9.0\,[\text{mg}]\times\frac{1.0\times 2}{\underbrace{1.0\times 2+16}_{18}}$$

（18のうち1.0×2＝2.0が水素に相当）

$$=1.0\,[\text{mg}]$$

$$(\text{試料中の酸素原子の質量})=(\text{試料の質量})-(\text{炭素の質量})-(\text{水素の質量})$$

$$=7.4-4.8-1.0$$

$$=1.6\,[\text{mg}]$$

（試料は炭素，水素，酸素のみからなることに注意）

そこで，試料7.4mg中の炭素原子，水素原子，酸素原子の物質量の比は，

$$n_C : n_H : n_O$$

$$=\frac{4.8\times 10^{-3}\,[\text{g}]}{12\,[\text{g/mol}]}:\frac{1.0\times 10^{-3}\,[\text{g}]}{1.0\,[\text{g/mol}]}:\frac{1.6\times 10^{-3}\,[\text{g}]}{16\,[\text{g/mol}]}$$

$$=4.0\times 10^{-4}\,[\text{mol}]:1.0\times 10^{-3}\,[\text{mol}]:1.0\times 10^{-4}\,[\text{mol}]$$

$$=4:10:1$$

となるので，組成式は　$C_4H_{10}O$　となる。

Point　**試料の組成式**

$$C:H:O$$

$$=\frac{\text{C原子の質量}}{12}:\frac{\text{H原子の質量}}{1.0}:\frac{\text{O原子の質量}}{16}$$

$$=\frac{CO_2\text{の質量}\times\frac{12}{44}}{12}:\frac{H_2O\text{の質量}\times\frac{2}{18}}{1.0}:\frac{\text{試料の質量}-(\text{C原子とH原子の質量の和})}{16}$$

（CO_2の質量：ソーダ石灰で吸収　H_2Oの質量：塩化カルシウムで吸収）

問1　A：H_2O　　B：CO_2

問2　ソーダ石灰は二酸化炭素だけでなく水も吸収するので，逆に配置すると，これらの質量が別々に測定できなくなるから。

問3　$C_4H_{10}O$

1回目　月　日
2回目　月　日

示性式と構造式

次にあげる化学式のうち，示性式はどれか。①〜⑤から1つ選べ。

①	②	③	④	⑤
H：S̤̈：H	CO_3^{2-}	C_2H_6O	H−N−C−N−H（N−H, C=O, N−H）	CH_3OH

（玉川大）

有機化合物は，分子式，示性式（しせいしき），構造式などを使って表す。

❶ 分子式：分子をつくっている元素記号とその数を表したもの
❷ 示性式：分子式の中から，官能基がわかるように表したもの
❸ 構造式：原子と原子の結合のようすを価標(−)を使って表したもの

（注 原子どうしのつながり方がわかる場合には，構造式の価標を省略する場合もある。）

Point 分子式・示性式・構造式

例 酢酸

分子式	示性式	構造式	Hとの価標を省略した簡易構造式
$C_2H_4O_2$	CH_3-COOH CH_3COOH 官能基であるカルボキシ基を表す	H−C(−H)(−H)−C(=O)−O−H 価標を使って表す	$CH_3-C(=O)-OH$

①は電子式，②はイオン式，③は分子式，④は構造式，⑤が示性式である。
電子式は，元素記号のまわりに価電子を“・”で表したもの。

 ⑤

第9章 有機化学の基礎

異性体(1)

☑ 1回目　□月□日
☑ 2回目　□月□日

次の文章を読み，文中の［　］にあてはまる適切な語句を記せ。

有機化合物の中には，同じ分子式でありながら分子の構造が異なる化合物が多数存在する。このような化合物を互いに異性体という。異性体の中で，原子や原子団のつながり方が異なる化合物を互いに［ a ］異性体という。さらに，同じ構造式をもつ化合物の中で，原子や原子団のならび方が空間的に異なる場合があり，このような化合物を互いに［ b ］異性体という。例えば，4種類の異なる原子や原子団が共有結合した炭素原子を［ c ］炭素原子といい，1個の［ c ］炭素原子をもつ化合物では，一対の［ b ］異性体が存在する。このような一対の化合物を互いに［ d ］異性体という。［ d ］異性体は生物が生産する有機化合物に多くみられ，融点などの性質は同じであるが，平面偏光に対する性質や生理作用が異なる。

（北海道大）

同じ分子式をもち，分子の構造が異なるものどうしを**異性体**(いせいたい)という。

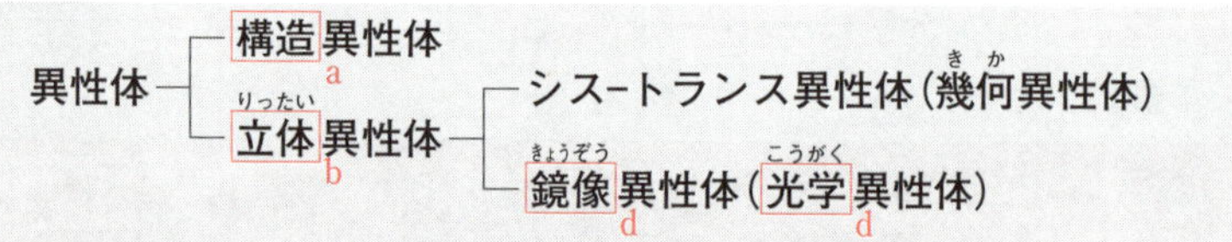

構造異性体とは，**原子や原子団のつながり方が異なるものどうし**をいう。

① C骨格が異なる

$CH_3-CH_2-CH_2-CH_3$　と　$CH_3-CH(CH_3)-CH_3$

② 官能基が異なる

CH_3-CH_2-OH（ヒドロキシ基）　と　CH_3-O-CH_3（エーテル結合）

③ 官能基の位置が異なる

$CH_3-CH_2-CH_2-OH$（C骨格のはじに結合）　と　$CH_3-CH(OH)-CH_3$（C骨格の途中に結合）

また，**立体異性体**とは，**同じ構造式をもつ化合物の中で，原子や原子団のならび方が空間的に異なるものどうし**をいう。

❶ シス-トランス異性体（幾何異性体）

C=Cをもつ化合物には，C=Cを軸にした自由回転ができないために，シス形とトランス形の立体異性体が存在することがある。

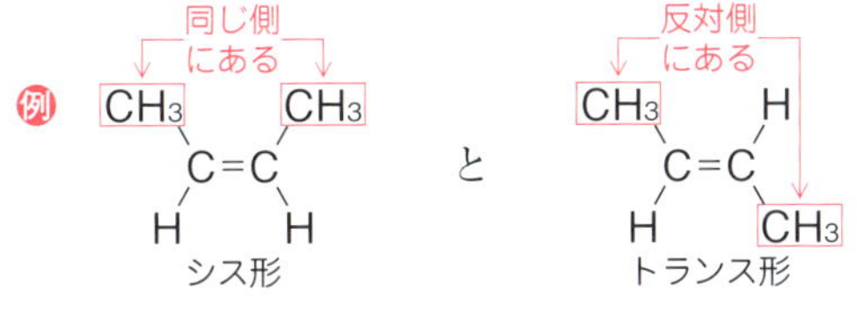

Point

α / α C=C の構造には，シス-トランス異性体は生じない。

❷ 鏡像異性体（光学異性体）

不斉（ふせい）炭素原子をもつ化合物には，「鏡にうつすもの」と「鏡にうつったもの」の関係にある一対の立体異性体が存在する。

例 乳酸（にゅうさん）

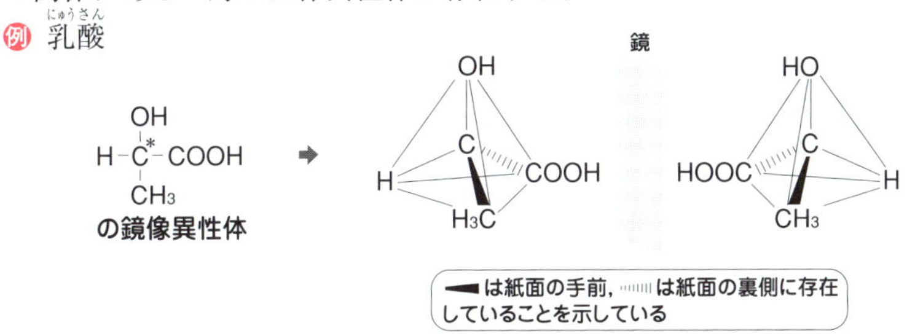

Point 不斉炭素原子と鏡像異性体（光学異性体）

不斉炭素原子 ➡ 4種類の異なる原子や原子団が結合している炭素のこと

```
    Y
    |
X − C − Z   ← 不斉炭素原子
    |
    W
```

C*と書いて，ほかのCと区別することがある

鏡像異性体（光学異性体）は，化学的性質や融点などはほぼ同じであるが，光に対する性質が異なり，においや味などの生理作用が異なる場合がある。

a：構造　b：立体　c：不斉　d：鏡像　または　光学

第10章 脂肪族化合物

炭化水素の構造と結合による分類・異性体(2)

☑ 1回目 月 日
☑ 2回目 月 日

有機化合物の炭素原子間の化学結合には，単結合のほかに二重結合と三重結合がある。二重結合を1つ含む鎖式炭化水素を［ア］とよぶ。また，三重結合を1つ含む鎖式炭化水素を［イ］とよぶ。

二重結合を含む分子式C_4H_8で示される化合物には，数種類の構造異性体が存在する。

問1　文中の［ア］，［イ］に入る適当な語句を答えよ。

問2　下線部について，考えられるすべての構造異性体の構造式を書け。ただし，その中にシス-トランス異性体がある場合には，シス形とトランス形に分けて構造式を書け。

（鹿児島大）

炭化水素は，構造と結合によって次のように分類される。

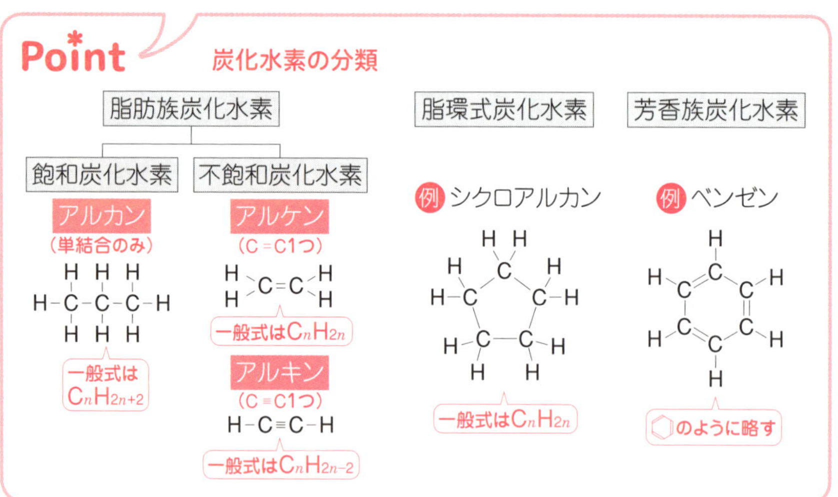

問１　鎖式炭化水素は，一般に脂肪族炭化水素とよばれ，すべて単結合のみのものをアルカン，C=Cを1つもつと アルケン（ア），C≡Cを1つもつと アルキン（イ） という。

問２　C_4H_8のアルケンには，次のような構造異性体が存在する。

C－C－C－C（①，② の位置に二重結合）
（↓に二重結合をもつものは，炭素骨格の対称性から考えると①と同じ）

C－C－C（中央のCにCが結合，③ の位置に二重結合）
（↓に二重結合をもつものは，炭素骨格の対称性から考えると③と同じ）

このうち②にC=C結合をもつ2-ブテンは，シス形とトランス形が存在する。

① $CH_2=CH-CH_2-CH_3$

② $CH_3-CH=CH-CH_3$（シス，トランスあり）

③ $CH_2=C(CH_3)-CH_3$

一般に P(Q)C=C(R)(S) のような場合に，P≠Q かつ R≠S ならシス-トランス異性体が存在するので注意すること。

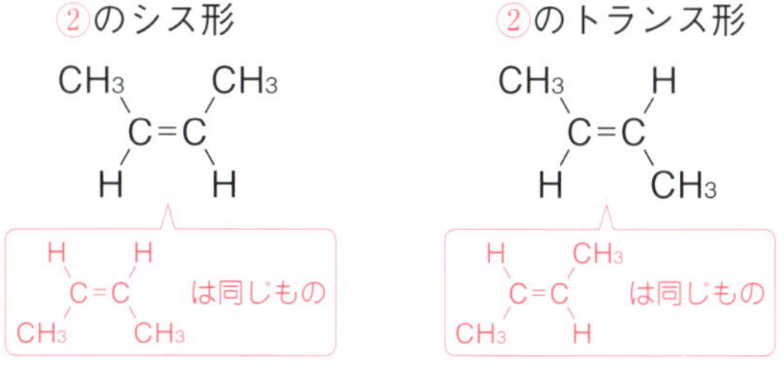

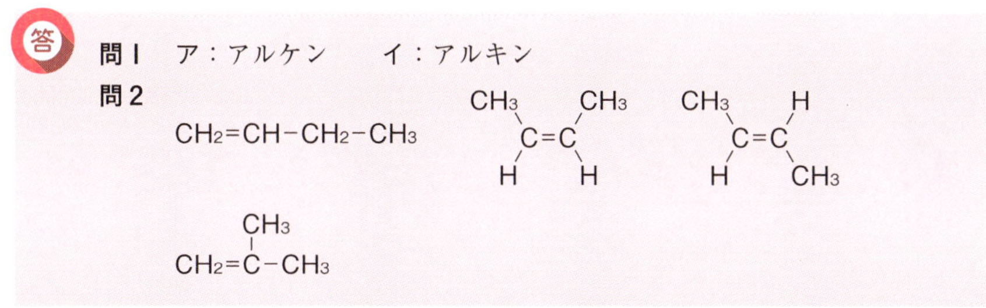
答
問１　ア：アルケン　　イ：アルキン

問２
$CH_2=CH-CH_2-CH_3$
（シス形）CH_3, CH_3 / C=C / H, H
（トランス形）CH_3, H / C=C / H, CH_3
$CH_2=C(CH_3)-CH_3$

1回目 □月□日
2回目 □月□日

問題112 アルカン

メタンは正四面体の立体構造を呈し，その中心に炭素原子が配置されている。また，エタン，プロパン，ブタン，ペンタンは炭素原子間がすべて単結合でつながっており，アルカンと称されている。

アルカンは炭素数が多くなると，同じ分子式であっても炭素原子の並び方が異なる場合が生じてくる。炭素原子が4つあるものでは［A］種類の，5つあるものでは［B］種類の炭素原子の並び方がある。

メタンを塩素と混合して光を当てると次々と［C］反応が起こり，塩素化合物となる。

(1) ［A］～［C］に適切な語句を入れて文章を完成せよ。

(2) 下線部を何と称するか。

（名城大）

アルカン C_nH_{2n+2} は，次のものを覚えよう。

n	分子式	化学式と名称
1	CH_4	CH_4 ←天然ガスの主成分 メタン
2	C_2H_6	CH_3-CH_3 ← C−C結合を軸に両側のメチル基 CH_3- が回転できる エタン
3	C_3H_8	$CH_3-CH_2-CH_3$ プロパン
4	C_4H_{10}	直鎖 $CH_3-CH_2-CH_2-CH_3$ ブタン 枝分れ $CH_3-CH(CH_3)-CH_3$ 2-メチルプロパン
5	C_5H_{12}	直鎖 $CH_3-CH_2-CH_2-CH_2-CH_3$ ペンタン $CH_3-CH(CH_3)-CH_2-CH_3$ ←枝分れ1 2-メチルブタン $CH_3-C(CH_3)_2-CH_3$ 枝分れ2 2,2-ジメチルプロパン

← $n=4$: ［2］種類の構造異性体（A: 2，(2)：構造異性体）

← $n=5$: ［3］種類の構造異性体（B: 3，(2)：構造異性体）

アルカンは化学的には安定な炭化水素であるが，酸素とともに加熱したり，塩素とともに光を照射したりすると反応する。

$$CH_4 + 2O_2 \xrightarrow{\text{加熱}} CO_2 + 2H_2O \quad \text{（燃焼反応）}$$

$$CH_4 \xrightarrow[\text{光}]{Cl_2} CH_3Cl \xrightarrow[\text{光}]{Cl_2} CH_2Cl_2 \xrightarrow[\text{光}]{Cl_2} CHCl_3 \xrightarrow[\text{光}]{Cl_2} CCl_4 \quad \text{（置換反応）}$$

CH_3Cl：クロロメタン（塩化メチル）　CH_2Cl_2：ジクロロメタン（塩化メチレン）　$CHCl_3$：トリクロロメタン（クロロホルム）　CCl_4：テトラクロロメタン（四塩化炭素）

（置換 … C）

Point　アルカンの反応

アルカンは，次のような置換（ちかん）反応が起こる。

$$-\overset{|}{\underset{|}{C}}-H + Cl-Cl \xrightarrow{\text{光}} -\overset{|}{\underset{|}{C}}-Cl + H-Cl$$

HとClが置き換わる

(1)　A：2　　B：3　　C：置換

(2)　構造異性体

問題 113

アルケン

1回目 月 日
2回目 月 日

アルケンの性質に関する次の記述a～eについて，正しい記述の組み合わせを，下の①～⑥のうちから1つ選べ。

a　縮合重合して高分子化合物をつくる。
b　アルカンに比べて一般に反応性に富む。
c　フェーリング液を加えて熱すると，赤色沈殿を生じる。
d　触媒の存在下で水を付加させると，もとのアルケンと炭素数の等しいアルコールを生じる。
e　塩化水素や臭化水素とは付加反応を起こさない。

①　a・b　②　b・c　③　c・d　④　b・d　⑤　c・e
⑥　a・e

（センター試験）

解説　$CH_2=CH_2$（エチレン（エテン））や $CH_2=CH-CH_3$（プロペン（プロピレン））のように，分子内にC=C結合を1つもつ鎖式炭化水素を**アルケン**といい，一般式はC_nH_{2n}（$n \geqq 2$）で表される。C=C結合のうち1本は反応しやすく，酸，水，水素，ハロゲンなどがC=Cに対し付加（ふか）する。

Point　アルケンの付加反応

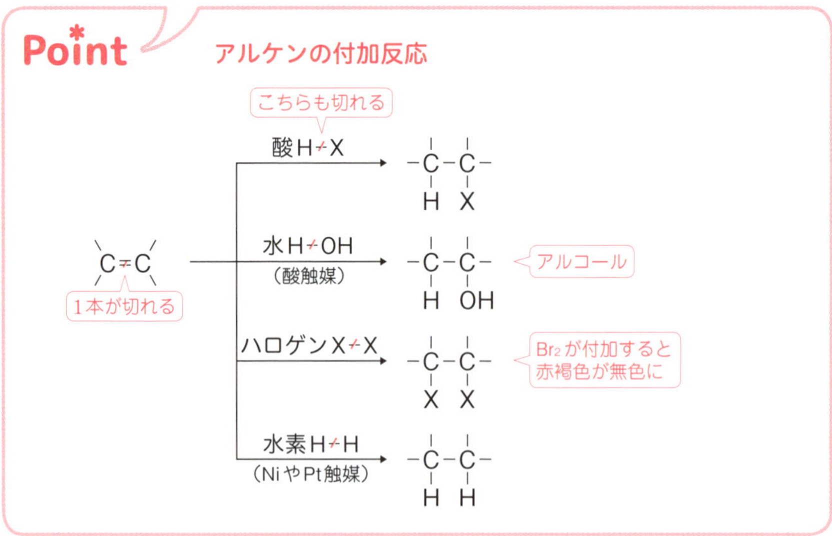

a　エチレンやプロピレンを適当な条件下で反応させると，付加重合によってポリエチレンやポリプロピレンなどの高分子化合物が得られる。誤り。

$$n\,CH_2{=}CH_2 \xrightarrow{\text{付加重合}} [CH_2{-}CH_2]_n$$

ポリエチレン

$$n\,CH_2{=}CH(CH_3) \xrightarrow{\text{付加重合}} [CH_2{-}CH(CH_3)]_n$$

ポリプロピレン

b　一般にアルカンは反応性が小さく，光照射下で塩素を作用させるなどの激しい条件下でないと反応しにくい。それに対し，アルケンはC=C結合をもち，反応性に富んでいる。正しい。

c　フェーリング液を加えて熱すると赤色沈殿の酸化銅(Ⅰ)Cu_2Oが生じるのは，アルデヒドRCHOである。アルケンではない。誤り。

d　C=C に H-OH が付加しても，炭素数に変化はない。正しい。

$$CH_2{=}CH_2 \xrightarrow[\text{リン酸触媒}]{H_2O} CH_3{-}CH_2{-}OH$$

エチレン　→　エタノール

炭素数2で変化なし

e　C=Cに対し，HClやHBrは付加する。誤り。

$$CH_2{=}CH_2 \xrightarrow{H-Cl} CH_3{-}CH_2Cl$$

$$CH_2{=}CH_2 \xrightarrow{H-Br} CH_3{-}CH_2Br$$

よって，正しい記述は，bとdである。

答　④

第10章　脂肪族化合物

アルキン(付加反応と付加重合)

☑ 1回目　月　日
☑ 2回目　月　日

次図はアセチレンを中心とする各種の有機化合物の反応経路である。図中の□にあてはまる物質名を書け。

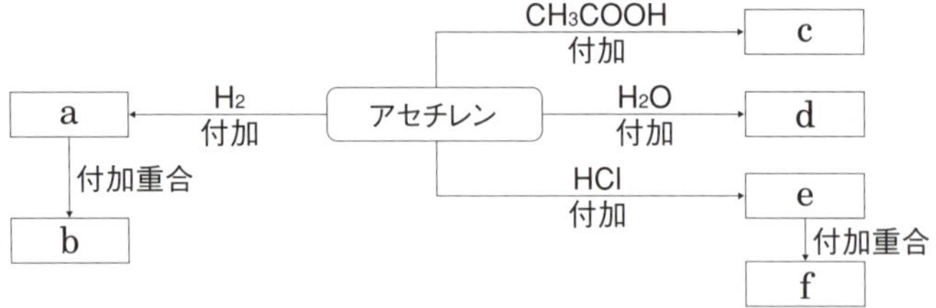

(大阪産業大)

分子内に$C\equiv C$結合を1つもつ鎖式炭化水素を**アルキン**という。

アルキンC_nH_{2n-2}は，$n=2$のアセチレン(エチン)C_2H_2を覚えておこう。

H−C≡C−H　アセチレン(エチン)
直線形

アセチレンは，炭化カルシウム(カーバイド)に水を加えると発生する。

$$CaC_2 + 2H_2O \longrightarrow Ca(OH)_2 + C_2H_2\uparrow$$

$C\equiv C$結合は$C=C$結合と同じように付加反応する。よって，アセチレンにハロゲンとしてBr_2，酸としてCH_3COOHやHCl，水素H_2を反応させると次のようになる。

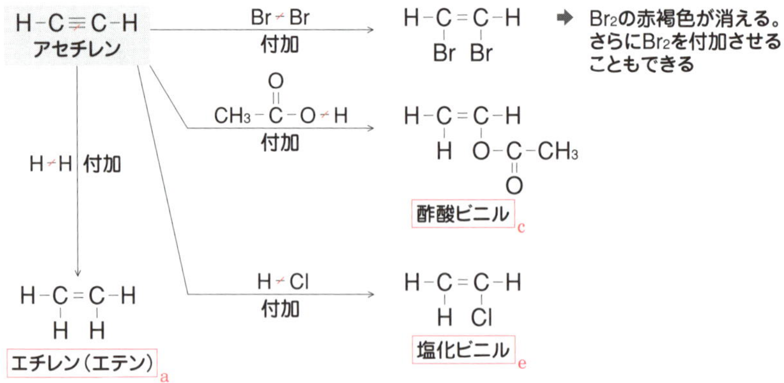

Point C≡CへのH2Oの付加には注意が必要!!

アセチレンに水銀塩を触媒にしてH_2Oを付加させると，

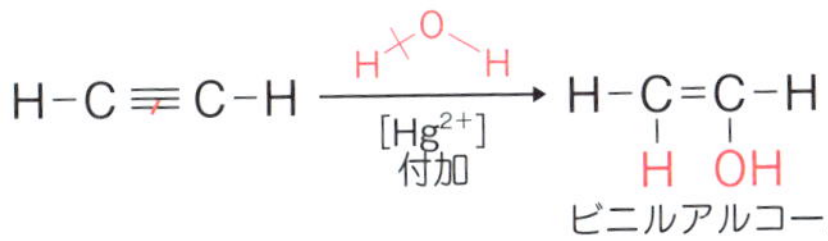

$$H-C\equiv C-H \xrightarrow[\text{付加}]{[Hg^{2+}],\ H_2O} \underset{\text{ビニルアルコール(不安定)}}{H-\underset{H}{C}=\underset{OH}{C}-H}$$

ビニルアルコールが生成するが，不安定なビニルアルコールは構造異性体であるアセトアルデヒド[d]に変化する。

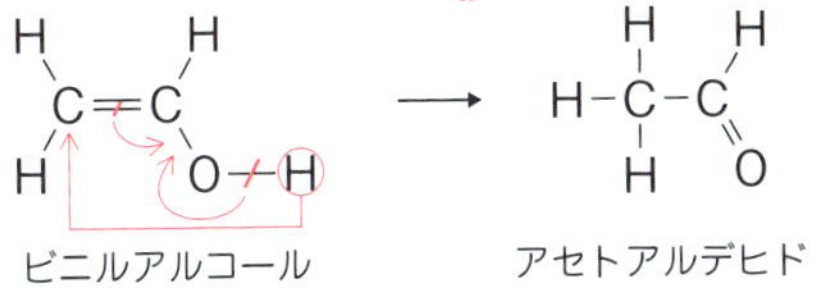

$$\underset{\text{ビニルアルコール}}{CH_2=CH-OH} \longrightarrow \underset{\text{アセトアルデヒド}}{CH_3-CHO}$$

分子量の小さなC=C結合をもつ化合物(モノマー)から，付加反応により，分子量の大きな高分子(ポリマー)をつくることを付加重合という。付加重合については，次の例を覚えておこう。

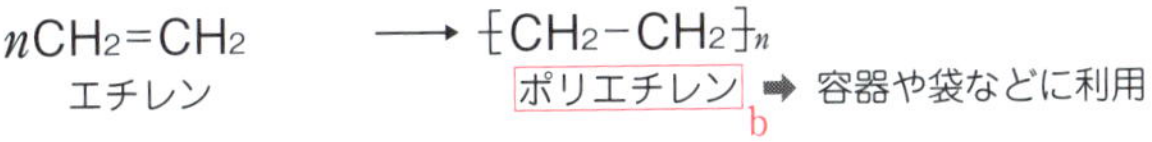

$n CH_2=CH_2$（エチレン） $\longrightarrow$ $\{CH_2-CH_2\}_n$ ポリエチレン[b] ➡ 容器や袋などに利用

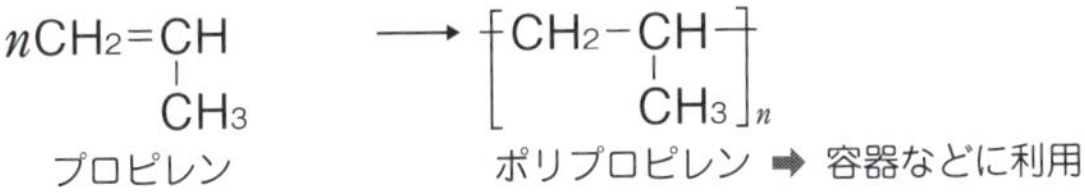

$n CH_2=CH-CH_3$（プロピレン） $\longrightarrow$ $\{CH_2-CH(CH_3)\}_n$ ポリプロピレン ➡ 容器などに利用

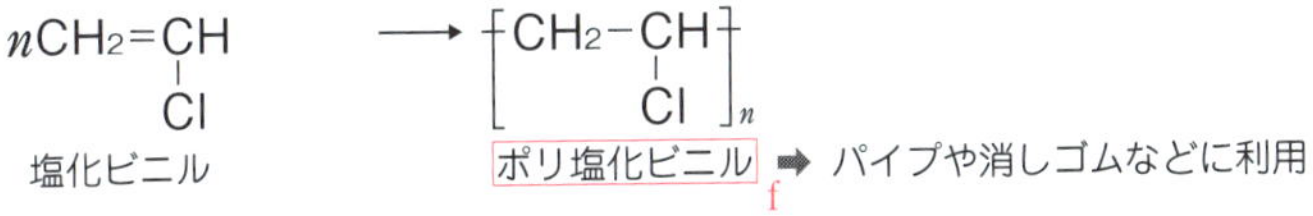

$n CH_2=CH-Cl$（塩化ビニル） $\longrightarrow$ $\{CH_2-CH(Cl)\}_n$ ポリ塩化ビニル[f] ➡ パイプや消しゴムなどに利用

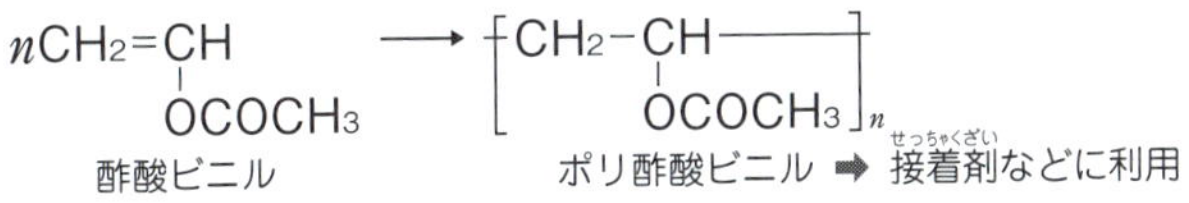

$n CH_2=CH-OCOCH_3$（酢酸ビニル） $\longrightarrow$ $\{CH_2-CH(OCOCH_3)\}_n$ ポリ酢酸ビニル ➡ 接着剤などに利用

答

a：エチレン(エテン)　b：ポリエチレン　c：酢酸ビニル
d：アセトアルデヒド　e：塩化ビニル　f：ポリ塩化ビニル

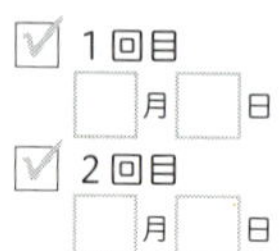

問題115 アルコール(1)

次の記述(1)～(3)にあてはまる化合物は，㋐～㋓のうちどれか。

(1) 第一級アルコール

(2) 酸化されにくいアルコール

(3) 鏡像異性体(光学異性体)が存在するアルコール

㋐ $CH_3-C(CH_3)_2-OH$（$CH_3-\underset{CH_3}{\overset{CH_3}{C}}-OH$）

㋑ $(CH_3)_2CH-CH_2-OH$

㋒ $CH_3-CH_2-\underset{OH}{CH}-CH_2-CH_3$

㋓ $CH_3-\underset{OH}{CH}-CH_2-CH_3$

（成蹊大）

炭化水素のHが−OH(ヒドロキシ基)で置き換わったものをアルコールR−OHという。

アルコールは，次のように分類できる。

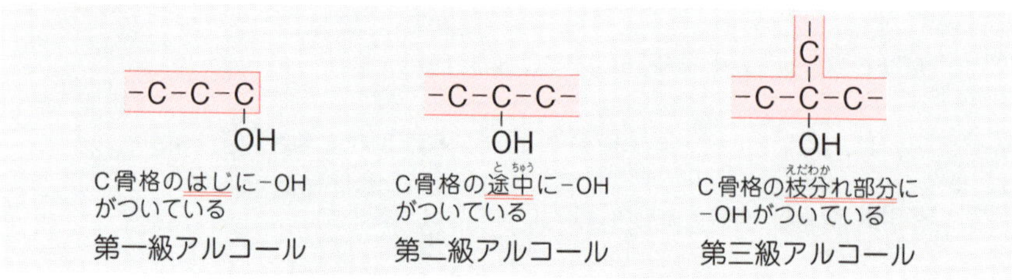

よって，㋐～㋓のアルコールは，

㋐ $CH_3-\underset{CH_3}{\overset{CH_3}{C}}-OH$
第三級アルコール
C^*(不斉炭素原子)なし

㋑ $CH_3-\overset{CH_3}{CH}-CH_2-OH$
第一級アルコール(1)
C^*なし

㋒ $CH_3-CH_2-\underset{OH}{CH}-CH_2-CH_3$
第二級アルコール
C^*なし

㋓ $CH_3-\underset{OH}{C^*H}-CH_2-CH_3$
第二級アルコール
C^*あり(3)

となる。

アルコールを二クロム酸カリウム$K_2Cr_2O_7$などの適当な酸化剤で酸化すると，アルコールの級数によって反応のようすが変わる。

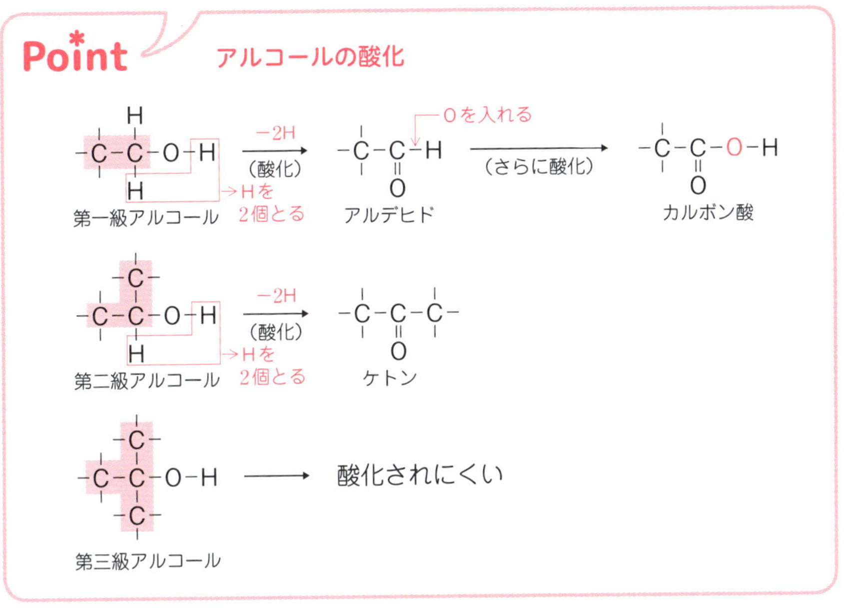

(2)の酸化されにくいアルコールは，**Point**より第三級アルコールとわかり，㋐とわかる。

答 (1) ㋑　(2) ㋐　(3) ㋓

第10章 脂肪族化合物

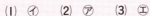

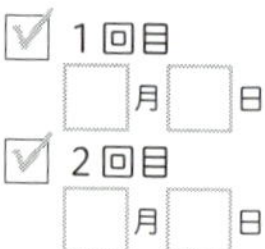

アルコール(2)

アルコールに関する記述として誤りを含むものを，次の①〜⑤から1つ選べ。

① メタノールは，触媒を用いて一酸化炭素と水素から合成できる。

② エタノールは，触媒を用いてエチレン(エテン)と水から合成できる。

③ エタノールを，130〜140℃に加熱した濃硫酸に加えると，ジエチルエーテルが生成する。

④ 1−プロパノールに二クロム酸カリウムの硫酸酸性水溶液を加えて加熱すると，アセトンが生成する。

⑤ 2−プロパノールにナトリウムを加えると，水素が発生する。

(センター試験)

① (正しい) メタノールは，工業的には**CO**とH_2の混合ガス(合性ガス(ごうせい))から触媒を使って高温・高圧でつくる。

$$CO + 2H_2 \longrightarrow CH_3OH$$

② (正しい) エタノールは，工業的にはリン酸を触媒としてエチレン(エテン)に水蒸気を付加させてつくる。

$$\underset{\text{エチレン(エテン)}}{CH_2=CH_2} \xrightarrow[\text{付加}]{H-OH} \underset{\text{エタノール}}{\underset{|\quad\quad\ \ |}{CH_2-CH_2}\atop{H\qquad OH}}$$

③ (正しい) エタノールCH_3CH_2OHを濃硫酸とともに加熱すると，

$$CH_3CH_2-O-\boxed{H + H-O}-CH_2CH_3 \xrightarrow[\text{[}H_2SO_4\text{]}]{130\sim140℃} \underset{\text{ジエチルエーテル}}{CH_3CH_2-O-CH_2CH_3} + H_2O$$

分子間で脱水する

$$\underset{\boxed{H\qquad OH}}{CH_2-CH_2} \xrightarrow[\text{[}H_2SO_4\text{]}]{160\sim170℃} \underset{\text{エチレン}}{CH_2=CH_2} + H_2O$$

分子内で脱水する

比較的低い温度では分子間，高い温度では分子内から脱水する。

④ (誤り) 1−プロパノールを$K_2Cr_2O_7$で酸化しても，アセトン$CH_3-\underset{\underset{O}{\|}}{C}-CH_3$は生成しない。

$$\overset{③}{CH_3}-\overset{②}{CH_2}-\overset{①}{CH_2}(OH) \xrightarrow{酸化} CH_3-CH_2-C(=O)H \xrightarrow{酸化} CH_3-CH_2-C(=O)OH$$

1-プロパノール（第一級アルコール）　　プロピオンアルデヒド（アルデヒド）　　プロピオン酸（カルボン酸）

アセトンが生成するのは，2-プロパノールである。

$$CH_3-CH(OH)-CH_3 \xrightarrow{酸化} CH_3-C(=O)-CH_3$$

2-プロパノール　　アセトン

⑤　（正しい）　アルコールにナトリウムNaを加えると，H_2が発生する。

$$2\overset{①}{CH_3}-\overset{②}{CH}(OH)-\overset{③}{CH_3} + 2Na \longrightarrow 2CH_3-CH(ONa)-CH_3 + H_2$$

2-プロパノール

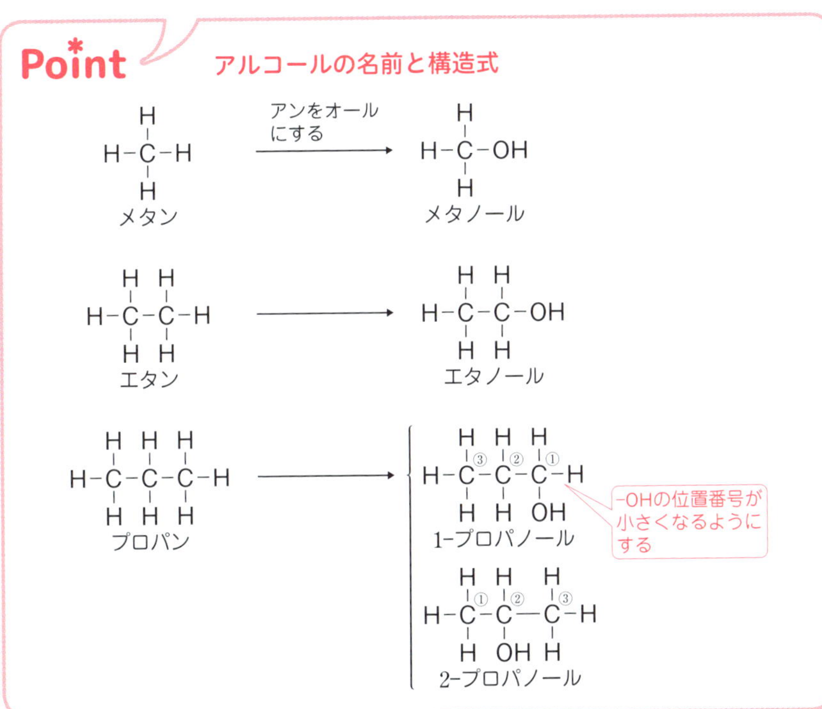

④

☑ 1回目 月 日
☑ 2回目 月 日

アルデヒド・ケトン(カルボニル化合物)

アルデヒドとケトンに関する記述として誤っているものの組み合わせを，下の①～⑩から1つ選べ。

a　アルデヒドをアンモニア性硝酸銀水溶液に加えておだやかに加熱すると，銀が析出する。

b　メタノールを触媒を用いて酸化すると，刺激臭のあるホルムアルデヒドが得られる。

c　アセトンはヨードホルム反応により，特異臭をもつCHI_3の黄色沈殿を生じる。

d　アルデヒドをフェーリング液とともに加熱すると，黒色の酸化銅(I) Cu_2Oが沈殿する。

e　酢酸カルシウム$(CH_3COO)_2Ca$を熱分解すると，炭酸カルシウムとアセトアルデヒドを生じる。

① a・b	② a・c	③ a・d	④ a・e	⑤ b・c
⑥ b・d	⑦ b・e	⑧ c・d	⑨ c・e	⑩ d・e

(成蹊大)

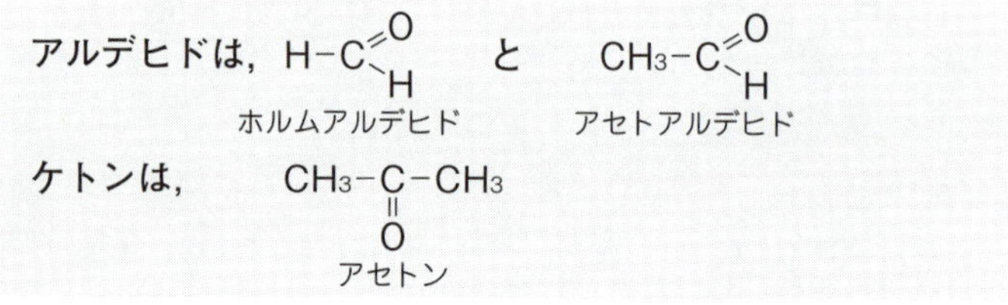

を覚えておこう。

a，d　アルデヒドは還元性を示すので，次の❶や❷の反応で検出できる。

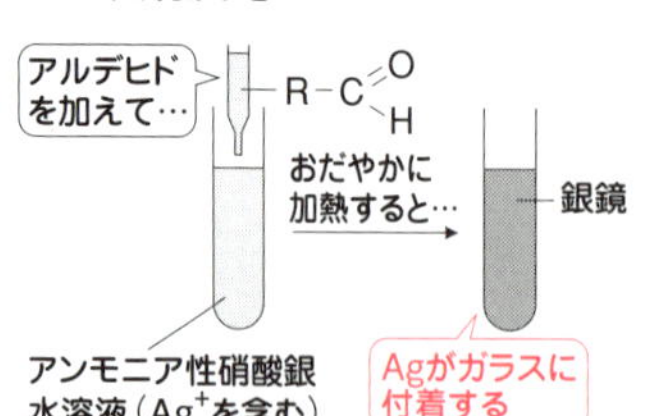

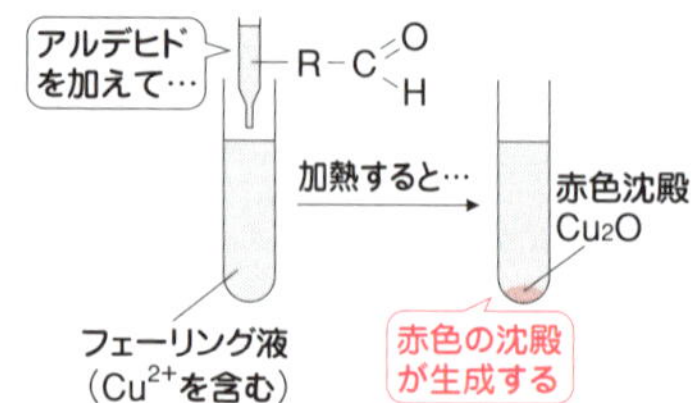

よって，aの記述は(正しい)とわかる。また，dの記述は黒色の酸化銅(I) Cu_2O とあるので赤色の(誤り)とわかる。

b (正しい) ホルムアルデヒドは，加熱した銅Cuなどの触媒を使って，メタノールの蒸気を空気中の O_2 で酸化するとつくることができる。

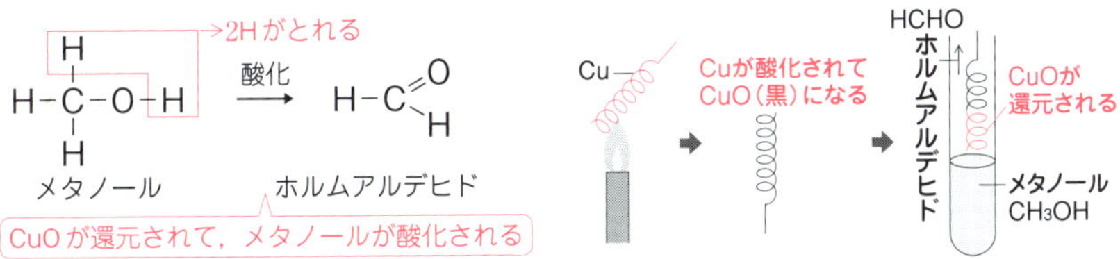

c (正しい) アセトンにNaOH水溶液と I_2 を加えて温めると，特有のにおいをもった**ヨードホルム CHI_3** の**黄色沈殿**を生じる。この反応を**ヨードホルム反応**という。

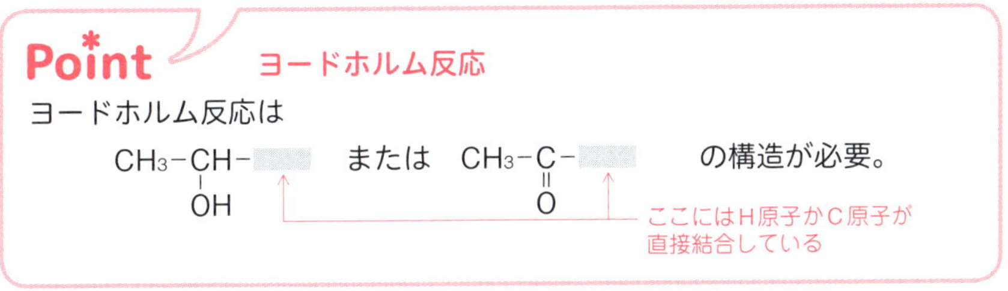

e (誤り) 酢酸カルシウムを空気を遮断(しゃだん)して加熱分解する(乾留(かんりゅう))ことでアセトンをつくることができる。

$$CH_3-\overset{\displaystyle O}{\overset{\|}{C}}-O^-Ca^{2+-}O-\overset{\displaystyle O}{\overset{\|}{C}}-CH_3 \xrightarrow{\text{乾留}} CH_3-\overset{\displaystyle O}{\overset{\|}{C}}-CH_3 + CaCO_3$$

酢酸カルシウム　間をとると→アセトンになる

よって，アセトアルデヒドではなくアセトンが正しい。

a(正しい)，b(正しい)，c(正しい)，d(誤り)，e(誤り)なので⑩が答え。

答 ⑩

カルボン酸

☑ 1回目 月 日
☑ 2回目 月 日

次の文章を読み，文中の[ ]にあてはまるもっとも適当な語句を下の①～ⓑから選べ。

一般に，典型的な有機酸である脂肪酸は，カルボキシ基が水溶液中で電離して[1]酸性を示すが，[2]性はもたない。脂肪酸の中で[3]は，分子中に[2]性を示す[4]基をもつので，例外的に[2]性を示す。[3]は，脂肪酸の中ではもっとも[5]酸性を示す。

①	強い	②	弱い	③	リノール酸	④	酢酸
⑤	ギ酸	⑥	カルボキシ	⑦	ホルミル	⑧	メチル
⑨	アセチル	⓪	ケトン	ⓐ	酸化	ⓑ	還元

（東北工業大）

−COOH（カルボキシ基）をもつものを**カルボン酸**という。カルボン酸としては，**−COOHを1個もつモノカルボン酸**や**−COOHを2個もつジカルボン酸**を覚えておこう。

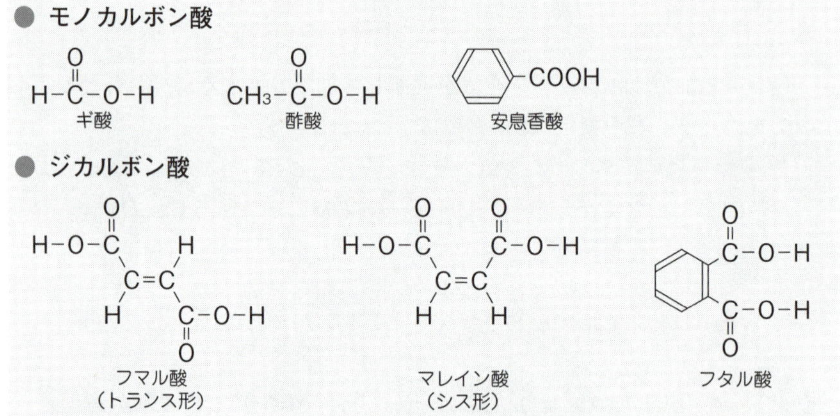

ギ酸や酢酸のように**「鎖式」で「モノカルボン酸」であるもの**を**脂肪酸**（しぼうさん）といい，安息香酸（あんそくこうさん）やフタル酸のように**ベンゼン環（⌬）の炭素原子に直接−COOHが結合した構造をもつカルボン酸**を**芳香族カルボン酸**（ほうこうぞく）という。

カルボン酸は，カルボキシ基が水溶液中で電離し[弱い]（1）酸性を示す。

$$R-COOH \rightleftarrows R-COO^- + H^+$$

脂肪酸の中でギ酸[3] $H-\overset{\overset{O}{\|}}{C}-O-H$ は，分子中に還元[2]性を示すホルミル[4]基(アルデヒド基)をもつために，還元性を示す。ギ酸は，脂肪酸の中ではもっとも強い[5]酸性を示す。

Point ジカルボン酸と酸無水物

2つのカルボキシ基が近くにあり，できる酸無水物(さんむすいぶつ)が構造上無理のない五員環になるため，マレイン酸やフタル酸は，加熱すると容易に脱水して環状化合物の無水マレイン酸や無水フタル酸になる。

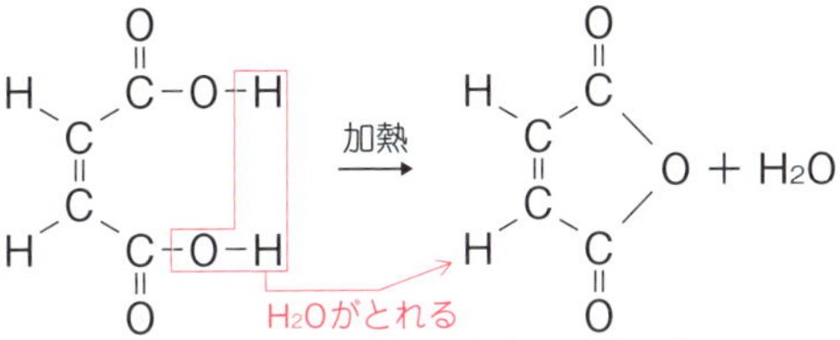

マレイン酸 $C_4H_4O_4$ —加熱→ 無水マレイン酸 $C_4H_2O_3$ + H_2O（H_2Oがとれる）

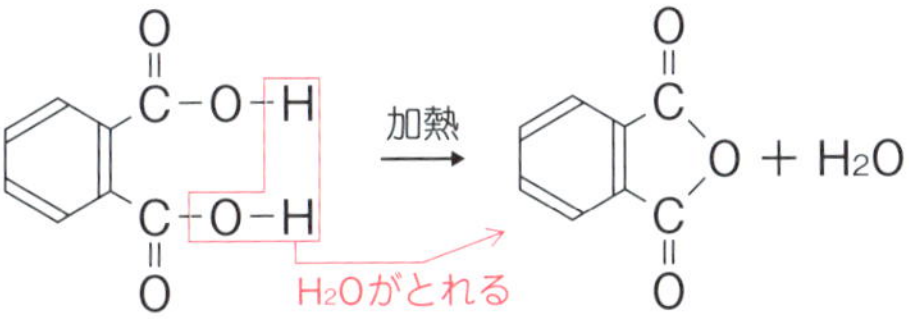

フタル酸 $C_8H_6O_4$ —加熱→ 無水フタル酸 $C_8H_4O_3$ + H_2O（H_2Oがとれる）

答　1：②　2：ⓑ　3：⑤　4：⑦　5：①

問題 119 エステル

1回目 月 日
2回目 月 日

次の文章を読み，文中の□にあてはまるもっとも適当な語句を下の①～⑨から選べ。

カルボン酸とアルコールとの[1]反応によって生成する化合物をエステルという。エステルが生成する反応をエステル化反応といい，その逆反応を加水分解という。とくに[2]によるエステルの加水分解を[3]という。

① 付加　② 縮合　③ 縮合重合　④ アルコール
⑤ 酸　⑥ 塩基　⑦ 酸化　⑧ 乳化　⑨ けん化

（東北工業大）

解説 **カルボン酸である酢酸 CH_3COOH とアルコールであるエタノール CH_3CH_2OH の混合物に，濃硫酸 H_2SO_4 を加えて加熱すると，縮合（しゅくごう）[1]反応によって酢酸エチル $CH_3COOCH_2CH_3$ が生成する。**この**酢酸エチル**を**エステル**といい，エステルは $-\overset{O}{\overset{\|}{C}}-O-$ のエステル結合をもつ。このように，**エステルが生成する反応**を**エステル化**という。

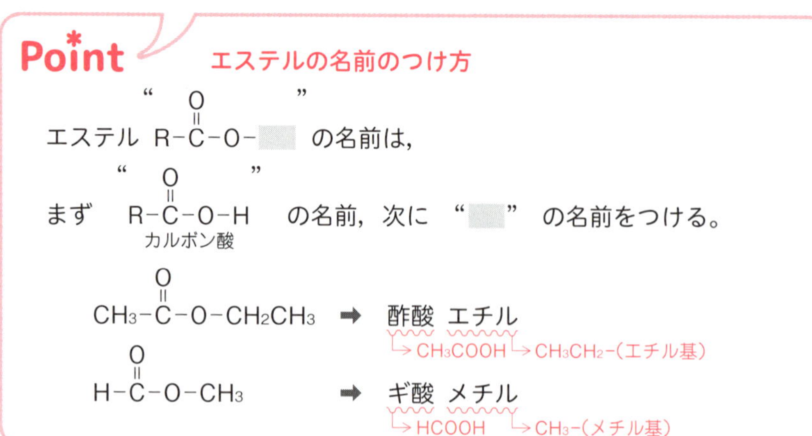

果実のような芳香がする
エステル化
[H2SO4]
CH3−C(=O)−O−H ＋ H−O−C2H5 ⇄ CH3−C(=O)−O−C2H5 ＋ H2O
酢酸
エタノール
酢酸エチル
カルボン酸から"−OH"，アルコールから"−H"がとれて，エステルが生成する
H2SO4から生じるH+が触媒としてはたらく
Point
エステルの名前のつけ方
エステル "R−C(=O)−O−□" の名前は，
まず "R−C(=O)−O−H" の名前，次に "□" の名前をつける。
カルボン酸
CH3−C(=O)−O−CH2CH3 ➡ 酢酸 エチル
→CH3COOH →CH3CH2−(エチル基)
H−C(=O)−O−CH3 ➡ ギ酸 メチル
→HCOOH →CH3−(メチル基)

エステルに希硫酸などの強酸を加えて加熱したり，水酸化ナトリウムなどの強塩基を加えて加熱すると，エステルを加水分解することができる。

$$\underset{\text{酢酸エチル}}{CH_3-\overset{\overset{\displaystyle O}{\|}}{C}-O-CH_2CH_3} + \underset{\text{水}}{H_2O} \xrightleftharpoons{\text{加熱}[H^+]} \underset{\text{酢酸}}{CH_3-\overset{\overset{\displaystyle O}{\|}}{C}-O-H} + \underset{\text{エタノール}}{CH_3CH_2OH}$$

$$\underset{\text{酢酸エチル}}{CH_3-\overset{\overset{\displaystyle O}{\|}}{C}-O-C_2H_5} + \underset{\text{水酸化ナトリウム}}{NaOH} \xrightarrow{\text{加熱}} \underset{\text{酢酸ナトリウム}}{CH_3-\overset{\overset{\displaystyle O}{\|}}{C}-O^-Na^+} + \underset{\text{エタノール}}{C_2H_5OH}$$

とくに強塩基[2]による加水分解は，セッケンをつくるときに使われるのでけん化(か)[3]ともいう。

Point　エステル化と加水分解は逆の反応

$$\underset{\text{カルボン酸}}{R-\overset{\overset{\displaystyle O}{\|}}{C}-O-H} + \underset{\text{アルコール}}{R'-O-H} \underset{\text{加水分解}}{\overset{\text{エステル化}}{\rightleftharpoons}} \underset{\text{エステル}}{R-\overset{\overset{\displaystyle O}{\|}}{C}-O-R'} + \underset{\text{水}}{H_2O}$$

（—エステル結合）

答　1：②　2：⑥　3：⑨

第10章　脂肪族化合物

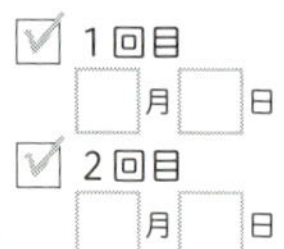

エステルの加水分解

エステルXを加水分解したところ，カルボン酸Aとアルコール Bが生成した。Bを酸化したところAが生成した。Aは銀鏡反応を示した。このエステルの化学式として正しいものを，次の①～⑤から1つ選べ。

① $HCOOCH_3$　② CH_3COOCH_3　③ $HCOOCH(CH_3)_2$

④ $CH_3COOCH_2CH_3$　⑤ $CH_3CH_2COOCH_2CH_3$

（獨協医科大）

エステルを加水分解してできるカルボン酸とアルコールは，次のように考えるとよい。

❶ エステル結合 $-\overset{\overset{\displaystyle O}{\|}}{C}-O-$ の下に，H_2O を書く。

❷ $-\overset{\overset{\displaystyle O}{\|}}{C}\downarrow O-$ の矢印部分（↓）を切る。

❸ 切れた部分を，HO↓H とつなぐ。

よって，①のエステルからは，

❶ $H-\overset{\overset{\displaystyle O}{\|}}{C}-O-CH_3$ / $H-O-H$ —矢印部分を切る→ ❷ $H-\overset{\overset{\displaystyle O}{\|}}{C}\downarrow O-CH_3$ / $H-O\downarrow H$ —切れた部分をつなぐ→ ❸ $H-\overset{\overset{\displaystyle O}{\|}}{C}$ と $H-O$（ギ酸）　$O-CH_3$ と H（メタノール）

ギ酸 $HCOOH$ とメタノール CH_3OH が得られる。

同様に考えると，②～⑤のエステルから生じるカルボン酸とアルコールは，

② CH_3COOH，CH_3OH

③ $HCOOH$（ギ酸），$CH_3-CH(CH_3)-OH$（2-プロパノール）

④ CH_3COOH，CH_3CH_2OH

⑤ CH_3CH_2COOH，CH_3CH_2OH

となる。カルボン酸Aは銀鏡反応を示すため，$-C{\overset{\displaystyle O}{\underset{\displaystyle H}{\lessgtr}}}$（ホルミル基）をもつギ酸 $H-\overset{\overset{\displaystyle O}{\|}}{C}-OH$ とわかる。ここで，ギ酸が得られる①と③のエステルを加水分解して得られるアルコールをそれぞれ酸化してみる。

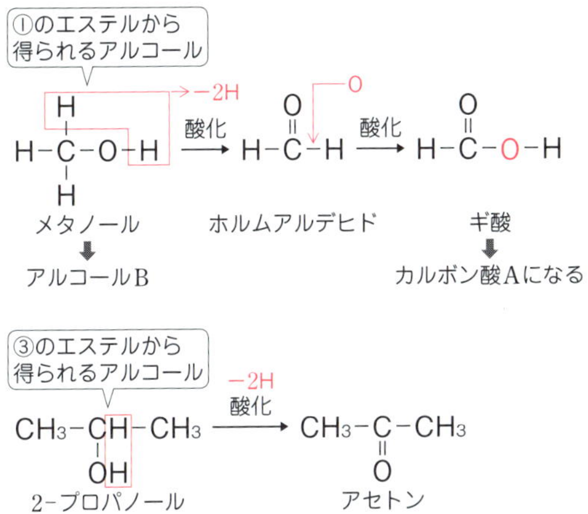

よって，(酸化してギ酸が得られる)メタノールを加水分解により生じる①のエステルが答えとわかる。
(ギ酸→カルボン酸A)(メタノール→アルコールB)

答 ①

第10章 脂肪族化合物

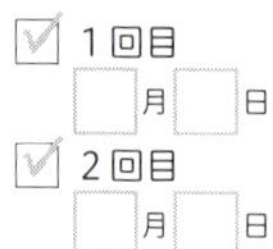

油脂

次の文章を読み，文中の□にあてはまる語を入れよ。

動物や植物の体内に広く分布する油脂は，3価アルコールであるグリセリンに高級脂肪酸が結合したものである。油脂のうち，高級[A]脂肪酸を多く含む油脂を脂肪といい，常温で[B]である。また，低級[C]脂肪酸や高級[D]脂肪酸を多く含む油脂を脂肪油といい，常温で[E]である。脂肪油から硬化油が生成され，硬化油は[F]などの原料となる。

（札幌医科大）

油脂は，**3価のアルコールであるグリセリン$C_3H_5(OH)_3$とふつう炭素原子の数が多い1価カルボン酸（高級脂肪酸）からできた構造をもつエステル**である。

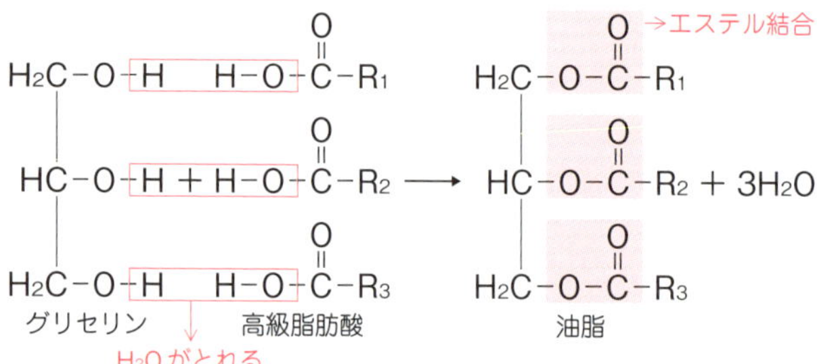

$$\begin{array}{l} H_2C-O-H \quad H-O-\overset{\displaystyle O}{\overset{\|}{C}}-R_1 \\ HC-O-H + H-O-\overset{\displaystyle O}{\overset{\|}{C}}-R_2 \\ H_2C-O-H \quad H-O-\overset{\displaystyle O}{\overset{\|}{C}}-R_3 \end{array} \longrightarrow \begin{array}{l} H_2C-O-\overset{\displaystyle O}{\overset{\|}{C}}-R_1 \\ HC-O-\overset{\displaystyle O}{\overset{\|}{C}}-R_2 \\ H_2C-O-\overset{\displaystyle O}{\overset{\|}{C}}-R_3 \end{array} + 3H_2O$$

油脂をつくっている高級脂肪酸には，C原子間の結合がすべて単結合の高級飽和脂肪酸やC=C結合をもつ高級不飽和脂肪酸がある。

高級[飽和]（A）脂肪酸を多く含む油脂を**脂肪**といい，常温で[固体]（B）である。また，**低級[飽和]（C）脂肪酸や高級[不飽和]（D）脂肪酸を多く含む油脂**を**脂肪油**といい，常温で[液体]（E）である。

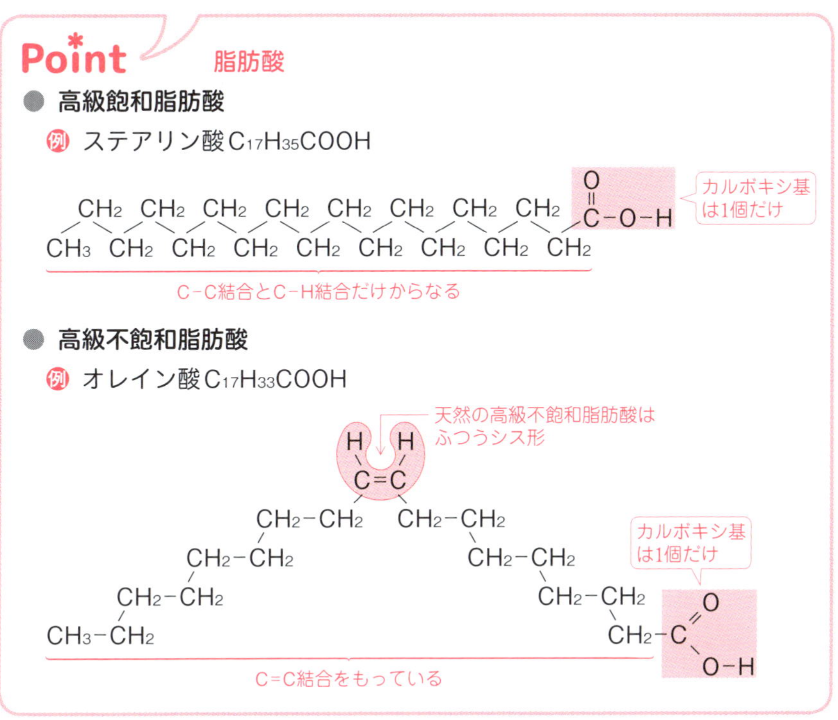

Point
脂肪酸
高級飽和脂肪酸
例 ステアリン酸$C_{17}H_{35}COOH$
カルボキシ基は1個だけ
C-C結合とC-H結合だけからなる
高級不飽和脂肪酸
例 オレイン酸$C_{17}H_{33}COOH$
天然の高級不飽和脂肪酸はふつうシス形
カルボキシ基は1個だけ
C=C結合をもっている

C=Cを多く含む**脂肪油**に，Niを触媒としてH_2を付加させてつくった油脂を**硬化油**(こうかゆ)といい，[マーガリン]F などの原料となる。

答 A：飽和　B：固体　C：飽和　D：不飽和　E：液体
F：マーガリン

第10章 脂肪族化合物

セッケン

☑ 1回目　□月□日
☑ 2回目　□月□日

次の文章を読み，文中の□にあてはまる語句を記せ。

油脂に水酸化ナトリウム水溶液を加えて加熱すると，分解され，脂肪酸のナトリウム塩である［ア］と［イ］が生じる。［ア］の水溶液は，弱い［ウ］性を示し，［エ］溶液を加えると赤変する。また，［ア］の水溶液は，繊維などの固体表面を水にぬれやすくする。このような作用を示す物質を界面活性剤という。界面活性剤は，水溶液中では，油になじみやすい［オ］性部分を内側に，水になじみやすい［カ］性部分を外側にし，多数集まって集団を形成する。このような集団を［キ］という。また，油脂は水に溶けにくいが，［ア］の水溶液を加えると，［ア］の［オ］性部分に囲まれ細かい粒子になって水の中へ分散し，一様な乳濁液になる。この作用を［ク］作用という。［ア］は［ケ］イオンなどを多く含む水の中では，難溶性の塩を生じる。

（金沢大）

エステルである油脂にNaOH水溶液を加えて加熱すると，油脂がけん化されて高級脂肪酸のナトリウム塩である［セッケン］(ア)と［グリセリン］(イ)ができる。

$$
\begin{array}{l}
\mathrm{CH_2-O-\overset{\displaystyle O}{\overset{\|}{C}}-R_1} \\
| \\
\mathrm{CH-O-\overset{\displaystyle O}{\overset{\|}{C}}-R_2} \\
| \\
\mathrm{CH_2-O-\overset{\displaystyle O}{\overset{\|}{C}}-R_3}
\end{array}
+ 3\mathrm{Na^+OH^-} \xrightarrow{\text{加熱}}
\begin{array}{l}
\mathrm{CH_2-OH} \\
| \\
\mathrm{CH-OH} \\
| \\
\mathrm{CH_2-OH}
\end{array}
+
\begin{array}{l}
\mathrm{R_1-\overset{\displaystyle O}{\overset{\|}{C}}-O^-Na^+} \\
\mathrm{R_2-\overset{\displaystyle O}{\overset{\|}{C}}-O^-Na^+} \\
\mathrm{R_3-\overset{\displaystyle O}{\overset{\|}{C}}-O^-Na^+}
\end{array}
$$

油脂(エステル)　　グリセリン(アルコール)　　セッケン(高級脂肪酸のナトリウム塩)

セッケンの水溶液は，弱い［塩基］(ウ)性を示すために，［フェノールフタレイン］(エ)溶液を加えると赤色に変色する。また，絹(きぬ)や羊毛(ようもう)などの動物繊維はアルカリに弱いために，セッケンでの洗濯(せんたく)は適さない。

セッケンは，**水になじみやすい親水基(しんすいき)**と**水になじみにくい疎水基(そすいき)(親油基(しんゆき))**とからできている。セッケン水をつくると，セッケンは疎水基(親油基)を空気中に，親水基を水中に向けて，空気と水の境界面(きょうかいめん)つまり界面(かいめん)にならぶ。

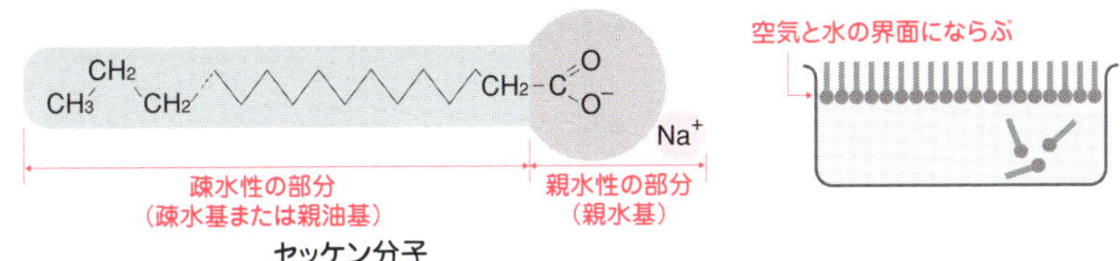

界面活性剤(かいめんかっせいざい)であるセッケンの水溶液つまりセッケン水の濃度が大きくなると，セッケンは油になじみやすい疎水（親油）性部分を内側に，水になじみやすい親水性部分を外側にして，**球状の粒子である**ミセルをつくり，水中に細かく分散する。

また，**油は**水に溶けにくいが，**セッケンの水溶液を加えると**，セッケンの疎水（親油）性部分に囲まれ細かい粒子となって**一様な乳濁液(にゅうだくえき)になる。この作用を**乳化(にゅうか)作用という。

（オ：疎水（親油），カ：親水，キ：ミセル，ク：乳化）

Point　セッケンの乳化作用

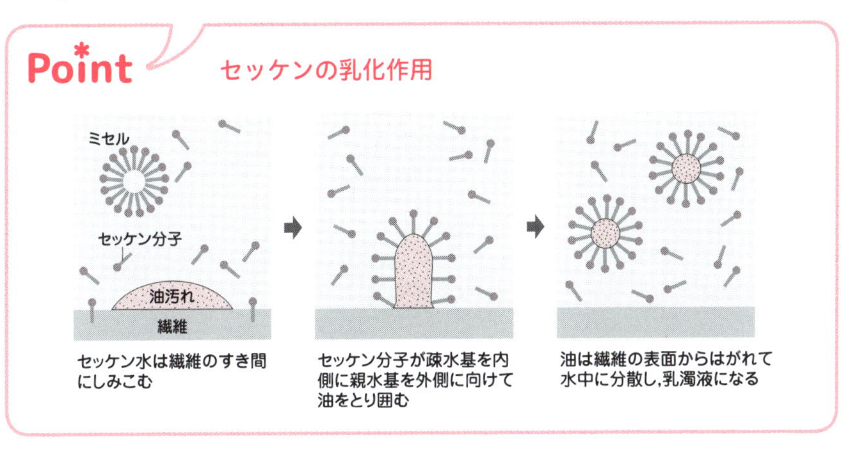

ミセル
セッケン分子
油汚れ
繊維
セッケン水は繊維のすき間にしみこむ
セッケン分子が疎水基を内側に親水基を外側に向けて油をとり囲む
油は繊維の表面からはがれて水中に分散し，乳濁液になる

セッケンはカルシウムイオンCa^{2+}やマグネシウムイオンMg^{2+}を多く含む水である硬水中では，水に溶けにくい$(RCOO)_2Ca$や$(RCOO)_2Mg$が沈殿するため，セッケンの泡立ちが悪くなり，洗浄力が低下する。

（ケ：カルシウム，ケ：マグネシウム）

答

ア：セッケン　　イ：グリセリン　　ウ：塩基
エ：フェノールフタレイン　　オ：疎水　または　親油
カ：親水　　キ：ミセル　　ク：乳化
ケ：カルシウム　または　マグネシウム

第10章 脂肪族化合物

第11章　芳香族化合物

問題 123　ベンゼンの反応

☑ 1回目　月　日
☑ 2回目　月　日

次の(1)〜(4)で示したベンゼンの置換反応および付加反応により，できる物質の名称とその構造式を示せ。

(1)　ベンゼンに濃硫酸を加えて加熱させる反応

(2)　ベンゼンに濃硝酸と濃硫酸の混合物を作用させる反応

(3)　ベンゼンに白金を触媒として水素ガスを付加させる反応

(4)　ベンゼンに鉄粉を触媒として塩素を置換させる反応

（長崎総合科学大）

(1)　ベンゼンに濃硫酸を加えて加熱すると，**スルホン化が起こり，ベンゼンスルホン酸が生成する。**

$$C_6H_5\text{-}H + H\text{-}O\text{-}SO_3H \xrightarrow{\text{加熱}} C_6H_5\text{-}SO_3H + H_2O$$

H_2Oをとる　　ベンゼンスルホン酸

(2)　ベンゼンに濃硝酸と濃硫酸の混合物(混酸(こんさん))を約60℃で作用させると，**ニトロ化が起こりニトロベンゼンが生成する。**

$$C_6H_5\text{-}H + H\text{-}O\text{-}NO_2 \xrightarrow{[H_2SO_4]} C_6H_5\text{-}NO_2 + H_2O$$

H_2Oをとる　　ニトロベンゼン

Point　ニトロベンゼン　$C_6H_5\text{-}NO_2$

① 無色〜淡黄色の液体
② 水に溶けにくく，水よりも重い(密度1.2g/mL)

(3)　ベンゼンにPtやNiを触媒として高温高圧のH_2を作用させると，**付加反応が起こりシクロヘキサンが生成する。**

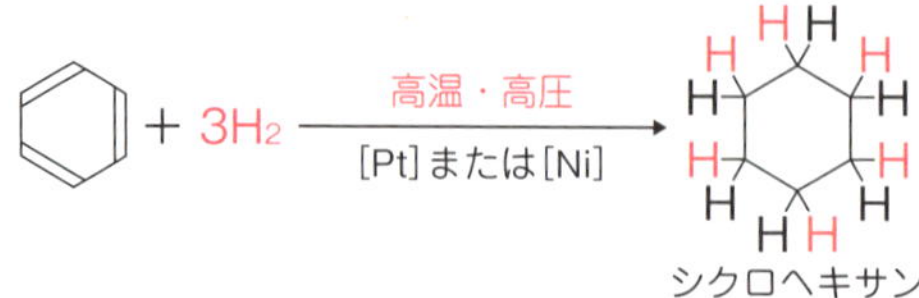

(4)　ベンゼンにFeや$FeCl_3$を触媒としてCl_2を反応させると，**ハロゲン化**が起こり，**クロロベンゼン**が生成する。

→ 塩素化ともよぶ

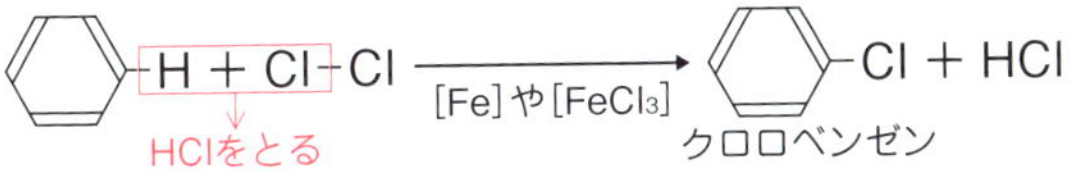

$$C_6H_5\text{-}H + Cl\text{-}Cl \xrightarrow{[Fe]や[FeCl_3]} C_6H_5\text{-}Cl + HCl$$

HClをとる　　クロロベンゼン

Point　ベンゼンの置換反応と付加反応

●置換反応

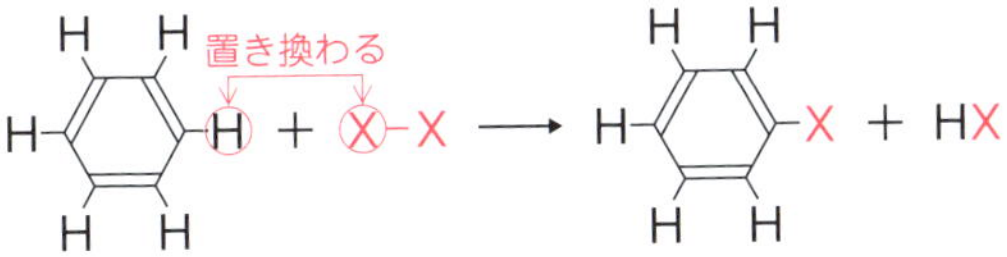

置き換わる

$$C_6H_5\text{-}H + X\text{-}X \longrightarrow C_6H_5\text{-}X + HX$$

●付加反応

それぞれ切れて，くっつく

$$C_6H_6 + 3X_2 \longrightarrow C_6H_6X_6$$

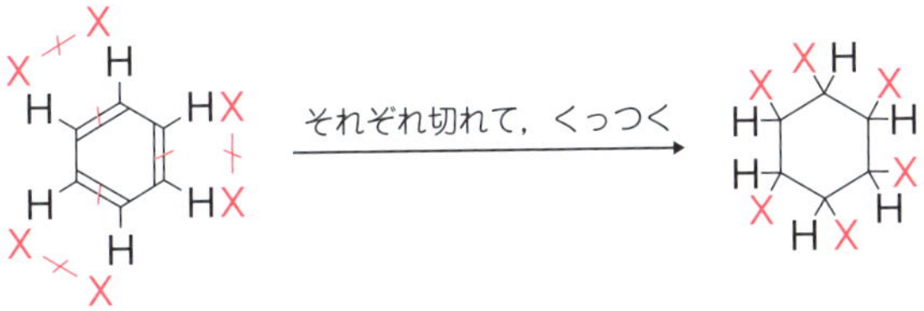

答

(1)　ベンゼンスルホン酸，$C_6H_5\text{-}SO_3H$

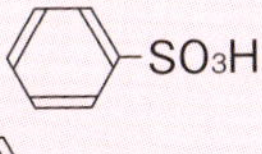

(2)　ニトロベンゼン，$C_6H_5\text{-}NO_2$

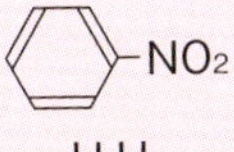

(3)　シクロヘキサン，C_6H_{12}

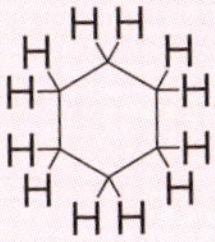

(4)　クロロベンゼン，$C_6H_5\text{-}Cl$

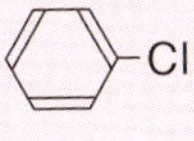

芳香族炭化水素

☑ 1回目 □月□日
☑ 2回目 □月□日

次の文章を読み，文中の□にあてはまる数値および語句の組み合わせとしてもっとも適するものを，下の①〜⑥から1つ選べ。

分子式C_8H_{10}で表される有機化合物には，ベンゼン環をもつ構造異性体が(A)の分子を含めて全部で［ア］種類存在する。

(A) CH_3 CH_3

(A)の分子を過マンガン酸カリウム水溶液で酸化すると，［イ］が得られる。［イ］を高温にすると分子内で脱水が起きる。

	ア	イ
①	3	フタル酸
②	3	マレイン酸
③	3	*o*−クレゾール
④	4	フタル酸
⑤	4	マレイン酸
⑥	4	*o*−クレゾール

（東京都市大）

C_8H_{10}の分子式をもつ有機化合物には，ベンゼン環をもつ構造異性体が次の［4］種類存在する。
ア

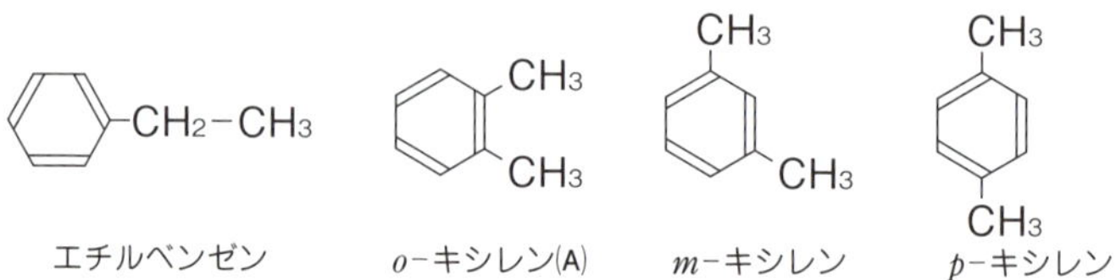

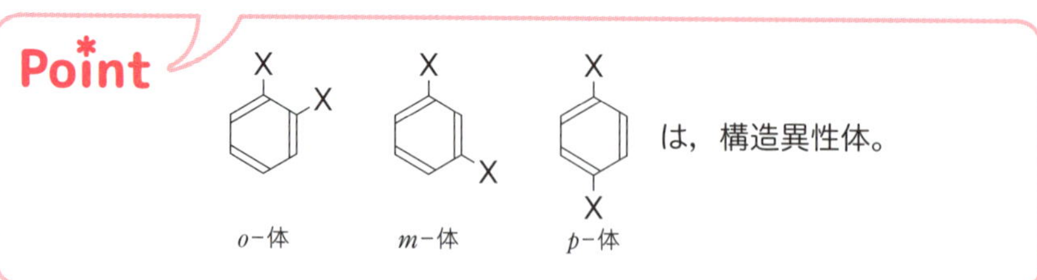

これら4つを過マンガン酸カリウム$KMnO_4$で酸化すると，

ベンゼン環-CH_2-CH_3 からは ベンゼン環-COOH 安息香酸

o-キシレン (A) からは フタル酸 イ

m-キシレン からは イソフタル酸

p-キシレン からは テレフタル酸

が得られ，(A)から得られるフタル酸を加熱すると分子内で脱水が起こり，無水フタル酸が生成する。

フタル酸 —加熱→ 無水フタル酸（H_2Oがとれる）

Point 芳香族炭化水素の酸化

ベンゼン環に炭化水素基が直接ついている有機化合物を$KMnO_4$で酸化すると，ベンゼン環は酸化されずに，環に直接ついているC原子が酸化を受けて，カルボキシ基に変化する。

ベンゼン環-CH…… —$KMnO_4$ 酸化→ ベンゼン環-COO^- —HCl 酸性にする→ ベンゼン環-COOH

④

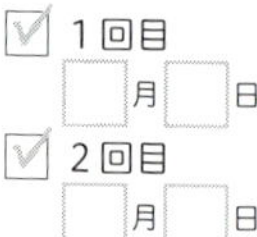

フェノール

フェノール類に関する記述として誤っているものの組み合わせを，下の①～⑥から1つ選べ。

a　フェノールに無水酢酸を作用させるとアセチル化が起こり，酢酸フェニルを生じる。

b　サリチル酸メチルとアセチルサリチル酸は，ともに塩化鉄(Ⅲ)$FeCl_3$の水溶液を加えると赤紫に呈色する。

c　酸の強さは，スルホン酸＞フェノール＞カルボン酸　の順である。

d　フェノールに臭素水を加えると，2,4,6−トリブロモフェノールの白色沈殿を生じる。

①　a・b　②　a・c　③　a・d　④　b・c　⑤　b・d
⑥　c・d

（成蹊大）

a　(正しい)　フェノールはアルコールと同じように，Naと反応してH_2を発生したり，無水酢酸$(CH_3CO)_2O$と反応してエステルを生成したりする。

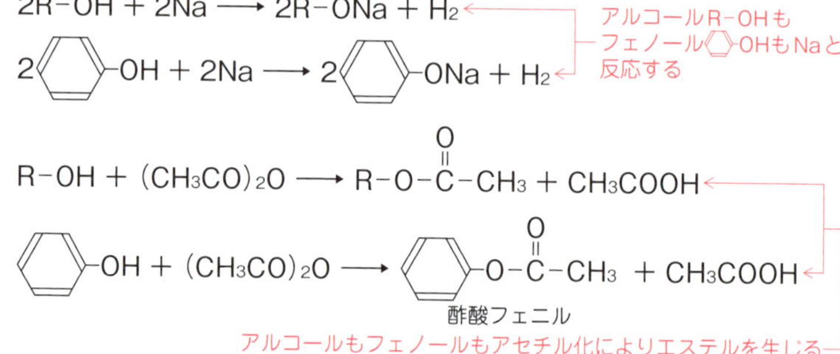

Point　アセチル化

−OH基や$-NH_2$基のH原子がアセチル基$CH_3-\overset{\displaystyle O}{\overset{\|}{C}}-$で置き換わる反応を**アセチル化**といい，無水酢酸を用いたアセチル化は不可逆(一方通行)ですすむ。

$$-O-H \quad CH_3-\overset{\overset{O}{\|}}{C}-O-\overset{\overset{O}{\|}}{C}-CH_3 \longrightarrow -O-\overset{\overset{O}{\|}}{C}-CH_3 + CH_3COOH$$

無水酢酸

酢酸がとれる

b （誤り） 塩化鉄(Ⅲ)$FeCl_3$水溶液を加えると，フェノール類は呈色し，フェノールは紫色に，多くのフェノール類は紫系統の色に呈色する。

（ベンゼン環）-OH　　（ベンゼン環）-OH（オルト位に COOH）　　（ベンゼン環）-OH（オルト位に $COOCH_3$）　←（ベンゼン環）-OHの形が必要

フェノール➡紫　　サリチル酸➡赤紫　　サリチル酸メチル➡赤紫

よって，サリチル酸メチルは$FeCl_3$で赤紫色に呈色するが，アセチルサリチル酸（ベンゼン環に $-OCOCH_3$ と COOH）は（ベンゼン環）-OH の形をもたないため呈色しない。

c （誤り） フェノールは水に少し溶け，水溶液中でわずかに電離して，弱酸性を示す。

$$C_6H_5-OH \rightleftarrows C_6H_5-O^- + H^+$$ ←アルコールは中性だが，フェノールは弱酸性

酸の強さは，

$$HCl > R-SO_3H > R-COOH > CO_2 + H_2O > C_6H_5-OH$$

スルホン酸　カルボン酸　炭酸　フェノール

の順が正しい。

d （正しい） フェノールはベンゼンよりも置換反応が起こりやすく，とくにo-体やp-体が多く生成する。

臭素Br_2水を加えると，白色沈殿が生成する。

フェノール（OH） $\xrightarrow{Br_2}$ 2,4,6-トリブロモフェノール（① OH，②・④・⑥ Br）

2,4,6-トリブロモフェノールの白色沈殿を生じるため，フェノールの検出反応に利用する

 ④

フェノールの合成

図は，クメン法によりベンゼンからフェノールを合成する経路を示している。図中の□にあてはまる化合物および官能基の組み合わせとしてもっとも適当なものを，下の①～⑧から1つ選べ。

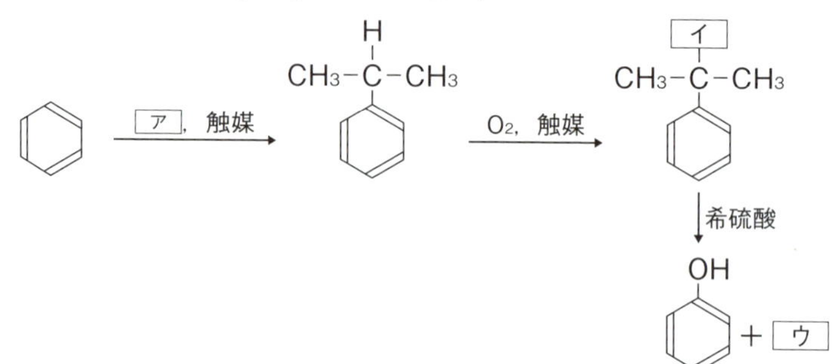

	ア	イ	ウ
①	プロパン	−OOH	2−プロパノール
②	プロパン	−OOH	アセトン
③	プロパン	−OH	2−プロパノール
④	プロパン	−OH	アセトン
⑤	プロペン（プロピレン）	−OOH	2−プロパノール
⑥	プロペン（プロピレン）	−OOH	アセトン
⑦	プロペン（プロピレン）	−OH	2−プロパノール
⑧	プロペン（プロピレン）	−OH	アセトン

（センター試験）

フェノールは，**クメン法**によりベンゼンから合成できる。

❶ まず，ベンゼンがプロペン（プロピレン）に付加，またはイソプロピル基 $CH_3-CH(CH_3)-$ に置換され，クメンが合成される。

$CH_2=CH-CH_3$ ＋ H−C_6H_5 —切れて→ $CH_2-CH-CH_3$，H，C_6H_5 —付加する→ H−$CH_2-CH(C_6H_5)-CH_3$

クメンまたはイソプロピルベンゼン

❷ 次に，クメンを空気中のO_2で酸化し，クメンヒドロペルオキシドとする。

C_6H_5–C(CH_3)$_2$–H →(間に入れる; O_2) C_6H_5–C(CH_3)$_2$–O–O–H（イ）

クメン　　　クメンヒドロペルオキシド

❸ 最後に，クメンヒドロペルオキシドを酸で分解して，フェノールとアセトン（ウ）にする。

C_6H_5–C(CH_3)$_2$–O–O–H →[H^+] C_6H_5–OH ＋ CH_3–C(=O)–CH_3

アセトンがとれる

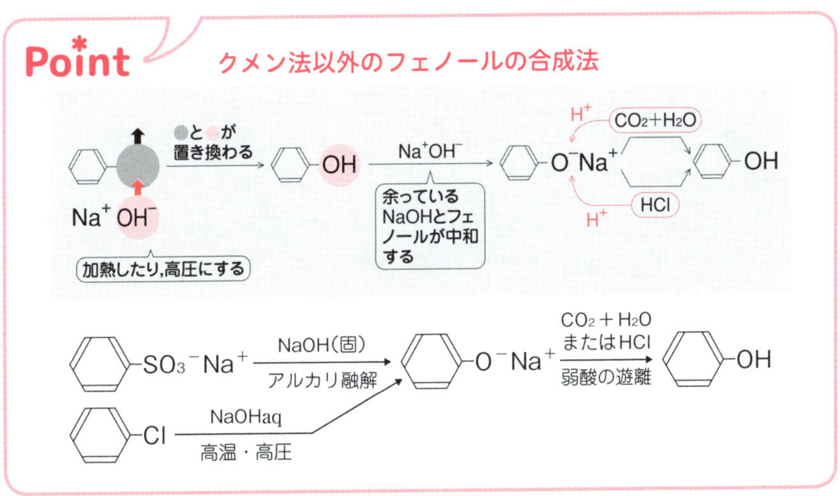

答 ⑥

問題127 サリチル酸とその誘導体

☑ 1回目 □月□日
☑ 2回目 □月□日

次の文章を読み，下の(1)〜(3)に答えよ。

サリチル酸は官能基として[ア]基と[イ]基の両方をもつ芳香族化合物で，室温では[ウ]色の針状結晶である。[エ]という化合物を含む黄褐色の水溶液とサリチル酸を反応させると水溶液は紫色に変化するが，この反応は[①]類の検出に用いられる。サリチル酸を少量の濃硫酸の存在下で無水酢酸と反応させると[ア]基がアセチル化され，アセチルサリチル酸が生成する。この化合物はアスピリンともよばれ，市販の解熱鎮痛薬として用いられている。

一方，サリチル酸に[オ]と濃硫酸を作用させると[イ]基が[②]化され，サリチル酸メチルが生成する。この化合物は炎症を抑える外用塗布薬として用いられている。

(1) 文中の[ア]〜[オ]にもっとも適切な語(化学式ではない)を記入せよ。

(2) 文中の[①]にもっとも適切な語を，次のⓐ〜ⓔから1つ選べ。

ⓐ アミン　ⓑ アルデヒド　ⓒ カルボン酸　ⓓ 炭化水素　ⓔ フェノール

(3) 文中の[②]にもっとも適切な語を，次のⓐ〜ⓔから1つ選べ。

ⓐ エステル　ⓑ ジアゾ　ⓒ 酸　ⓓ 水酸　ⓔ ニトロ

(兵庫医科大)

サリチル酸は，[ヒドロキシ]（ア）基−OHと[カルボキシ]（イ）基−COOHをもつヒドロキシ酸で，室温では[無]（ウ）色の結晶である。

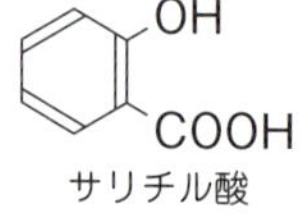

サリチル酸

➡ フェノール類とカルボン酸の両方の性質を示す

サリチル酸は ⌬−OH の形をもっている[フェノール]（①）類であるため，[塩化鉄(Ⅲ)]（エ）$FeCl_3$水溶液を加えると赤紫色に呈色(ていしょく)する。

サリチル酸はフェノール類としての性質をもつため，無水酢酸$(CH_3CO)_2O$でアセチル化することができる。

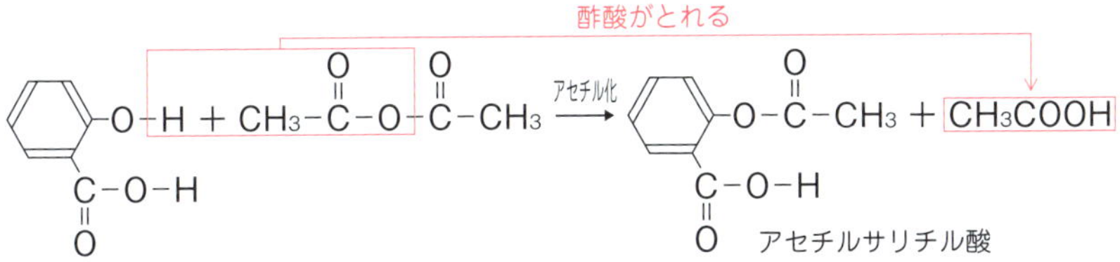

酢酸がとれる

$$C_6H_4(COOH)-O-H + CH_3-CO-O-CO-CH_3 \xrightarrow{\text{アセチル化}} C_6H_4(COOH)-O-CO-CH_3 + CH_3COOH$$

アセチルサリチル酸

アセチルサリチル酸はアスピリンともよばれ，解熱鎮痛薬(げねつちんつうやく)として用いられる。

また，サリチル酸はカルボン酸としての性質ももつため，メタノール(オ)と少量の濃硫酸を加えて加熱すると，カルボキシ基をエステル化(②)できる。

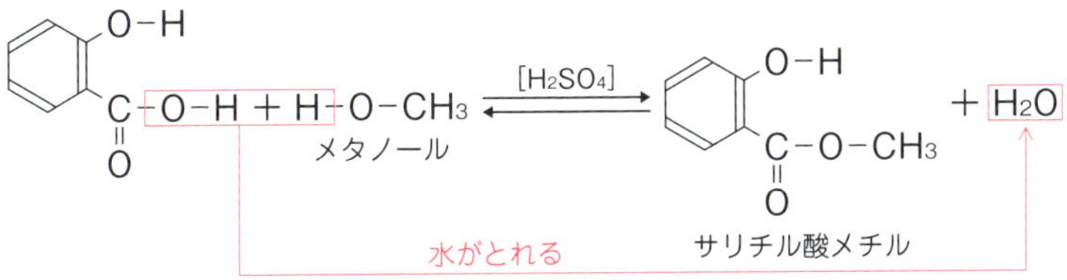

$$C_6H_4(OH)-CO-O-H + H-O-CH_3 \underset{}{\overset{[H_2SO_4]}{\rightleftarrows}} C_6H_4(OH)-CO-O-CH_3 + H_2O$$

メタノール　サリチル酸メチル

水がとれる

サリチル酸メチルは，炎症(えんしょう)を抑える外用塗布薬(がいようとふやく)として用いられる。

Point サリチル酸の合成

サリチル酸は，ナトリウムフェノキシドから次のように合成する。

(1) まず，高温・高圧下で，CO_2を反応させる。

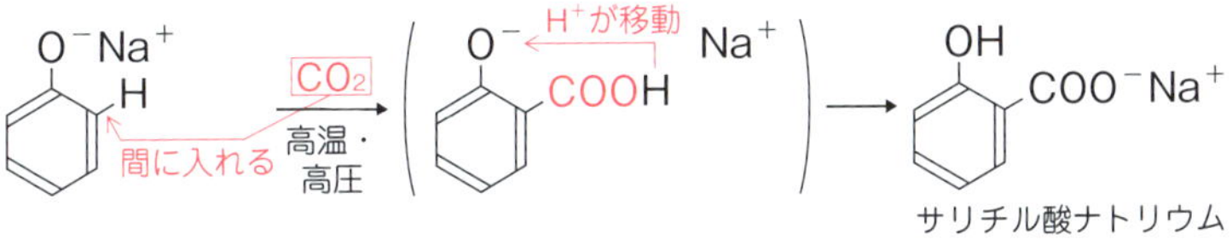

$$C_6H_5-O^-Na^+ \xrightarrow[\text{高圧}]{CO_2\ \text{高温・}} \left(C_6H_4(O^-)COOH \ Na^+ \right) \longrightarrow C_6H_4(OH)COO^-Na^+$$

間に入れる　H^+が移動

サリチル酸ナトリウム

(2) 次に，強酸(塩酸や希硫酸など)を反応させる。

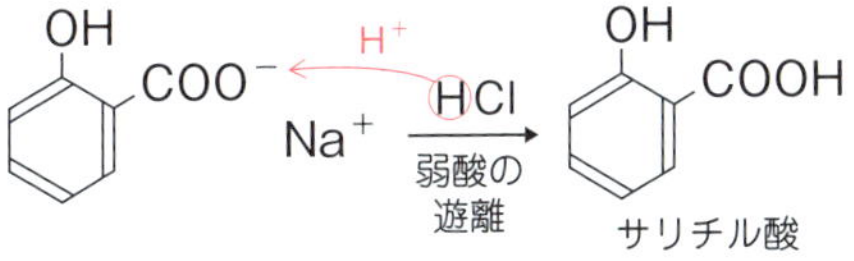

$$C_6H_4(OH)COO^- \ Na^+ + HCl \xrightarrow[\text{遊離}]{\text{弱酸の}} C_6H_4(OH)COOH$$

H^+

サリチル酸

答

(1) ア：ヒドロキシ　イ：カルボキシ　ウ：無　エ：塩化鉄(Ⅲ)

オ：メタノール

(2) ⓔ　(3) ⓐ

医薬品

1回目 月 日
2回目 月 日

次の文章を読み，下の(1)，(2)に答えよ。

人類は古くから，ヤナギの樹皮に解熱鎮痛効果があることに気づいていた。19世紀にはヤナギから有効成分であるサリシンが抽出され，その後サリシンは体内で［ア］に変換されて薬用効果を示すことが明らかにされた。しかし，［ア］は粘膜に刺激を与えて胃を痛めることがわかり，［ア］から合成される［イ］が開発された。［イ］は解熱鎮痛剤として現在でもよく使われている。［ア］からは，消炎外用薬刺激緩和剤として使われる［ウ］も合成される。一方，20世紀にはイギリスのフレミングが，カビの出す物質が細菌の生育を妨害していることに気づき，この物質を［エ］と命名した。［エ］のように微生物が生産し，ほかの微生物の発育や機能を阻止する物質を抗生物質という。抗生物質は細菌による感染症の治療に大きな威力を発揮してきたが，これを用いるうちに<u>抗生物質に強い抵抗性をもつ細菌</u>が出現するようになった。そのために，新しい抗生物質を次々に開発していく必要がある。

(1) 文中の［　］にあてはまる語句を記せ。

(2) 下線部のような細菌を何というか。

（熊本大）

解説

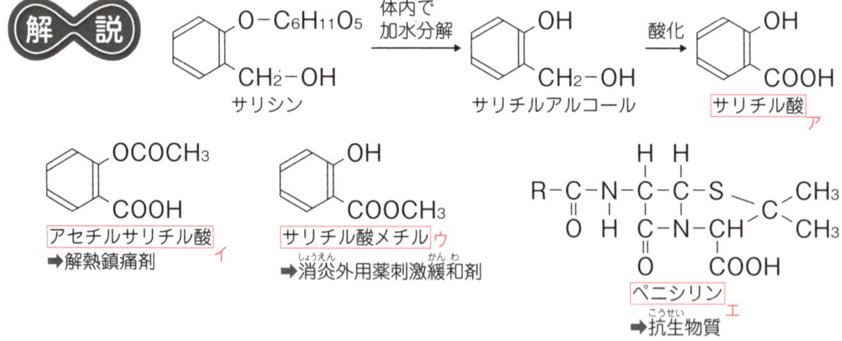

(1) ア：サリチル酸　　イ：アセチルサリチル酸

ウ：サリチル酸メチル　　エ：ペニシリン

(2) 耐性菌

アニリン

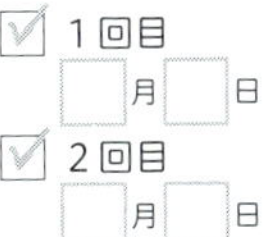

アニリンは，不快なにおいをもつ無色で油状の液体である。水にはわずかしか溶けないが，塩酸には［ア］を生じて溶ける。これは，アニリンの［イ］基がアンモニアと同様に弱塩基性を示すためである。

ニトロベンゼンにスズと塩酸を加えてニトロ基を還元すると［ア］が生成する。こうして得られた［ア］の水溶液に水酸化ナトリウム水溶液を加えるとアニリンが得られる。

アニリンは非常に酸化されやすく，空気中に放置すると徐々に酸化されて褐色になる。アニリンにさらし粉水溶液を加えると［ウ］色に呈色する。また，二クロム酸カリウムの硫酸酸性溶液を加えると黒色で水に不溶の染料である［エ］に変化する。

<u>アニリンの希塩酸溶液を5℃以下に冷却しながら，亜硝酸ナトリウム水溶液を加えると塩化ベンゼンジアゾニウムが生成する</u>。塩化ベンゼンジアゾニウムは，低温では水溶液中で安定であるが，熱すると一部分解して窒素を発生して［オ］を生ずる。

(1) 文中の［　］にあてはまる語句を入れよ。

(2) アニリンの構造式を書け。

(3) 塩化ベンゼンジアゾニウムの構造式を書け。

(4) 下線部のようなジアゾニウム塩の生成反応を何とよぶか。

（九州産業大）

アニリンの［アミノ］(イ)基$-NH_2$は，弱塩基性を示す。

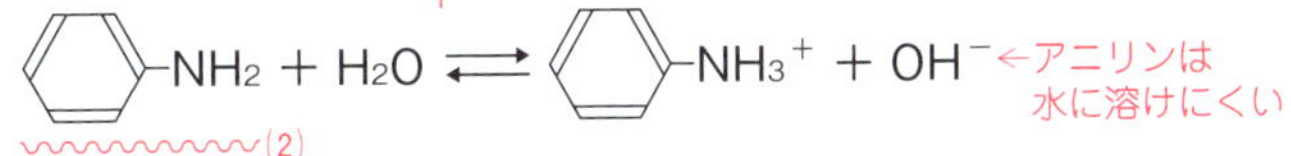

そのため，塩酸などの酸との中和反応により［アニリン塩酸塩］(ア)を生じる。

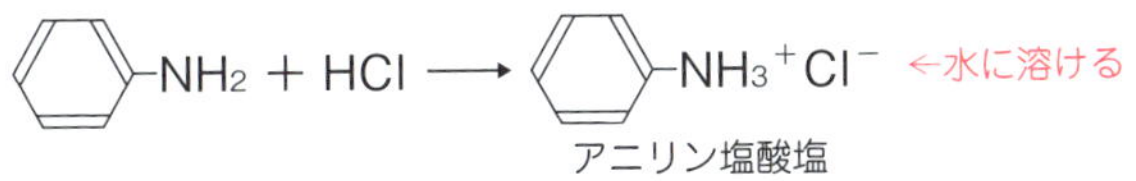

また，アニリンは非常に酸化されやすいため，

① **さらし粉を加えると，酸化されて［紫］(ウ)色になる。**

② **$K_2Cr_2O_7$を加えると，黒色の物質(［アニリンブラック］(エ))になる。**

ニトロベンゼンにHClとSnまたはFeを反応させると，ニトロ基が還元されアニリンが生成する。

NO_2 —(Sn＋HCl / 還元)→ （ NH_3Cl —(NaOH / 弱塩基の遊離)→ ） NH_2

ただし，ふつうHClは過剰に使われており，アニリン塩酸塩となるために NaOH水溶液を加えることでアニリンを得る。

アニリンの希塩酸溶液に，冷やしながら亜硝酸ナトリウム$NaNO_2$水溶液を加えると，塩化ベンゼンジアゾニウムが生成する。この反応をジアゾ化(4)とよぶ。

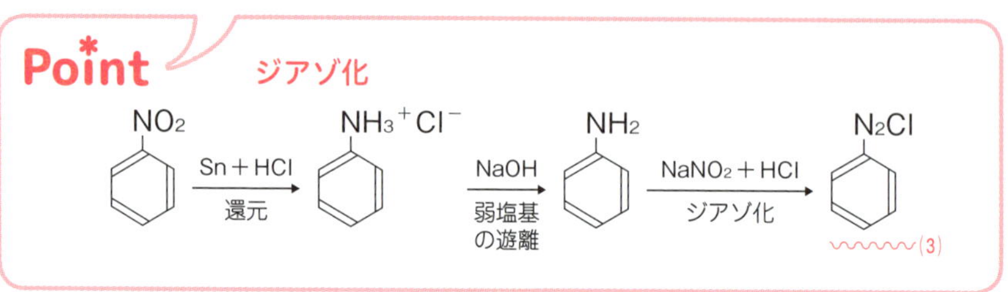

塩化ベンゼンジアゾニウムの水溶液を5℃以上にすると，不安定なベンゼンジアゾニウムイオン $C_6H_5-\overset{+}{N}\equiv N$ がこわれフェノール(オ)が生成する。

$C_6H_5-\overset{+}{N}\equiv N$ —(5℃以上)→ $C_6H_5^{\oplus}$ ＋ N_2↑ ；$C_6H_5^{\oplus}$ ⇐ $^{\delta-}O(H^{\delta+})-H^{\delta+}$ ⟶ C_6H_5-OH（フェノール） ＋ H^+

Point

$$C_6H_5-N_2Cl + H_2O \xrightarrow{\text{加熱}} C_6H_5-OH + N_2 + HCl$$

答

(1) ア：アニリン塩酸塩　イ：アミノ　ウ：紫
エ：アニリンブラック　オ：フェノール

(2) $C_6H_5-NH_2$　(3) $C_6H_5-N_2Cl$　(4) ジアゾ化

問題130 アゾ染料

芳香族化合物の反応について，次の式中の[　]にあてはまる化合物としてもっとも適当なものを，下のⓐ～ⓔから1つずつ選べ。

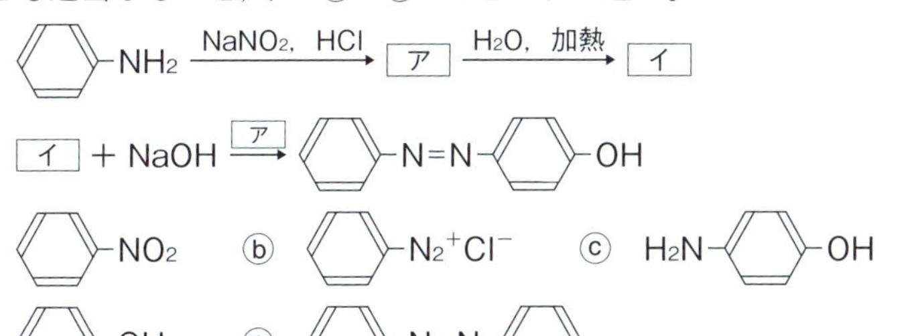

（センター試験）

アニリンからフェノールまでの流れ。p.214参照。

フェノールとNaOHを反応させるとナトリウムフェノキシドが生成する。

ナトリウムフェノキシド

塩化ベンゼンジアゾニウムとナトリウムフェノキシドを5℃以下に冷やしながら反応させると，橙赤色の*p*-ヒドロキシアゾベンゼン（*p*-フェニルアゾフェノール）をつくることができる。このように，**アゾ化合物ができる反応を**ジアゾカップリング（もしくはカップリング）という。次のようにとらえておこう。

パラの位置が反応する

p-ヒドロキシアゾベンゼン
（*p*-フェニルアゾフェノール）

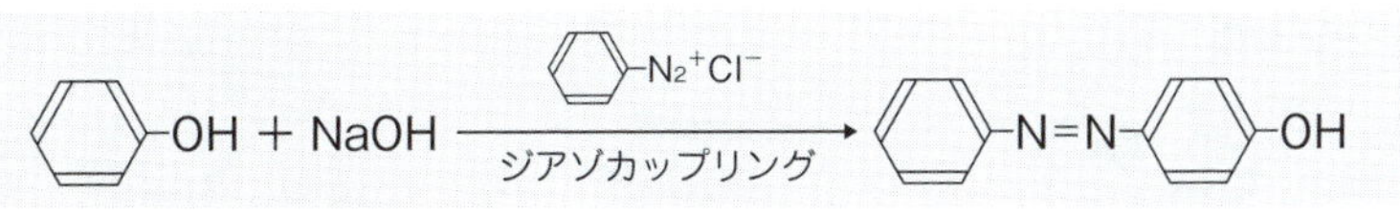

ア：ⓑ　　イ：ⓓ

第12章 天然有機化合物

問題 131

単糖

☑ 1回目 　月　日
☑ 2回目 　月　日

次の文章を読み，下の(1)，(2)に答えよ。

グルコースのように炭素数が6の単糖類を[a]という。グルコースは水溶液中で，2種類の六員環構造および鎖状構造の平衡状態にある。一方，フルクトースは，五員環構造と，六員環構造および鎖状構造の間の平衡混合物として存在する。単糖類は酵母のもつ酵素群[b]によりアルコール発酵を受けて，エタノールと二酸化炭素を生じる。

(1) 文中の[ ]にあてはまる適切な語句を書け。

(2) 図はグルコースの水溶液中の平衡状態を示したものである。構造式中の[ ]にあてはまる原子または原子団を，元素記号を用いて記せ。

α-グルコース ⇄ 鎖状構造 ⇄ β-グルコース

(北海道大)

天然に存在する単糖類(たんとうるい)には，炭素原子が6個のヘキソース(六炭糖(ろくたんとう))[a]と炭素原子が5個のペントース(五炭糖(ごたんとう))が多い。

ヘキソースには，グルコースやフルクトースなどがあり，いずれも分子式が$C_6H_{12}O_6$で表され，互いに異性体の関係にある。

❶ グルコース $C_6H_{12}O_6$

ブドウ糖ともいい，水溶液中では3種類の異性体が平衡状態になって存在している。グルコースの水溶液中での平衡状態は書けるようにしておくこと。

ホルミル基(アルデヒド基)：還元性を示す

α-グルコース 約37%　⇄　鎖状構造 微量　⇄　β-グルコース 約63%

鎖状構造のグルコースにはホルミル基(アルデヒド基)$-CHO$があるため，グルコースの水溶液は還元性を示す。

よって，銀鏡反応を示し，フェーリング液を還元する。

❷ フルクトース $C_6H_{12}O_6$

果糖(かとう)ともいい，水溶液中では五員環構造と六員環構造および鎖状構造の間の平衡混合物として存在する。フルクトースの水溶液も還元性を示す。

単糖に酵母菌(こうぼきん)中に含まれる酵素群 チマーゼ(b) を作用させると，エタノール C_2H_5OH と二酸化炭素を生じる。このような変化を**アルコール発酵(はっこう)**という。

$$C_6H_{12}O_6 \longrightarrow 2C_2H_5OH + 2CO_2$$

Point　グルコースの覚え方

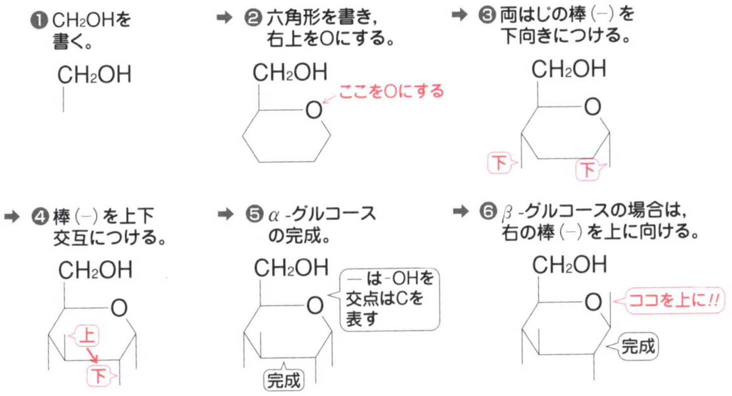

❶ CH_2OHを書く。
→ ❷ 六角形を書き，右上をOにする。（ここをOにする）
→ ❸ 両はじの棒(−)を下向きにつける。（下）（下）
→ ❹ 棒(−)を上下交互につける。（上）（下）
→ ❺ α-グルコースの完成。（−は-OHを 交点はCを表す）（完成）
→ ❻ β-グルコースの場合は，右の棒(−)を上に向ける。（ココを上に!!）（完成）

補足　テストでは，交点はC，棒(—)は$-OH$，Cの価標の数が4であることを考えながら，次のように書くとよい。

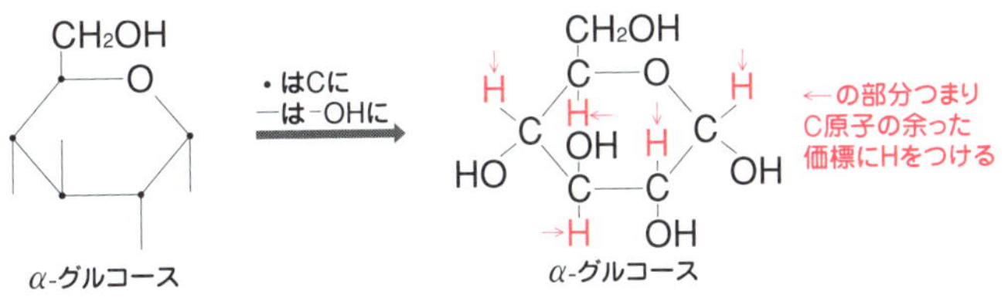

α-グルコース　→（・はCに　—は-OHに）→　α-グルコース

←の部分つまりC原子の余った価標にHをつける

(1)　a：ヘキソース　または　六炭糖　　b：チマーゼ

(2)　X：H　　Y：OH　　Z：CHO

1回目 月 日
2回目 月 日

多糖・二糖

次の(1)〜(3)の糖に関する問いに答えよ。

(1) デンプン粒は，70〜80℃の温水にしばらくつけておくと，溶け出す部分と不溶性の部分に分けることができる。ヨウ素デンプン反応を調べると，溶け出す部分は青色，不溶性の部分は赤紫〜紫色を示す。溶け出す部分の構造を構造式Ⅰ〜Ⅳから選べ。

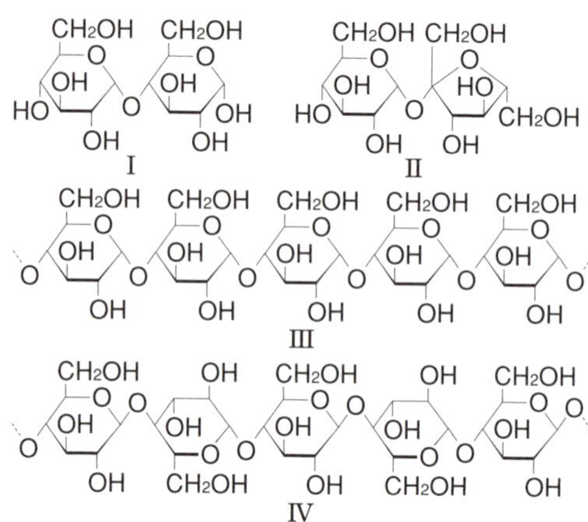

(2) サトウキビやテンサイから得られるショ糖の構造を構造式Ⅰ〜Ⅳから選べ。

(3) 構造式Ⅰ〜Ⅳの名称を次の㋐〜㋖から選べ。

㋐ グルコース　㋑ フルクトース　㋒ マルトース
㋓ スクロース　㋔ セルロース　㋕ アミロース
㋖ アミロペクチン

（日本歯科大）

加水分解により多数の単糖を生じる糖類を**多糖類**（たとうるい）といい，デンプンやセルロースがある。

デンプンは，**80℃くらいの温水に溶ける成分である**アミロースと**溶けにくい成分である**アミロペクチンから構成されている。

デンプン水溶液にヨウ素溶液を加えると，ヨウ素デンプン反応により青紫〜赤紫色を示す。この反応は，アミロースの場合は青色，アミロペクチンの場合は赤紫色になる。

また，ヨウ素デンプン反応が青色であり温水に溶け出す部分(アミロース)は，構造式Ⅲとなる。(1)，(3)

セルロースは，多数のβ-グルコースが長くつながってできた直鎖状の構造をもっており，その構造は構造式Ⅳとなる。(3)

加水分解により2分子の単糖を生じる糖類を二糖類(にとうるい)という。

Point 二糖類 $C_{12}H_{22}O_{11}$ の例

① マルトース　② スクロース　③ セロビオース　④ ラクトース

(② スクロース →) 還元性を示さない

①，③，④の水溶液は還元性を示す

マルトースは，α-グルコース2分子が，1位と4位の-OHの間でH_2Oがとれて縮合した構造をもっている。

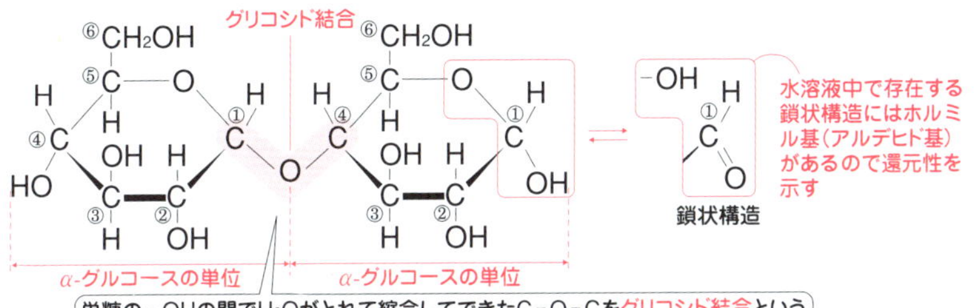

よって，構造式Ⅰがマルトースとなる。(3)

スクロースはショ糖ともいい，サトウキビなどの植物に存在する。スクロースは，α-グルコースの1位の-OHとβ-フルクトース(五員環構造)の2位の-OHとの間でH_2Oがとれて縮合した構造をもっている。

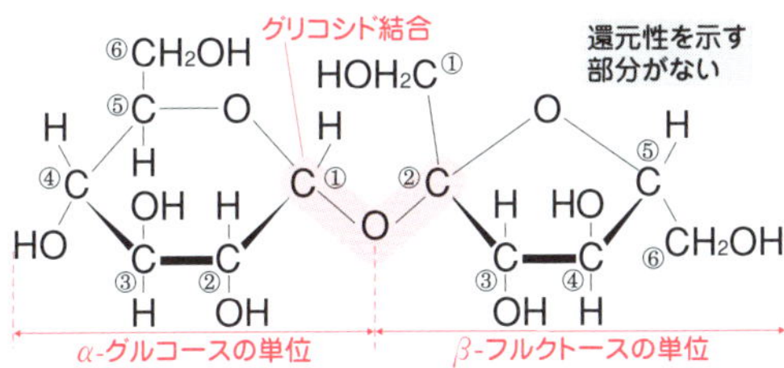

よって，ショ糖(スクロース)は構造式Ⅱとなる。(2)，(3)

(1) Ⅲ

(2) Ⅱ

(3) Ⅰ：ウ　Ⅱ：エ　Ⅲ：カ　Ⅳ：オ

α-アミノ酸

☑ 1回目 月 日
☑ 2回目 月 日

次の文章を読み，文中の□にあてはまる語句または数字を書け。

アミノ酸は[ア]電解質である。アミノ酸を含む水溶液を[イ]にするとアミノ酸は陽イオンになり，[ウ]にすると陰イオンになる。カルボキシ基とアミノ基が同一の炭素原子に結合しているアミノ酸は[エ]とよばれる。タンパク質を構成するアミノ酸はすべて[エ]で，約[オ]種類ある。この中で[カ]以外には[キ]原子があり，[ク]が存在する。

（早稲田大）

アミノ酸は，分子内に塩基性の官能基であるアミノ基$-NH_2$と酸性の官能基であるカルボキシ基$-COOH$をもつ両性(りょうせい)電解質(ア)である。**カルボキシ基とアミノ基が同一の炭素原子に結合しているアミノ酸**は**α(アルファ)-アミノ酸**(エ)とよばれる。

$$\begin{array}{c} R \\ | \\ H_2N-C-COOH \\ | \\ H \end{array}$$

←側鎖（RはHまたはいろいろな置換基を表す）

α-アミノ酸

α-アミノ酸の水溶液では，陽イオン，双性(そうせい)イオン，陰イオンが平衡状態にあり，水溶液のpHによってその比率が変化する。

$$\underset{\text{陽イオン}}{H_3\overset{+}{N}-\underset{H}{\overset{R}{C}}-COOH} \underset{H^+}{\overset{OH^-}{\rightleftarrows}} \underset{\text{双性イオン}}{H_3\overset{+}{N}-\underset{H}{\overset{R}{C}}-COO^-} \underset{H^+}{\overset{OH^-}{\rightleftarrows}} \underset{\text{陰イオン}}{H_2N-\underset{H}{\overset{R}{C}}-COO^-}$$

この水溶液を酸性(イ)にすると陽イオンの比率が大きくなり，塩基性(ウ)にすると陰イオンの比率が大きくなる。

タンパク質をつくっているα-アミノ酸は約20(オ)種類が知られていて，側鎖(そくさ)（R-）の違いで分類することができる。

分子内に$-COOH$と$-NH_2$を1個ずつもつものを中性アミノ酸，側鎖に$-COOH$をもつものを酸性アミノ酸，側鎖に$-NH_2$をもつものを塩基性アミノ酸という。

中性アミノ酸は,

$H_2N-CH(H)-COOH$（グリシン）と $H_2N-\overset{*}{C}H(CH_3)-COOH$（アラニン）

＊は不斉炭素原子

を覚えておこう。グリシン（カ）以外のα-アミノ酸には不斉炭素（キ）原子があり，鏡像異性体または光学異性体（ク）が存在する。

Point アミノ酸

アミノ酸の$-COOH$基はエタノールなどのアルコールでエステル化されると酸の性質がなくなり，$-NH_2$基は無水酢酸でアセチル化されると塩基の性質がなくなる。

答
ア：両性　イ：酸性　ウ：塩基性　エ：α-アミノ酸
オ：20　カ：グリシン　キ：不斉炭素
ク：鏡像異性体（または　光学異性体）

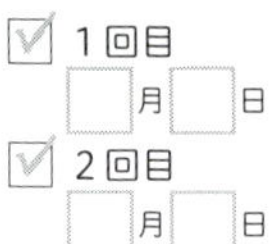

タンパク質

次の文章を読み，文中の［　　］にあてはまる数字または語句を書け。

タンパク質は約［A］種類のα-アミノ酸がペプチド結合により多数連なった分子で，α-アミノ酸だけで構成されている単純タンパク質と，色素や糖などα-アミノ酸以外も含んでいる［B］タンパク質に分類することができる。また，その形状から，ケラチンやコラーゲンのような［C］タンパク質と，アルブミンやグロブリンのような［D］タンパク質に分類することができる。一般に，［D］タンパク質のほうが水に溶けやすいが，その水溶液に硫酸アルミニウムなどの電解質を多量に加えるとタンパク質は沈殿する。ペプチド結合によって連なったα-アミノ酸の配列順序をタンパク質の一次構造という。ほとんどのタンパク質は，分子内や分子間でのさらなる結合によって複雑な高次構造をとっており，その高次構造がタンパク質の機能に重要である。

（徳島大）

タンパク質は約20(A)種類のα-アミノ酸がペプチド結合により多数連なったポリペプチドである。

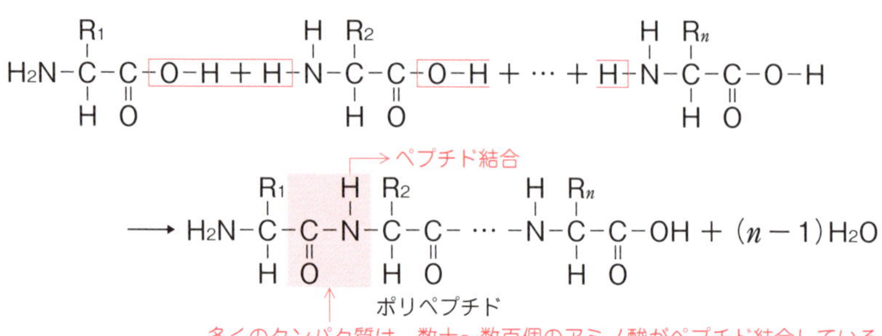

タンパク質は，その組成によって分類することができる。

タンパク質
- **単純(たんじゅん)タンパク質**…α-アミノ酸だけからできている
- **複合(ふくごう)(B)タンパク質**…α-アミノ酸以外に糖，リン酸，核酸，色素などからできている

また，タンパク質はその形によっても分類できる。

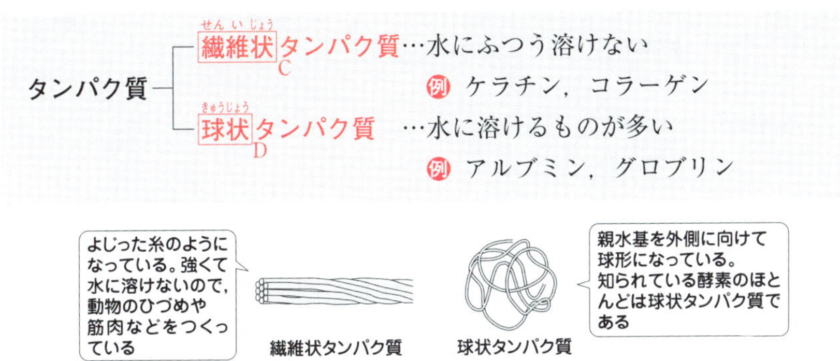
タンパク質
せんいじょう
繊維状タンパク質…水にふつう溶けない
C
例 ケラチン，コラーゲン
きゅうじょう
球状タンパク質…水に溶けるものが多い
D
例 アルブミン，グロブリン
よじった糸のようになっている。強くて水に溶けないので，動物のひづめや筋肉などをつくっている
繊維状タンパク質
球状タンパク質
親水基を外側に向けて球形になっている。知られている酵素のほとんどは球状タンパク質である

タンパク質の骨格部分は，＞C=O と ＞N−H との間で ＞C=O…H−N＜ のような水素結合が形成され，規則的な配列になっていることが多い。

Point タンパク質の変性

タンパク質の水溶液に，熱・強酸・強塩基・重金属イオン(Cu^{2+}，Hg^{2+}，Pb^{2+}など)・有機溶媒(アルコールなど)を作用させると，タンパク質の立体構造が変化し凝固したり沈殿したりする。この反応は**タンパク質の変性**とよばれ，変性を起こしたタンパク質はふつうもとには戻らない。

熱
正常なインスリンの立体構造
変性したインスリン

答 A：20　B：複合　C：繊維状　D：球状

問題135 アミノ酸やタンパク質の検出反応

1回目 月 日
2回目 月 日

3種類の化合物A，B，Cがある。これらはすべてα-アミノ酸であり，側鎖(置換基)の構造は次のとおりである。

A：$-CH_2COOH$　　B：$-CH_2SH$　　C：$-CH_2-C_6H_5$

さらにA，B，Cがある順序で結合したトリペプチドDがある。次の(1)～(3)に答えよ。

(1) A～Dのうち，ニンヒドリンを加え，煮沸し冷却すると青紫色を示すものはどれか，すべて答えよ。

(2) A～Dのうち，濃硝酸を加えて熱すると黄色になり，さらにアンモニアを加えて塩基性にすると橙黄色に変わるものはどれか，すべて答えよ。また，この反応を何とよぶか答えよ。

(3) A～Dのうち，水酸化ナトリウム水溶液を加えて塩基性にしたあと，硫酸銅(II)水溶液を加えると赤紫色を呈するものはどれか，すべて答えよ。また，この反応を何とよぶか答えよ。

(鹿児島大)

A～Cのα-アミノ酸は次のようになる。

A　$H_2N-CH(CH_2COOH)-COOH$

B　$H_2N-CH(CH_2SH)-COOH$

C　$H_2N-CH(CH_2-C_6H_5)-COOH$

Dは，A，B，Cからなるトリペプチドなので，

→ペプチド結合$-C(=O)-N(H)-$が2個の化合物

$$H_2N-CH(R_1)-C(=O)-N(H)-CH(R_2)-C(=O)-N(H)-CH(R_3)-C(=O)-OH$$

R_1～R_3はA～Cの側鎖になる

と表すことができる。

Point タンパク質やアミノ酸の検出反応

❶ **ニンヒドリン反応**(➡アミノ基$-NH_2$の検出)

アミノ酸やタンパク質にニンヒドリンを加えて温めると赤紫～青紫色になる。

❷ **ビウレット反応**

(➡ペプチド結合を2つ以上もつトリペプチド以上で起こる)

水酸化ナトリウム水溶液を加え塩基性にしたあと，少量の硫酸銅(II) $CuSO_4$水溶液を加えると，赤紫色になる。

❸ **キサントプロテイン反応**

(➡ベンゼン環をもつアミノ酸やタンパク質の検出)

濃硝酸を加えて加熱すると，ベンゼン環がニトロ化されて黄色になり，冷却後，さらに濃アンモニア水などを加えて塩基性にすると橙黄色になる。

❹ **硫黄の検出**(➡硫黄Sを含むアミノ酸やタンパク質の検出)

水酸化ナトリウム水溶液を加えて加熱し，冷却後，酢酸鉛(II) $(CH_3COO)_2Pb$水溶液を加えると，硫化鉛(II) PbSの黒色沈殿が生成する。

(1) Pointより，ニンヒドリン反応を示すのは，$-NH_2$をもつA，B，C，Dのすべて。

(2) Pointより，キサントプロテイン反応を示すのは，ベンゼン環をもつCとD。

(3) Pointより，ビウレット反応を示すためには，トリペプチド以上が必要。よって，トリペプチドのDだけが示す。

(1) A，B，C，D
(2) C，D　キサントプロテイン反応
(3) D　ビウレット反応

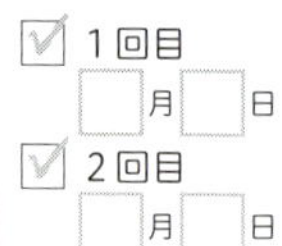

問題136 酵素

体内では様々な化学反応が起き，各反応において酵素が ア として機能している。酵素が働きかける物質を イ といい，特定の イ にだけ作用する性質を酵素の ウ という。たとえば，酵素のカタラーゼは過酸化水素に働く。

それぞれの酵素には反応速度が最大となる温度があり，通常35～40℃である。酵素は エ からなるため，高温下では エ の オ 構造が変化し反応が進みにくくなる。pHも反応速度に影響を与える因子である。 エ を分解する胃液中の カ はpHが2付近で，すい液に含まれるトリプシンはpHが7～8付近で最大の反応速度を示す。

問1 文中の ア ～ カ にもっとも適する語句を書け。

問2 下線部について，この反応で過酸化水素はどのように変化するか，反応式で示せ。

（名城大）

問1 **触媒**作用をもつタンパク質を**酵素**（こうそ）という。酵素は活性部位とよばれる特定の構造をもち，これが**基質**（きしつ）とよばれる**反応の相手物質**と結合する。その後，基質が生成物に変わり酵素から離れる。

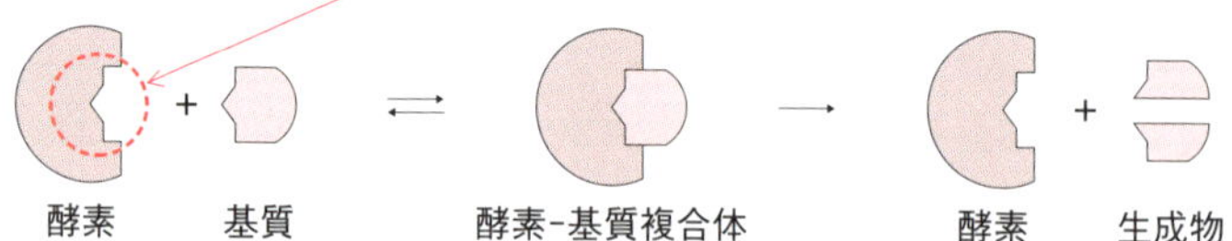

酵素は，白金などの無機物の触媒と次の3つの点で大きく異なる。

①基質特異性　②最適温度をもつ　③最適pHをもつ

特定の基質としか結合できない

酵素はタンパク質であり，温度やpHによって立体構造が変化してしまう

たとえば胃液に含まれるペプシンとよばれる酵素は，タンパク質中のペプチド結合を分解する性質をもち，最適温度は35～40℃，最適pHは約2である。

問2 カタラーゼは肝臓や血液に含まれる酵素で，過酸化水素を次のように分解する。

$$2H_2O_2 \longrightarrow 2H_2O + O_2$$

問1 ア：触媒　イ：基質　ウ：基質特異性　エ：タンパク質　オ：立体　カ：ペプシン　**問2** $2H_2O_2 \longrightarrow O_2 + 2H_2O$

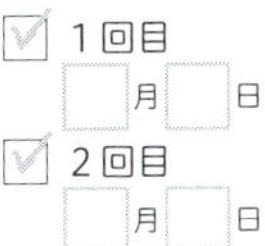

核酸

次の文章を読み，下の(1)，(2)に答えよ。

核酸は，C，H，O，N，[元素記号a]の5種類の元素から構成されており，[語句1]と糖が結合したヌクレオシドがリン酸を介して鎖状に[語句2]重合した高分子である。核酸は大別すると[語句3]と[語句4]の2種類がある。[語句3]の糖は[数字ア]位にヒドロキシ基をもたず，[語句1]は[語句5]，アデニン，[語句6]，グアニンの4種類である。一方，[語句4]の糖は[数字ア]位にヒドロキシ基をもち，[語句1]は[語句7]，アデニン，[語句6]，グアニンの4種類である。

一般には[語句3]から[語句4]へ情報が転写され，さらにタンパク質が合成されるが，この過程では[語句1]間の水素結合が重要である。アデニンと[語句5]または[語句7]の間には2つの水素結合，グアニンと[語句6]の間には[数字イ]つの水素結合が形成される。

(1) 文中の[　　]にそれぞれ適切な語句，元素記号，数字を入れて文章を完成させよ。なお，[語句1]～[語句7]に関しては，次の語句群から選べ。

〈語句群〉 高エネルギー　　低エネルギー　　上げる　　下げる
酵素　　脂質　　反応速度　　基質特異性　　安定性　　失活
増幅　　RNA　　DNA　　縮合　　付加　　ATP　　グリコーゲン
ウラシル　　シトシン　　チミン　　セルロース　　核酸塩基
炭水化物

(2) [語句4]を構成する糖の構造式を書け。

（鹿児島大）

生物をつくっている高分子に遺伝(いでん)情報を担(にな)う核酸(かくさん)がある。核酸にはDNA(ディーエヌエー)[3]（デオキシリボ核酸）とRNA(アールエヌエー)[4]（リボ核酸）の2種類があり，その基本構造は窒素Nを含む核酸塩基[1]と糖が結合したヌクレオシドがリン酸と結合したヌクレオチドである。

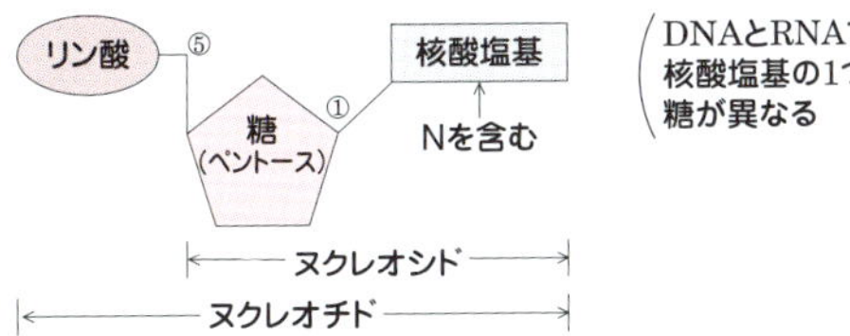

このヌクレオチドどうしが，糖の－OHとリン酸の－OH間で鎖状に縮合重合した高分子をポリヌクレオチドといい，このポリヌクレオチドが核酸である。よって，核酸を構成している元素は，C，H，O，N，Pとわかる。

リン酸H_3PO_4を含むため

DNAやRNAを構成している糖は炭素数が5個のペントース(五炭糖)であり，次のような構造をもつ。

(a) **DNAを構成するペントース**　　(b) **RNAを構成するペントース**

デオキシ Oがとれた

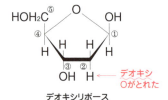

デオキシリボース

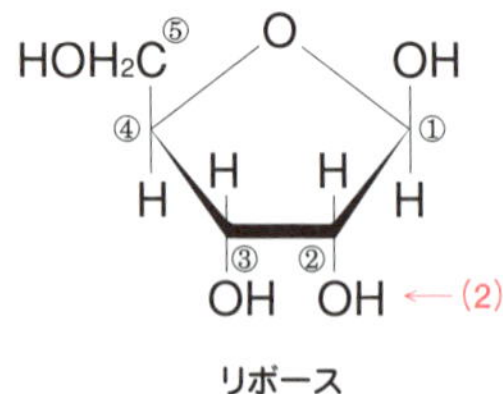

リボース

(a)と(b)の違いは，DNAを構成している糖は2位に－OH基をもたない点である。

また，DNAやRNAを構成している核酸塩基はそれぞれ4種類あり，そのうち1種がチミン(DNA)とウラシル(RNA)の違いをもつ。

(a) **DNAを構成する塩基**

(b) **RNAを構成する塩基**

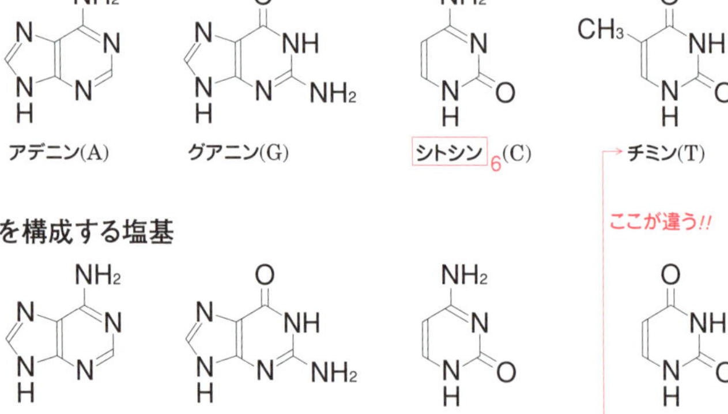

Point DNAとRNAの構造

❶ DNAの構造

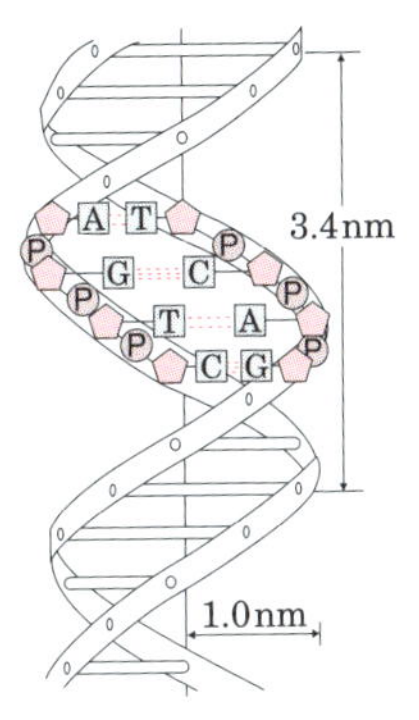

二重らせん構造を形成している。核酸塩基AとT，GとCが水素結合によって対をなしている。

アデニン(A)　チミン(T)

アデニンとチミンの間は2つの水素結合がある。

グアニン(G)　シトシン(C)

グアニンとシトシンの間は3(イ)つの水素結合がある。
AとT，GとCは常に同じmolずつ存在。

❷ RNAの構造

DNAと構造が似ていて，通常は1本鎖で存在している。

(1) 1：核酸塩基　2：縮合　3：DNA　4：RNA
5：チミン　6：シトシン　7：ウラシル　a：P
ア：2　イ：3

(2)

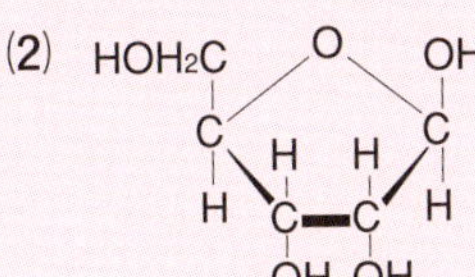

第13章 合成高分子化合物

問題138 合成高分子(1)

☑ 1回目 月 日
☑ 2回目 月 日

次の文章を読み，下の(1)～(4)に答えよ。

アセチレンに塩化水素を付加させると[a]を生じる。同様に，シアン化水素を付加させると[b]が生じ，酢酸を付加させると[c]が生じる。これらを単量体(モノマー)として，適当な条件で反応させると，次々と付加反応を起こして重合し，高分子化合物となる。

[b]を重合して得られる高分子からつくられた繊維は，[d]繊維として知られ羊毛に似た風合いをもつ。一方，[c]を重合して得られる高分子は水に溶けないが，(ア)水酸化ナトリウムのような強い塩基の水溶液を加えて加熱する加水分解により，水溶性の高分子化合物Aが得られる。得られた高分子には(イ)多数のヒドロキシ基があり，その一部をホルムアルデヒドと反応させると，水に溶けない高分子化合物Bが生成する。この高分子からつくられた繊維は，吸湿性に優れているため木綿に似た風合いをもつ。

(1) 文中の[ ]にあてはまるもっとも適当な語句を記せ。

(2) 下線部(ア)の加水分解反応をとくに何というか。その名称を記せ。

(3) 下線部(イ)の反応の名称を記せ。

(4) 高分子化合物AおよびBの名称を記せ。

(甲南大)

鎖状の合成高分子からつくった糸を合成繊維という。合成繊維には，

① **アクリル**　② **ナイロン**　③ **ポリエステル**　④ **ビニロン**

などがある。

アセチレンに塩化水素を付加させると[塩化ビニル]a を生じる。

同様に，アセチレンにシアン化水素を付加させると[アクリロニトリル]b が生じ，酢酸を付加させると[酢酸ビニル]c が生じる。

$CH_2=CH$ $\quad\;\;|$ $\quad\;\;Cl$	$CH_2=CH$ $\quad\;\;|$ $\quad\;\;CN$	$CH_2=CH$ $\quad\;\;|$ $\quad\;\;OCOCH_3$
塩化ビニル	アクリロニトリル	酢酸ビニル

アクリロニトリルを付加重合させるとポリアクリロニトリルが得られる。

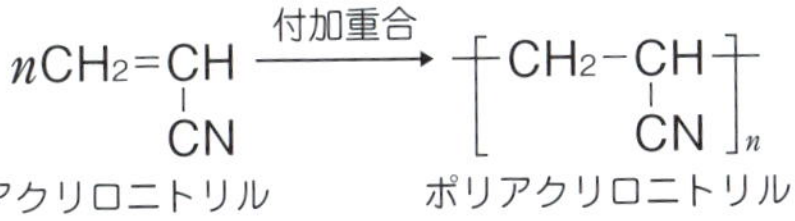

$$n\mathrm{CH_2{=}CH(CN)} \xrightarrow{\text{付加重合}} \mathrm{\left[CH_2{-}CH(CN) \right]_{\mathit{n}}}$$

アクリロニトリル　　ポリアクリロニトリル

ポリアクリロニトリルを主成分とする繊維をアクリル(d)繊維といい，軽くてやわらかく，保湿(ほしつ)性に優れているので，セーターや毛布などに使われる。

また，酢酸ビニルを付加重合して得られるポリ酢酸ビニルをNaOH水溶液で加水分解(けん化)(2)し，ポリビニルアルコール(4)化合物Aを得る。

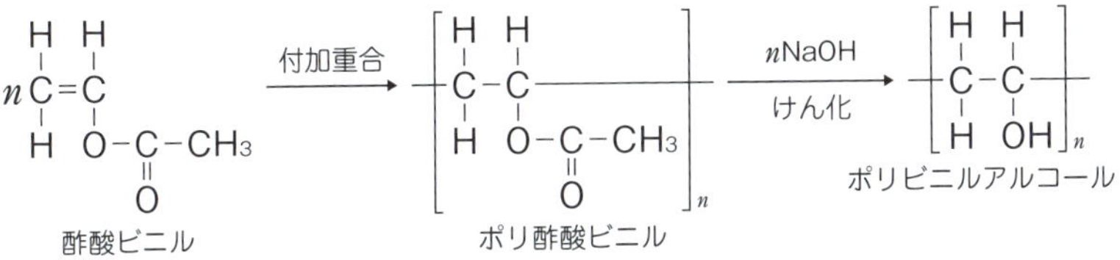

$$n\mathrm{CH_2{=}CH(OCOCH_3)} \xrightarrow{\text{付加重合}} \mathrm{\left[CH_2{-}CH(O{-}CO{-}CH_3) \right]_{\mathit{n}}} \xrightarrow[\text{けん化}]{n\mathrm{NaOH}} \mathrm{\left[CH_2{-}CH(OH) \right]_{\mathit{n}}}$$

酢酸ビニル　　ポリ酢酸ビニル　　ポリビニルアルコール

ポリビニルアルコールの多数の$-OH$基の一部をホルムアルデヒドと反応させる(アセタール化)(3)とビニロン(4)化合物Bが生成する。

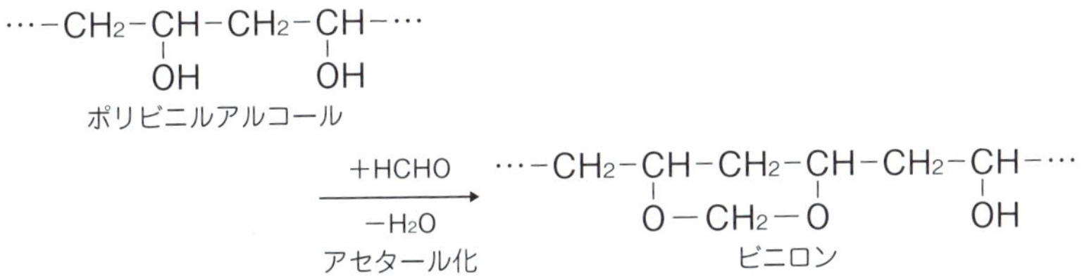

$$\cdots{-}\mathrm{CH_2{-}CH(OH){-}CH_2{-}CH(OH)}{-}\cdots$$

ポリビニルアルコール

$$\xrightarrow[\substack{-\mathrm{H_2O} \\ \text{アセタール化}}]{+\mathrm{HCHO}} \cdots{-}\mathrm{CH_2{-}CH{-}CH_2{-}CH{-}CH_2{-}CH(OH)}{-}\cdots \quad (\mathrm{O{-}CH_2{-}O}\text{ で架橋})$$

ビニロン

Point ビニロン

ビニロンは，木綿(もめん)によく似た感触をもつ日本で開発された合成繊維である。ポリビニルアルコールの$-OH$基の約3分の1がアセタール化されているので，分子中に親水基である$-OH$基が残っており，繊維に適度な吸湿(きゅうしつ)性を与えている。

答

(1) a：塩化ビニル　b：アクリロニトリル　c：酢酸ビニル　d：アクリル

(2) けん化　(3) アセタール化

(4) A：ポリビニルアルコール　B：ビニロン

第13章 合成高分子化合物

合成高分子(2)

☑ 1回目 □月□日
☑ 2回目 □月□日

次の文章を読み，文中の□にあてはまる化合物名あるいは語句を入れよ。

ナイロン66は，アミド結合でつながっているので，[1]といい，[2]と[3]の[4]重合で合成される。66の意味は，単量体である[2]と[3]の[5]の数に由来する。ポリエチレンテレフタラートは[6]とエチレングリコールの[4]重合で合成され，多数のエステル結合をもつため[7]という。

（大阪歯科大）

おもに石油から得られる単量体（たんりょうたい）を重合させてつくった繊維を合成繊維という。次の3つを覚えておこう。

❶ ナイロン66（6,6−ナイロン） ←"66"は単量体の[炭素]（5）の数に由来している

アミド結合でつながっている[ポリアミド]（1）であり，[ヘキサメチレンジアミン]（2または3）のアミノ基$-NH_2$と[アジピン酸]（3または2）のカルボキシ基$-COOH$との間の[縮合]（4）重合により合成される。

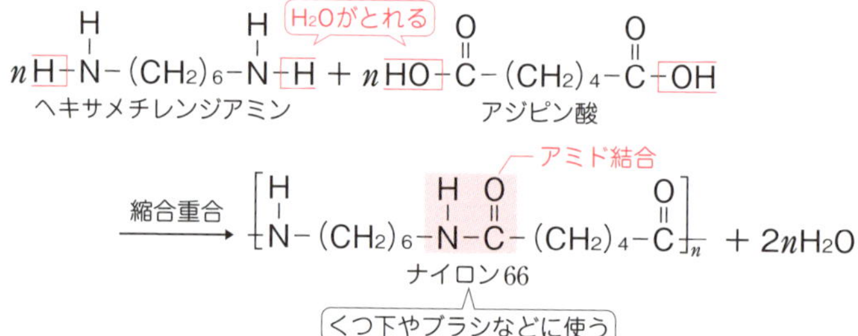

$$n\,H-N(H)-(CH_2)_6-N(H)-H + n\,HO-C(=O)-(CH_2)_4-C(=O)-OH \xrightarrow{\text{縮合重合}} \left[N(H)-(CH_2)_6-N(H)-C(=O)-(CH_2)_4-C(=O)\right]_n + 2nH_2O$$

❷ ナイロン6（6−ナイロン）

環状の（ε−（イプシロン））カプロラクタムに少量の水を加え，加熱して合成する。環状構造が切れて，次のような開環重合（かいかん）が起こる。

$$n\,H_2C\begin{smallmatrix}CH_2-CH_2-C=O\\ CH_2-CH_2-N-H\end{smallmatrix} \xrightarrow{\text{開環重合}} \left[N(H)-(CH_2)_5-C(=O)\right]_n$$

（ε−）カプロラクタム　　ナイロン6

アミド結合

❸ ポリエチレンテレフタラート（ポリエチレンテレフタレート）

テレフタル酸（6）のカルボキシ基$-COOH$とエチレングリコールのヒドロキシ基$-OH$との間の縮合重合により合成され，エステル結合を多数もつためにポリエステル（7）という。

$$n\,HO-\overset{O}{\overset{\|}{C}}-C_6H_4-\overset{O}{\overset{\|}{C}}-OH + n\,H-O-(CH_2)_2-O-H$$

テレフタル酸　　エチレングリコール

$$\xrightarrow{\text{縮合重合}} \left[\overset{O}{\overset{\|}{C}}-C_6H_4-\overset{O}{\overset{\|}{C}}-O-(CH_2)_2-O\right]_n + 2nH_2O$$

エステル結合

ポリエチレンテレフタラート（PET）

PETボトルやワイシャツなどに使う

ポリエチレンテレフタラートを繊維にせず，樹脂にしたものにはペットボトルがある。

答

1：ポリアミド　2：ヘキサメチレンジアミン　3：アジピン酸
4：縮合（または　縮）　5：炭素　6：テレフタル酸
7：ポリエステル（2，3は順不同）

第13章　合成高分子化合物

問題140 合成高分子(3)

☑ 1回目　□月□日
☑ 2回目　□月□日

次の文章を読み，下の(1)，(2)に答えよ。

合成樹脂は，熱に対する性質の違いにより［ア］性樹脂と［イ］性樹脂に分類される。［ア］性樹脂は，一般に一次元［ウ］構造をもち，温度の上昇にともない軟化して流動性を示すが，冷えるとふたたび固まる性質をもつ。一方，［イ］性樹脂は，一般に三次元［エ］状構造をもち，温度が上昇しても軟化せず，それ以上に加熱すると分解する性質をもつ。耐熱性の高い接着剤には，強固な立体構造をもつ［イ］性樹脂が向いている。

(1) 文中の［　］にあてはまる適当な語を記せ。

(2) 次の㋐～㋔のうち，熱硬化性樹脂はどれか。あてはまるものの記号をすべて答えよ。

㋐ 尿素樹脂　㋑ フェノール樹脂
㋒ ポリエチレンテレフタラート　㋓ メタクリル樹脂
㋔ メラミン樹脂

((1)名古屋工業大，(2)香川大)

(1) プラスチック(合成樹脂)は，石油などを原料として人工的につくられた物質で，熱による性質の違いによって次のように分類できる。

プラスチック(合成樹脂)
- 熱可塑(ねつかそ)性樹脂(ア)：加熱すると軟らかくなり，冷えると固まる
- 熱硬化(ねつこうか)性樹脂(イ)：加熱すると硬くなり，最後は分解する

一次元鎖状(ウ)構造をもつプラスチックは，熱可塑性である。

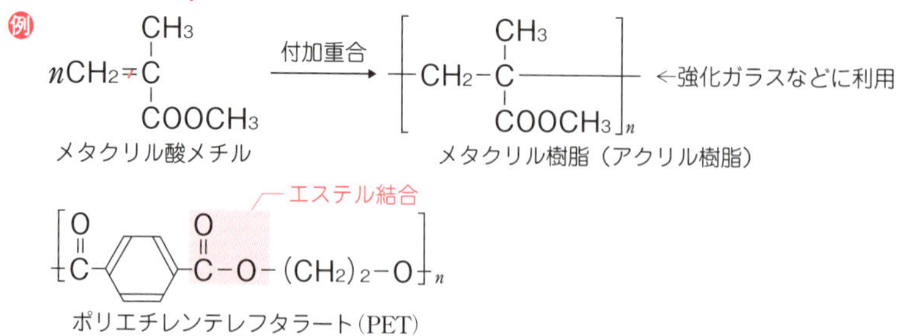

一方，三次元網目状構造をもつプラスチックは，熱硬化性である。

例　ホルムアルデヒド　フェノール　付加　硬化剤　熱処理（縮合）

フェノール樹脂（ベークライト）

↑発明者がベークランドなので

最初に実用化された合成樹脂。電気絶縁性に優れ，電気部品などに使われている

尿素　ホルムアルデヒド　付加縮合　尿素樹脂（ユリア樹脂）

電気器具や家庭用品などの材料や木材の接着剤などに使われている

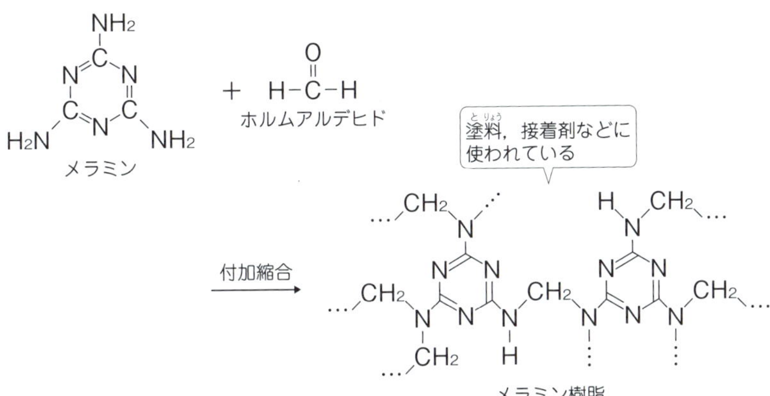

(2)　熱硬化性樹脂は，三次元網目状構造をもつ㋐，㋑，㋔となる。

(1)　ア：熱可塑　イ：熱硬化　ウ：鎖状　エ：網目

(2)　㋐，㋑，㋔

ゴム

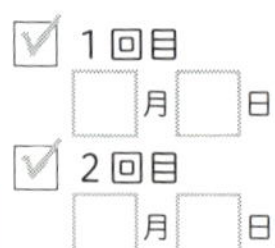

熱帯地方に多く産するゴムの木の樹皮を傷つけると，乳白色の液体が採取される。これはラテックスとよばれ，ゴムの主成分であるポリ［ア］分子が，液体中に微粒子状に安定して存在している。ラテックスに酢酸などを加えると沈殿ができるので，これを水洗，乾燥すると天然ゴムが得られる。しかし，そのままの天然ゴムは，弾性は示すものの摩擦や熱に弱く実用性に乏しい。そこで，［イ］を加えて加熱することで，ゴム分子鎖の間に橋かけ(架橋)構造を形成し，より実用に適した高い弾性と強度を確保することができる。これを［ウ］という。

(1) ［ア］および［イ］にあてはまる適切な物質名を記せ。

(2) ［ウ］にあてはまるもっとも適切な化学用語を記せ。

（岡山大）

天然ゴム(生ゴム)の主成分はポリ[イソプレン]（ア）であり，イソプレン単位にある二重結合はシス形である。

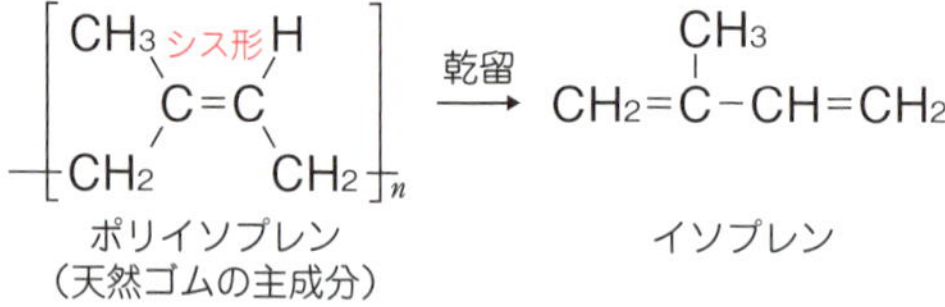

ポリイソプレン
（天然ゴムの主成分）

イソプレン

生ゴムに数%の[硫黄]（イ）を加えて，ゴム分子どうしを硫黄がつなぎ合わせる操作を[加硫（かりゅう）]（ウ）という。

Point 天然ゴム

天然ゴムの主成分はポリイソプレン（シス形）であり，加硫によって強度が増す。

また，主として石油などから合成した合成ゴムとしては，次のようなものがある。

●ジエン系

$$nCH_2=CH-\underset{\displaystyle X}{\underset{|}{C}}=CH_2 \xrightarrow{\text{付加重合}} \left[CH_2-CH=\underset{\displaystyle X}{\underset{|}{C}}-CH_2\right]_n$$

	単量体名	重合体名
X=H	ブタジエン	ポリブタジエン
X=Cl	クロロプレン	ポリクロロプレン

●共重合ゴム

2種類以上の単量体を混ぜて行う重合

$$nCH_2=\underset{\displaystyle X}{\underset{|}{CH}} + mCH_2=CH-CH=CH_2$$

ブタジエン

$$\xrightarrow{\text{共重合}} \left[CH_2-\underset{\displaystyle X}{\underset{|}{CH}}\right]_n\left[CH_2-CH=CH-CH_2\right]_m$$

	重合体名
X=$-C_6H_5$(スチレン)	スチレン－ブタジエンゴム(SBR)
X=-CN(アクリロニトリル)	アクリロニトリル－ブタジエンゴム(NBR)

(1) ア：イソプレン　　イ：硫黄

(2) 加硫

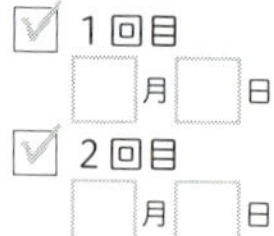

問題142 イオン交換樹脂

海水を淡水化するモデル実験として，塩化ナトリウムと塩化マグネシウムのうすい濃度の試料溶液(溶液L)をつくり，下図のA，Bのような装置を組み立てた。図中の(ア)は，溶液を滴下させるためのコックつきの容器，(イ)は粒状の物質をつめたコックつきのガラス管，(ウ)は三角フラスコである。Aで得られた溶液Mは，Bの(ア)の容器に移される。図中，支持器具は省略してある。

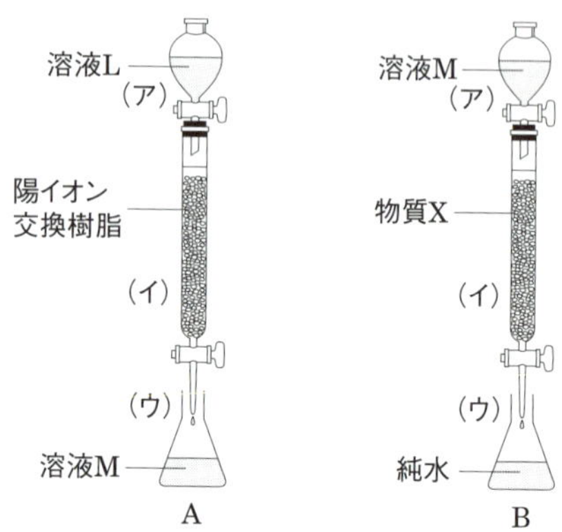

問1 Aのガラス管につめた陽イオン交換樹脂により，溶液Lから除去できるイオンの組の正しいものを，次の①～⑥のうちから1つ選べ。

① Na^+とCl^-　② Mg^{2+}とCl^-　③ Cl^-とOH^-
④ Mg^{2+}とH^+　⑤ Na^+とMg^{2+}　⑥ Na^+とH^+

問2 純水を得るために，Bのガラス管につめるのにもっとも適当な物質Xを，次の①～⑦のうちから1つ選べ。

① 活性炭　② 砂　③ シリカゲル　④ フェノール樹脂
⑤ 陽イオン交換樹脂　⑥ 陰イオン交換樹脂　⑦ メタクリル樹脂

(センター試験)

スチレンとp－ジビニルベンゼンの共重合体のような多孔質の合成樹脂に，化学処理し電離性の官能基を導入し，**電解質水溶液中のイオンと樹脂の電離によって生じるイオンが入れかわる機能をもつもの**を**イオン交換樹脂**(こうかんじゅし)という。

〈陽イオン交換樹脂〉

例　$\cdots-CH_2-CH-CH_2-CH-\cdots$（ベンゼン環に $SO_3^-H^+$ が結合）

$SO_3^-H^+$　$\cdots-CH-CH_2-\cdots$

水溶液中の陽イオンと
H^+ が交換

〈陰イオン交換樹脂〉

例　$\cdots-CH_2-CH-CH_2-CH-\cdots$（ベンゼン環に $(CH_3)_3N^+OH^-$ が結合）

$(CH_3)_3N^+OH^-$　$\cdots-CH-CH_2-\cdots$

水溶液中の陰イオンと
OH^- が交換

問1　陽イオンが樹脂に吸着し，樹脂中の H^+ が脱離する。

$$\begin{cases} R-SO_3^-H^+ + Na^+ \longrightarrow R-SO_3^-Na^+ + H^+ \\ 2R-SO_3^-H^+ + Mg^{2+} \longrightarrow (R-SO_3^-)_2Mg^{2+} + 2H^+ \end{cases}$$

よって，溶液L中の Na^+ と Mg^{2+} が除去され，溶液Mは H^+ と Cl^- を含む水溶液，すなわち塩酸である。

問2　溶液Mは HCl 水溶液である。陰イオン交換樹脂によって Cl^- と OH^- を交換すると，純水となる。

$$\begin{cases} R-N^+(CH_3)_3OH^- + Cl^- \longrightarrow R-N^+(CH_3)_3Cl^- + OH^- \\ H^+ + OH^- \longrightarrow H_2O \end{cases}$$

問1　⑤　　**問2**　⑥

第13章 合成高分子化合物

〔化学[化学基礎・化学]入門問題精講(三訂版)〕鎌田真彰・橋爪健作 S1k272